休閒農業

與民宿管理

五南圖書出版公司 印行

林連聰、陳墀吉、鄭健雄、沈進成 著

序

　　隨著經濟的成長，國民所得的增加，教育水準的提升以及政府對於國人休閒旅遊政策的倡導，觀光休閒產業已逐漸成為我國最具發展性與競爭性的產業，尤其是休閒農業與民宿業更是我國觀光休閒產業中最具潛力與競爭力的一種行業。因此，對於休閒農業與民宿管理的相關知識有必要作長期及深入的研究與探討。本校有鑑於休閒農業與民宿管理領域的重要性，特別由生活科學系觀光學類規劃開設新課程，並為此課程編寫教科書。

　　本書在內容方面分為休閒農業規劃與管理和民宿業的經營管理兩個專題，共分十二章，其中第一、二及十二章由筆者執筆，第三、八及十章由沈進成教授撰寫，第四，五及六章由陳墀吉教授撰寫，而第七、九及十一章則由鄭健雄教授負責執筆，書中的結構則是分別從休閒農業及民宿業的定義、特性、類型之探討，進而分別就該二行業之規劃、經營管理與未來發展在相關章節中作更深入之論述，並舉部分實務案例作說明，以期本書理論與實務得以相互印證，俾利熱愛觀光學術領域之讀者，得有更多周延之認知與了解。

　　休閒農業與民宿管理所涉及的法規及管理之範疇極為廣泛與複雜，本書之內容應有許多改進之處，當於下次再版時予以修正，尚祈各界先進賢達不吝給予指正是幸。

前國立空中大學生活科學系觀光學類召集人

林連聰　謹識

CONTENTS
目　次

第一章

休閒產業的概念、類型與發展

學習目標

在研讀本章內容之後，學習者應能達成下列目標：
1. 休閒的定義、休閒概念的辨別與休閒的功能。
2. 休閒活動的分類、休閒產業的意義與我國休閒產業成長的原因。
3. 休閒產業的分類及其發展。

摘　要

　　隨著人類文明的演進，教育的普及、國民所得的增加、經濟的繁榮、科技的進步，以及政府實施「週休二日制」之影響，使得人們工作時間日漸減少，相對地，國人將有更多的時間從事休閒活動。

　　為了因應人們日益增加的休閒旅遊活動需求，世界各國對於餘暇時間的利用與安排，也就格外地受到重視，無不積極研擬鼓勵公務人員、勞工朋友實施休假辦法，休閒場所，遊樂設施，開發與利用自然環境資源，建立休閒行政體系與組織，探討國人各種休閒方式，舉辦康輔人員以及社團幹部訓練等活動。尤其我國目前正面臨兩岸僵局未解，陸客來臺人數急速下降、舉國上下致力挽救經濟，解決失業問題之餘，如何有效提升國人休閒產業服務的品質，進而提升國家的競爭力，更是當前所面臨的一項極為重要的課題。

　　「休閒」一詞，依語源來看，英文為Leisure，是源自拉丁文的Licere，意指被允許（to be permitted），從Licere又引申為法文字Loisir，意指自由時間（Free time），因此就字源上而言，休閒可說是行動的自由。《社會科學百科全書》對於休閒的定義，指出係源自於希臘字的schole，和英文字的school及scholar的語源、字解是相通的，含有「學習活動」之意義。

　　事實上，在古希臘時代，一些貴族或自由市民因為有奴隸代其活動，因而有自由的時間享有「休閒活動」，因此休閒在古希臘是一種學習活動，且是自由狀態以及具精神啟蒙作用的積極意義。

至於現代學者對於「休閒」亦有不同的看法，就「殘餘」的觀點而言，Brightbill（1960）認爲：休閒是工作義務及維持生存所需之時間外的剩餘時間，因此休閒是一種可以自由支配的時間。Stanley parker（1961）則認爲：工作之外，剩餘的時間就是休閒，在這剩餘時間內可以做許多事，如家務、運動、義務工作，所嗜好的活動，放鬆自己或是做與工作不同的事。

總之，筆者認爲休閒（Leisure）的定義可從眾家說詞中歸納得之，所謂「休閒活動」乃係指在工作以外的閒暇時間（即除了工作時間及生活必需時間或生存時間之外的時間）內，自由自在的選擇自己喜愛的活動，以達到消愁解悶、恢復、調劑身心的狀態。

一般言之，休閒對於人們具有多方面的功能，其中較常被提及的有以下五項功能：1.紓解精神壓力；2.鬆弛身心、消除疲勞、恢復健康；3.拓展生活經驗、增廣見聞；4.獲得工作以外的滿足感、穩定情緒、蓄積再出發之動力；5.促進個人身心發展、滿足自我實現之心理需求。

此外，休閒活動對於不同層面亦會有不同的影響，亦即具有不同的功能，尤其是休閒活動它本身已經成爲現代人的基本需求，它將帶給人們直接的滿足與愉悅。若其缺乏將影響到人的身體健康、情緒及行爲。包括有1.對個人方面的功能（可增進身體的健康、增進心理的健康、知識的獲得及社交的增進）；2.對家庭方面的功能；3.對社會方面的功能；4.對經濟方面的功能；5.對預防犯罪及疾病治療方面的功能；及6.對學校教育方面的功能。

休閒活動的種類繁多，其內容也極爲廣泛，並無固定方式，要想將休閒活動做一嚴謹而周詳的分類是比較困難的，一般而言，休閒活動可依下列方式加以區分：1.依活動的項目與內容分；2.依活動的對象來分；3.依活動負責機構分；4.依活動實施場所來分；5.依活動時間分；6.依休閒活動參加人數及性質分；7.依相對式休閒來分。

休閒產業是一種綜合性的事業，也是一種具有多功能或價值組合的行業，它包含的範圍相當的廣泛，舉凡人們生活中的食、衣、住、行、育、樂等幾乎都包含在內，那麼什麼是休閒產業呢？所謂「休閒產業」，係指「凡是可以提供消費者從事休閒活動時所需要的相關服務或設施之企業。」

我國近年來，休閒產業如雨後春筍般的快速成長，經研究發現，不外乎以下幾項因素所造成：1.政府休假政策的鼓勵；2.鄉村人口不斷遷居都市；3.休閒時間的增加；4.社會結構的變遷；5.國民所得的增加；6.交通工具的進步；7.教育水準提高；8.兩岸局勢持續平穩發展。

一般言之，休閒產業大致可分為1.一般娛樂事業：是指提供民眾日常休閒生活所需之事業，通常多位於都市內，如網咖電玩業、電影院、KTV、娛樂影視業……等，2.觀光遊憩事業：是指在提供民眾出外旅遊時所需之相關服務，比如航空業、旅行社、旅館業、觀光遊樂業、民宿業或休閒農場……等。

此外，行政院主計處將現行休閒相關行業分為下列五種行業：1.運輸業；2.旅行業；3.旅館餐飲業；4.觀光遊憩設施業；5.其他服務業。

有關我國休閒產業之發展，大致可分成以下四個時期：1.萌芽期（民國38年～民國48年）；2.轉型期（民國49年～民國68年）；3.成長期（民國69年～民國79年）；㈣民國80年代以後的調整再造時期（民國80年迄今）。

第一節　休閒的定義與休閒概念的辨別

隨著人類文明的演進，教育的普及、國民所得的增加、科技的進步、經濟的發展，以及公教人員「週休二日制」的實施，使得人們工作時間日漸減少，相對地，閒暇的時間也因而增加，亦即國人將有更多時間從事休閒活動。根據民國107年9月交通部觀光局公布的統計資料顯示，民國106年臺閩地區主要觀光遊憩區遊客人數高達149,786,910人次，而國人出國人數亦增加到15,654,579人次，較上一年度14,588,923人次，增加7.3%，而來臺旅客人數亦達10,739,601人次，較上一年度10,690,279人次，增加了0.46%。因此，為了因應日益增加的休閒旅遊活動需求，世界各國對於餘暇時間的利用與安排，也就格外地受到重視，無不積極研擬鼓勵公務人員、勞工朋友實施休假辦法，闢建休閒場所、遊樂設施，開發與利用自然環境資源，建立休閒行政體系與組織、探討勞工、婦女、青少年等之休閒方式，乃至於舉辦康輔人員以及學校學生社團幹部訓練活動等。尤其我國正面臨兩岸僵局未解，陸客來臺人數急速下降，舉國上下致力挽救經濟、解決失業問題之際，如何有效提升國人休閒產業的服務品質，進而提升國家的競爭力，更是當前所面臨的一項極為重要的課題。

一、休閒的定義

「休閒」一詞，依語源來看，英文為Leisure，是源自拉丁文的Licere，意指被允許（to be permitted），從Licere又引申為法文字Loisir，意指自由時間（Free time），因此就字源上而言，休閒可說是行動的自由。《社會科學百科全書》對於休閒的定義，指出係源自於希臘字的schole，和英文字的school及scholar的語源、字解是相通的，含有「學習活動」之意義。事實上，在古希臘時代，一些貴族或自由市民，因為

有奴隸代其活動，因而有自由的時間享有「休閒活動」，因此，休閒在古希臘是一種學習活動，且是自由狀態以及具精神啟蒙作用的積極意義，M. Kando（1980）在社會學辭典中將休閒定義為：為了生活所必須從事的活動之外的自由時間。

　　傳統的休閒學者Vebleu在1889年所著*The Theory of The Leisure Class*一書中認為：休閒係指歐洲封建時代貴族（即上層社會）所享有的獨特之生活方式，它是建立在賤民與奴隸階級（即下層社會）之上的休閒方式。

　　至於當代學者對於「休閒」亦有不同的看法，就「殘餘」的觀點而言，Brightbill（1960）認為：休閒是工作義務及維持生存所需之時間外的剩餘時間，因此休閒是一種可自由支配的時間，Stanley Parker（1961）則認為工作之外，剩餘的時間就是休閒，在這剩餘時間內可以做許多事，如家務、運動、義務工作、所嗜好的活動，放鬆自己或是做與工作不同的事。George A. Lunberg對休閒的意義，常為人引述，他說：「我們從一種有報酬的工作，或其他應盡義務的職責中獲得解放的那段自由時間。」（甘家馨，1974）。許義雄（1980）認為擺脫生產勞動後的自由時間或自由活動就是休閒。

　　此外，就休閒的內容與功能言，Gist與Fava（1980）提出更為詳盡的定義，認為休閒是除了工作與其他必要的責任外，可自由運用以達到鬆弛（release）、娛樂（recreation）、社會成就（social achievement）及個人發展（personal development）等目的的那段時間。Deppers（1976）認為休閒是志願性而非強迫性的。其所追求者不是為了維持生計，而是在於獲得真正的快樂。因此在現代的休閒理論裡，人們是可以相當自由地決定他們的時間分配及活動的安排，對於工作與自由時間在時間類別與時間的運用上，亦具有相當清楚的劃分（林素麗，民66）。

　　關於工作與自由時間的劃分，Meyer和Brightbill（1960）將時間按使用的方式分成：
1. 生存時間（existence）：生理需求的滿足，比如吃、睡、排泄等。
2. 生活時間（subsistence）：工作等維持生計的活動。
3. 自由時間（leisure）：從事休息與娛樂。

　　Stanley Parker（1961）則將一天的時間分為五類：
1. 工作時間——維生時間、出賣的時間（work, subsistence time; sold time）：是一段為了謀生而受約束的時間。
2. 與工作有關的時間——工作責任（work-related time, work obligations）：是除了明定的工作時間外，還有與工作有關的時間，如往返工作地與居家所需的交通時間，及個人額外付出以準備工作的時間。
3. 生存時間或生理必需時間（existence time, meeting physiological need）：生理需求

的滿足，比如吃、睡、排泄等。

4.非工作的義務時間或半休閒時間（non-work obligations, semi-leisure）：比如庭園照料及照顧小孩等活動，可能是一種義務，也可能是一種有趣的休閒活動，全視個人的態度而定。

5.休閒、自由時間，不受約束時間，剩餘時間，自由處置的時間，選擇的時間（1eisure, free time, uncommitted time, space time, discretionary time, choosing time）：我國教育學者雷國鼎（1974：223）認為：休閒活動乃與經濟性之勞動相對待，凡與謀生無直接關係之活動皆屬之。謝政諭（1989）則認為：休閒（Leisure）的概念就是：人擺脫約束時間（指生存時間及生活時間）之外的一段自由時間，可以娛樂身心，甚至達到個人發展及社會成就的狀態。

　　休閒活動的優劣與否，全憑個人感覺，根據精神病醫師霍恩（P. Rlaun）的解釋：「只有存著消遣性或能恢復精神的活動，才是真正的休閒活動。乃是體驗事物後的結果，而非活動本身。」

　　總之，筆者認為休閒（Leisure）的定義可從眾家說詞中歸納得之；所謂休閒活動乃係指在工作以外的閒暇時間（即除了工作時間及生活必需時間或生存時間之外的時間）內，自由自在的選擇自己喜愛的活動，以達到消愁解悶，恢復、調劑身心的狀態。

二、休閒概念的辨別

　　休閒（Leisure），不同於遊戲、遊憩或觀光，但彼此間之關係極為密切。遊戲（play）——係指兒童所作的遊憩活動。謝政諭（1989）認為：遊戲乃係指小孩子式的娛樂方式，比如競技、嬉戲、對抗或是比賽等，它是人們從小學習休閒態度和休閒行為的重要社會化途徑。

　　遊憩（Recreation）——又稱遊樂，它正如同「休閒」之定義，很難有共同的看法，學者的定義亦有差異，其英文字母係源於拉丁文的recreatio，意謂恢復（restoration）、復元（recovery），亦意謂著在工作之餘，借遊憩活動來擺脫工作的疲乏、單調和壓力，而使人恢復活動，或再造（re-create）活力。因此，遊憩乃意指在閒暇時間內所從事的娛樂活動（謝政諭，1989）。

　　近年來，遊憩活動常與戶外活動連用，所以又稱戶外遊憩活動，所以遊憩比較傾向於指涉及休閒時所從事的各種休閒活動，它是休閒的外在行為表現，是休閒的重要成分，但未必即涵蓋休閒的內涵（林東泰，1994）。

　　此外，依據美國聯邦登錄誌（Federal, Register）38（174: 24803）號：遊憩是

「休閒時間內所從事的活動，如游泳、野餐，划船、狩獵和釣魚等。」

Godbey, Geoffrey（1981）則認為遊憩乃係指個人或團體於閒暇時從事的任何活動，它是令人感到自由又愉悅的，它並具有立即性的吸引力。

觀光Tourism一詞，其語源為拉丁文的「Tornus」，英文稱為「Tour」，係指前往各地旅行的意思。不過旅行並不一定是觀光，旅遊是以娛樂為目的，偏重於休憩活動，而觀光除具有娛樂之性質外，還具備學術性之意謂在內（蘇芳基，1993）。此外，觀光尚具有由原點出發，再回到起點的巡迴移動之涵義，德國柏林商科教授包爾曼（Bormanm）博士於1931年在其所著《觀光學概論》中認為：「不論旅行的目的是由於休養、遊覽，商事任何一項，凡屬暫時離開其居住地旅行，均應稱之為觀光。但定期往來其定居地與工作地間之職業性的區間上下班者除外」。世界觀光組織（world tourism organization）將觀光定義為：「一種利用休閒時間所作之旅行活動（a way of using leisure, and also with other activities involving travel）」。我國學者林連聰博士（1995）則在其所著《觀光學概論》一書中認為：「觀光在觀念上可視為一種現象，也就是人民在其本國境內（國內觀光）或跨越國界（國際觀光）的一種活動現象，它是代表利用休閒與娛樂，但並不包括所有的各種休閒活動，也不包括所有的各種各式娛樂，其作用可紓解工作壓力、增廣見聞、知識水準及促進人類和平。」（陳思倫、宋秉明、林連聰，1995）

總之，遊憩是休閒的外在行為表現，亦是休閒的重要成分，但卻未必涵蓋休閒的所有內涵。而觀光則可視為人民在其本國或跨越國界的一種活動的現象，它雖是代表利用休閒與娛樂，但並非包括所有的各種休閒活動與各種各式的娛樂。

有關Leisure、Recreation、Tourism的關係，Miecz和Kswki（1981）將之區分如圖1-1（徐世怡，1988；謝政諭，1995：11）：

由圖1-1中，可以看出休閒，遊憩及觀光三者皆有其獨特的一面，然其彼此之間亦有其重疊性。其中休閒乃係指「合法的」、「被允許的」，意謂著不同於工作，在約束時間之外的時間。遊憩則意謂「使恢復生產、再創造」，即指利用休閒時間所從事的活動；當遊憩活動遠離其日常生活居住地而成為旅行的形式，就時間、空間的擴大而言，就跨越到觀光的層次了，而觀光係意指由原點出發再回到起點的巡迴的移動，目前泛指為了保健、教育及貿易等目的，所從事遠離居住地的有計畫旅行，因其含有商務貿易的目的，所以有某些部分超越了與工作相對的休閒範圍，圖1-1正明白的說明了這三者之間的關係。

陳水源在其《觀光、遊憩計畫論》之譯著中，曾以圖1-2來說明觀光、遊憩及休閒之間的關係。

從圖1-2中可知，休閒所包括的範圍最廣泛，而遊憩、觀光及運動或遊戲，僅屬

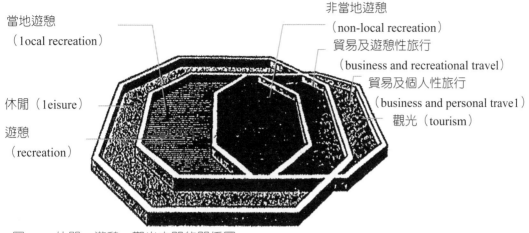

当地遊憩
（local recreation）

非當地遊憩
（non-local recreation）

貿易及遊憩性旅行
（business and recreational travel）

貿易及個人性旅行
（business and personal travel）

休閒（leisure）

觀光（tourism）

遊憩
（recreation）

圖1-1　休閒、遊憩、觀光之間的關係圖
資料來源：引自謝政論（1995：11）及徐世怡（1988：4）。

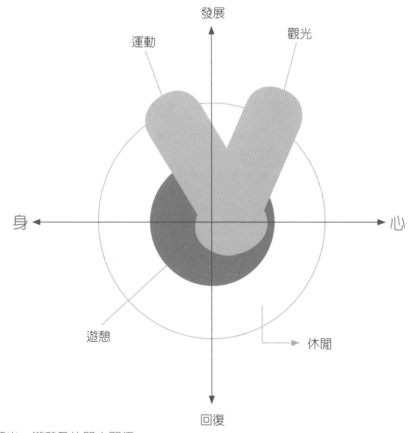

發展

運動

觀光

身

心

遊憩

休閒

回復

圖1-2　觀光、遊憩及休閒之關係
資料來源：陳水源譯《觀光、遊憩計畫論》，p.2。

休閒活動的一部分而已，而且各項關係之境界並非十分明確，有些活動其範疇亦頗難予以嚴密的規定。

此外，就活動而言，我國體育學者陳金樹先生則將休閒活動（recreation）、運動（sports）與體育（physical education）的範圍區分如圖1-3：

圖1-3　休閒、運動、休閒之間的關係圖
資料來源：謝政諭（1989）《休閒活動的理論與實際》，P. 11。

為了進一步說明休閒、遊憩、運動與觀光等相關名詞之關係，臺灣觀光學院校長李銘輝博士等則以思維評準表（表1-1），分別從價值取向、行為模式、空間範疇、資源情境、時間向度與活動內涵等層面來比較，俾便讀者認識這些相關名詞之異同。

表1-1　觀光相關名詞之思維評準表

思維評準 / 類別	價值取向	行為模式	空間範疇	資源情境	時間向度	活動內涵
觀光	達成某一願望或精神紓解。	觀察體驗或學習新環境之事務或特色。	遠離日常生活圈。	藉由空間移動，達到精神紓解。	花費一段不算短的時間。	以空間移動為內涵之活動。廣義的遊憩。
遊憩	滿足個人實質、社會及心理需求。	個人利用休閒時間，自由從事的動、靜態行為。	社區或區域尺度。	支持活動者產生愉悅經驗的資源或空間。	無義務的時間。	獲得個人滿足與愉快體驗的任何形式活動。
運動	鍛鍊強健體魄。	較激烈的動態行動。	社區或區域尺度。	足夠身體伸展之空間或特別界定的場所。	特定的時間。	含有競技、鍛鍊之要素的肉身活動。
休閒	不受任何約束與支配下，鬆弛身心。	於自由時間發生的一種狀態。	無特定空間範疇。	任何合法及被允許的空間。	在約束時間之外的時間。	做自己喜歡的事。

資料來源：李銘輝，郭建興，2000，p.5。

三、休閒的功能

一般言之，休閒對於人們具有多樣的功能，其中較常被提及的有以下五項：

1. 紓解精神壓力。
2. 鬆弛身心，消除疲勞、恢復健康。
3. 拓展生活經驗，增廣見聞。
4. 獲得工作以外的滿足感、穩定情緒、蓄積再出發之動力。
5. 促進個人身心發展，滿足自我實現之心理需求。

此外，休閒活動對於不同層面亦會有不同的影響，亦即具有不同的功能，尤其是休閒活動它本身已經成為現代人的基本需求，它將會帶給人們直接的滿足與愉悅。若其缺乏將影響到人的身體健康、情緒及行為。茲分別說明如下：

(一) 對個人方面的功能

休閒活動對個人而言，具有若干的價值，有豐富休閒生活的人，比沒有休閒機會的人更可能成為健康、良好平衡及守法的公民。我國教育學家劉真先生常說：一個人要「動以養身」、要「靜以養氣」。楊森將軍亦言：要「活」就要動；所謂活動、活動，即指此意。有關休閒活動的功能對個人的影響而言，可從四個方面來加以說明：

1. 增進身體的健康

參與有益健康的休閒活動，有助於個人身體的健康，比如一般體能性的休閒活動，可刺激肌肉的發達，增加血液循環進而達到活絡筋骨之效果。美國麥克爾斯（Shane Maccorthy）博士認為：「我們深信沒有事業比休閒活動所做的，對青年與成年人達成身體健康目標上有更大的機會」。俗語云：「流一身汗，省一筆醫藥費」，乃是休閒活動之有助於身體健康的最佳說明。

2. 增進心理的健康

在高度的工商社會中，人們每天所面對的生活，早已從單純、自然、天真、快樂的情況，逐漸進入了所謂的緊張、繁雜、煩擾、苦悶的環境。優美而適當的休閒活動會使人們心情愉快、消除緊張、恐懼、膽怯及其他不正常的心理。教育心理學者張春興教授認為休閒娛樂具有身心收放均衡之效，尤其是今日吾人因工時的限制，使身心偏用偏廢的現象，造成了許多職業病的發生。要解決此問題，其辦法乃是善於安排休閒活動，使身心各方面的功能得以調劑收放，保持均衡。特別是整天坐辦公桌者，宜於休閒活動中從事戶外遊憩活動；經常勞力操作者，宜於休閒時多作心智活動；平常工作上少與別人接觸者，休閒時宜多參與社會性活動。

3.知識的獲得

　　人們在正常的休閒活動中，也許會遭遇到許多新的問題或不了解的問題，然而必須適時利用各種方式解決，無形中即可增加知識。

4.社交的增進

　　休閒活動的場合就是培養良好社會行為的場所，人們利用參加的機會，認清自己、尊重他人。在團體裡，個人和他人互相接觸，發生互動關係，這些對社交的成長是有莫大幫助的。

(二)對家庭方面的功能

　　一個幸福的家庭，不只是擁有豪華漂亮的房屋，昂貴而高級的汽車，而且還需有一個氣氛融洽和樂、長幼有序、甜蜜溫馨的家庭。這種和諧的家庭達成因素中，休閒活動的實行，占有極為重要的地位。

　　先總統蔣公曾經指出：「在農業社會裡，一個人去工作，享受田園之美，回家休息，享受天倫之樂。過年過節的時候，家人團聚，共度良辰，一般娛樂可以說是以家族為中心的，到了工業社會，娛樂漸從家庭生活脫離，而有商業化的趨勢。」因此，過去農業社會中，休閒活動與家庭生活有顯著的依附關係。演變至今，繁忙緊張的工商社會，促使家庭的結構日益鬆懈，職業婦女日漸普遍，家庭中的成員各有所司，上學的上學，上班的上班，家人相聚的機會已相對地減少；家庭組成的分子感情逐漸淡薄，甚或日漸消失，家庭問題日漸顯現，比如鑰匙兒的增加、青少年吸毒、酗酒，甚或飆車族的興起，離婚率的提高，寂寞無依的老人與日俱增，不但影響了家庭和諧的氣氛，亦間接造成了社會的問題。因此，為了如何在匆忙的現實生活中，把握與家人共聚的閒暇時間，一同到郊外去野餐、露營、郊遊，或陪同孩子們去兒童樂園、動物園走走，放風箏、做遊戲、共同欣賞藝文活動，以消除代溝，進而增進感情，重享天倫之樂，家庭的休閒活動乃是一件極為重要的事情。

(三)對社會方面的功能

　　人是一種群居的動物，必須依附社會而生存，每一個人的行為也會直接影響社會的發展。休閒活動不但可以與學校教育一樣扮演了社會化的角色，亦可透過休閒活動使人們達成培養教育、改善人群關係之社會教育功能。此外，工作之餘的休閒生活，能夠刺激人們更努力的工作，因此它亦具有娛樂功能（recreational function）。而休閒活動中的各種遊戲、運動等，皆需與他人互動，彼此產生所謂的「同一感」，可以進一步發揮，達到所謂的「社會整合的功能（integration of society）」。

(四)對經濟方面的功能

　　休閒活動因其予人及時的愉快與滿足，其目的乃是使從事休閒活動者，能夠在工作辛勞之後，從事休閒活動，藉以增進身心的健康，使其因工作的疲勞消除，精神振

作，提高工作效率，增加生產。所以工商業界均極重視此一措施，並作為勞工福利項目之一，根據Hersey等有關學者的研究指出，一個企業的員工從事休閒活動，可以使員工在工作上的挫折得到安慰，勞資關係獲得改進，失誤減少，增進合作精神，增進員工的向心力，以及提高員工的工作效率。

總之，就整體國家經濟而言，休閒活動的增加可以促進觀光事業的發達。而觀光事業的發達可以繁榮地方經濟、創造就業機會，賺取觀光外匯收入，增加政府稅收，平衡國際收支。

(五)對預防犯罪及疾病治療方面的功能

根據法務部相關調查資料顯示，一般少年從事正常娛樂的百分比，較犯罪少年或非行少年（包括虞犯少年、不良少年）為高。反之，非行少年較一般少年喜歡參加不易被社會接受之娛樂活動，如打彈子、電動玩具、賭博喝酒等（法務部，民71）。

在1948年11月，美國召開了一項防止與管制犯罪的全體性會議中，承認休閒活動的價值與功用，它進一步地承認休閒活動是「防止犯罪最有效的方法之一。當健全休閒活動計畫在每一地方為所有青年而準備時，休閒活動為最好的防止犯罪的力量。」此外，政府為解決青少年違法飆車、砍殺路人的歪風，亦由相關單位積極協調闢建青少年休閒場所，以消除青少年的犯罪問題。由此可見，正當而適度的倡導休閒活動，是有助於預防犯罪行為之發生。

此外，任何一個國家裡都有嚴重的肢體傷殘者和心理疾病的人，無論在何處、用何方法、花費多少金錢和時間、國家無不竭盡心力設法幫助這群人，而休閒活動療法在這方面的貢獻，早獲明證。所謂「休閒活動療法」是以廣博的休閒活動為媒介，藉經分析的活動項目，以適應病患的狀態而計畫實施的一種活動的程序。有關休閒活動治療方式最常見者有：1.遊戲治療法：係以心理的方法，解決各種因心理或社會因素所引起的個性上的障礙或各種問題行為。其目的乃在使個人的個性能再度適應生活。2.運動治療法：係以娛樂運動為方法，來作為心理缺陷者和社會不良適應者的心理醫療。在今日的復健醫學中，許多醫師、護理人員與指導員，常利用各項運動來使病患早日康復。3.音樂治療法：係利用某種樂曲和音樂的節奏，緩和精神病患的情緒，消除其憂慮，驚恐與過度興奮等症狀。目前有的精神病患收容中心，甚至安排病患組成軍樂隊，並進行巡迴演奏，據說成效良好。音樂亦可能代替藥品，減輕痛覺及增加工作效能。音樂不僅能防止個人心理浮躁，且可應用在工商業，消除勞工身心的疲勞、倦怠、無聊、單調的情緒，並可進一步增加生產效率，提高勞工的報酬，使勞資雙方皆能同蒙其利。

(六)對學校教育方面的功能

根據楊極東先生在70年代針對我國大學生的調查、謝政諭與林苑宜在80年代針

對東吳大學學生調查研究，以及筆者擔任國立空中大學臺中及高雄學習指導中心學生社團輔導業務中均發現：參加社團活動的學生有較好的心理成熟度，較優的學校成績；女生表現較獨立自主；獲得待人處事的經驗，學習如何領導與被領導，以及擔任幹部期間學業成績普遍較高（尤其是女生幹部）。在求學期間，若能適度地參加休閒活動，乃至擔任活動企劃、執行幹部，當可學到平日不易學到的合群、助人等美德，並可活用知識、激發潛能、培養興趣等。因此，休閒活動對於學校教育的貢獻是具有重要的功能。

(七)對文化建設與愛國愛鄉方面的功能

　　人在滿足物質需求之際，亦應同時追求精神生活的滿足，藉著參加藝文性的休閒活動，比如參加音樂會、欣賞國劇演出，甚或參觀古蹟等活動，即可提升人的精神生活，進而對於鄉土情懷、國家之愛油然而生。由欣賞進而創作或推動相關之藝文活動，則可以進一步豐富了民族文化。

　　休閒活動若能適應而妥善的進行，皆可產生正面的功能，但若過度或有所偏頗，則將產生負面的功能。比如青少年騎機車郊遊是一項高尚的休閒活動，但若成群結隊進行飆車或砍傷路人則是一項反常的行為了。

第二節　休閒活動的分類與休閒產業意義

一、休閒活動的分類

　　休閒活動的種類繁多，其內容也極為廣泛，並無固定的形式，因此要想將休閒活動做一嚴謹而周詳的分類是比較困難的。一般而言，休閒活動可依下列的方式來加以區分：

(一)依活動的項目與內容分

　1.社交活動。

　2.文化活動。

　3.藝術活動。

　4.體育活動。

　5.自然及戶外遊憩活動。

　6.觀光旅遊活動。

　7.與小孩有關之活動。

(二)依活動的對象分

　1.兒童。

2.青少年。

3.老年人。

4.正常人。

5.殘障者。

6.婦女。

(三)依活動負責機構分

1.公共提供的休閒活動：比如交通部觀光局每年舉辦元宵燈會、桐花祭、日月潭萬人泳渡、音樂祭、花火節、溫泉祭、中元祭、單車環臺、國際馬拉松等。

2.私人提供的免費休閒活動：比如私人場地免費提供舉辦藝文等有關休閒活動。

3.商業性的休閒活動：比如義大遊樂世界主題樂園、六福村主題樂園、小叮噹科學園區、九族文化村、劍湖山世界主題樂園，必須由休閒者自行付費的休閒活動。

(四)依活動實施場所分

1.家庭的休閒活動：比如與家人在家裡從事下棋、烤肉、看電視、聊天等有關休閒活動。

2.社區的休閒活動：比如參加社區內的土風舞、球賽等休閒活動。

3.學校的休閒活動：比如學校的春、秋季旅行、課外活動等休閒活動。

4.醫院的休閒活動：比如長庚醫院顱顏中心時常會為唇顎裂兒童舉辦夏令營、音樂活動及野餐等休閒活動。

5.工廠的休閒活動：比如工廠主辦的晚會、登山郊遊等休閒活動。

6.宗教場所的休閒活動：比如大甲媽祖每年回嘉義新港進香，北港宗教觀光區之各項休閒有關活動。

7.山林、水域或空中之各項休閒活動：比如近年來逐漸興起之休閒農場、海釣船、滑翔翼等相關之戶外休閒遊憩活動。

8.商業場所的休閒活動：比如很受民眾喜愛的KTV、保齡球館、PUB、SPA，乃至於如日本、泰國、馬來西亞的人妖秀……等。

(五)依活動的時間分

1.晨間。

2.中午。

3.夜間。

(六)依休閒活動參加的人數及性質分

1.自發性的（spontaneous）

　　意指個人根據自己的興趣自由選擇，利用私有娛樂設備的各種活動，如讀書、唱歌、彈鋼琴、照相、散步、遠足、釣魚和種花等。

2.社區性的（communally organized）

意指社會上各種組織、機構或團體的設施所供給之活動，其目的在提供較有意義與價值、能健全個人身心發展之活動，如各種業餘運動會、露天電影、戲劇、寺廟團體及教會團體的休閒娛樂活動。

3.商業性的（commercially motivated）

意指由商業組織所供應的，專以營利為目的的娛樂活動，比如電影、電視、咖啡廳等，人們只要花費相當金錢就能達到娛樂的效果。唯此種商業性娛樂活動的營業方法、手段、管理等方面是否得當？否則一旦變相營業，不但無法達到娛樂休閒之目的，甚而成為犯罪的淵藪。

(七)依相對式休閒分

Havighurst和Feigenbaum提出五種相對式將休閒分為：

1.具挑戰性的相對於冷漠的休閒。

2.個人利他的服務性的相對於團體的享樂式的休閒。

3.個人的享樂式休閒相對於團體利他的服務。

4.男性主動逃避式相對於女性以家為中心的被動式的休閒。

5.中上階級職責性、主動性的相對於低階層被動享樂式的休閒。

二、休閒產業的意義

休閒產業是一種綜合性的事業，也是一種具多重功能與價值組合的行業，它所包括的範圍相當的廣泛，舉凡人們生活中的食、衣、住、行、育、樂幾乎均包含在內。比如自然遊憩資源、人文遊憩資源以及相關的觀光遊憩機構與組織、行業、觀光遊憩設施、休閒活動及休閒服務等層面。

我國自民國90年政府實施週休二日制以來，休閒產業已經成為本世紀中最熱門及最具競爭力的產業。許多業者無不投入鉅資紛紛設立觀光遊樂區、主題樂園、渡假村、休閒農場、民宿、海水浴場，甚至於從事新興的海釣船、賞鯨船、高空彈跳、滑翔翼……等。甚至有些業者還採取策略聯盟方式，結合住宿、餐飲、休閒設施業者，舉辦相關遊憩活動等，來爭取休閒產業的商機，以吸引消費者。

基於上述對於休閒的介紹與了解，那麼什麼是休閒產業呢？我們可以將休閒產業定義為：「凡是可以提供消費者從事休閒活動時所需要的相關服務或設施之企業。」

三、我國休閒產業成長的原因

我國近年來，休閒產業如雨後春筍般的快速成長，經研究發現，不外乎下列幾項

原因：

(一)政府休假政策的鼓勵

我國政府基於休閒產業是一項多功能的綜合性產業，它不但可以促進國家經濟發展，增加政府稅收，創造就業機會；同時，發展休閒產業，更是可以提供國人健康而有意義的休閒活動。因此乃於民國89年7月透過立法院三讀會通過修正《公務員服務法》，規定自民國90年1月1日起，全面實施週休二日，以鼓勵公教人員有較多的時間從事觀光旅遊等休閒活動。此外，並由交通部觀光局負責國民旅遊卡使用辦法之擬定，以鼓勵國人從事休閒旅遊活動。

(二)鄉村人口不斷遷居都市

由於經濟發展的結果，造成鄉村人口陸續湧入工商發達的大城市。在城市裡生活的人們，由於居住環境擁擠、交通紊亂，平日除了上班、上課、打工或應酬，生活緊張，少有機會接觸鄉村美麗而悠閒的環境，於閒暇之餘，他們嚮往鄉村優哉游哉的休閒生活。

(三)休閒時間增加

隨著週休二日制的實施，勞工工時的縮短，以及彈性放假政策的推行，因而我國一年之中有多次連續之長假，提供上班族更多休閒時間，從事休閒活動。同時，政府更進一步將公務人員不休假獎金改為休假才給獎金，鼓勵公務人員從事國民旅遊，間接促成我國休閒旅遊活動的成長。

(四)社會結構改變

由於社會結構改變，小家庭制度興起、家庭成員簡單，講究生活品味，使得戶外休閒生活成為現代人生活所必需。此外，由於工商社會發展的變遷，鄉村與都市的生活水平差距日漸加大，農村青年或學子不得不離鄉背井，遠赴遙遠的都市謀生或就學，長期下來，心靈空虛、寂寞、思鄉情懷日增，遇有節日或長假，則「每逢佳節倍思親」，千里迢迢不辭辛苦，趕返鄉里、探望年邁的雙親或與親人團聚，這些人潮反是造成休閒旅遊活動成長之原因。

(五)國民所得增加

近年來由於工商業變遷，國民所得逐漸增加，最低工資水準亦適時提高，加上2008年政府加發的消費券及降稅方案之措施，使得國民實質所得增加，提高國民從事休閒活動的能力與意願。

(六)交通運輸工具的進步

早期的旅遊休閒活動由於交通不便、曠日廢時，平日臺北到高雄，一趟路至少要6個小時以上，交通極為不便。近年來在政府大力建設之下，國人可藉由高速公路、東西向快速道路、鐵路電氣化以及先進的航空客機等交通的改善，自由旅行。尤其從

縱貫南北的高速鐵路的啟用，大幅縮短南北交通時間，使臺北與高雄兩個都會區變成一日生活圈，早上可以到高雄拜訪親友，一起吃午餐或喝下午茶，晚上還來得及趕回臺北陪家人共進晚餐順便倒垃圾，同時更可誘使部分懼怕搭乘飛機旅遊的乘客，亦陸續出現在各地的旅遊景點，造成我國休閒旅遊更加的發達。

㈦教育水準提高

過去農業社會，人們總是秉持「日出而作，日落而息」的生活模式，且認為旅遊、休閒是一種懶惰或是一種「浪費」。但今日由於大眾教育的普及，人們求知慾也為之提高，平日閱讀報章、雜誌、書本，再也無法滿足其好奇心與求知慾，所謂「百聞不如一見」、「行萬里路，讀萬卷書」，更加激起人們期待外出休閒旅遊的動機，此外，由於人們觀念的改變，尤其在目前這種工商業高度競爭的環境裡，一般認為，休息是為了走更遠的路，且將休閒活動視為日常生活的一部分，更加有助於休閒活動的正常發展。

㈧兩岸局勢持續平穩發展

由於政府播遷來臺之後，勵精圖治，加速經濟建設，從「十大建設」到「十二項建設」、「愛臺十四項建設」以及「南向政策」，人民生活日漸富足。兩岸關係從「辜汪會談」發展到「江（丙坤）陳（雲林）會談」，從「漢賊不兩立」演變到兩岸直航以及開放陸客來臺觀光旅遊，兩岸關係大為改善，人民可以自由自在地，安逸地前往各地休閒旅遊。假如兩岸關係仍維持在戒嚴時間或是八二三砲戰及兩國論飛彈危機期間，兩岸關係劍拔弩張，誰還願冒生命危險到金馬前線從事休閒旅遊活動呢？

第三節　休閒產業之分類與發展

一、休閒產業的分類

鄭殷立、郭蘭生（2005）在《休閒農場經營管理》一書中將休閒產業依其性質加以分類，大致可分為二類：

㈠一般娛樂事業

一般娛樂事業是指提供民眾日常休閒生活所需之事業，通常多位於都市內。如：網咖電玩業、文化出版業、音樂唱片業、娛樂影視業、百貨超市業、餐飲業……等，此類事業以提供民眾日常生活食、衣、住、行、育、樂相關之休閒服務為主。

㈡觀光旅憩事業

觀光遊憩事業則在提供民眾出外旅遊時所需之相關服務，比如：航空業、觀光旅館業、旅行社等，這些事業主要是在提供人們往返於觀光遊憩據點旅程中所需之服

務。

　　此外，行政院主計處對現行休閒相關行業之分類，分為下列五種行業：

1. 運輸業：指從事水、陸、空客運及相關服務之行業，包括陸上運輸業、水上運輸業以及航空運輸業等。
2. 旅行業：指旅行社、導遊、領隊，票務代理及旅遊規劃等。
3. 旅館餐飲業：旅館業指觀光旅館與一般旅館，餐飲業指專門經營中、西各式餐廳飲食之供應服務，且領有營業執照之餐廳、飯館、食堂等行業。
4. 觀光游憩設施業：包括觀光業、建築業、文化教育部門、觀光農藝、觀光林場、觀光工程、遊憩區開發和遊樂園等相關產業。
5. 其他服務業：旅遊餐飲製造業、旅行專用品製造業等。

　　基於上述，凡是能提供人們休閒滿足之設施或服務之產業、吾人皆可稱之為「休閒產業」，因此，休閒產業的範圍包含極為廣泛，它係一種「多元產業」。也就是說凡是民眾生活中之食、衣、住、行、育、樂所涉及的休閒遊憩活動如自然資源、人文資源、遊憩機構、行業、遊憩設施、休閒服務與休閒活動等有關之行業均屬之。

二、休閒產業的發展

　　自政府播遷來臺之後，至今已近70年，我國臺灣地區休閒產業的發展，大致可分成下列四個時期：

(一)萌芽期（民國38年～民國48年）

　　政府播遷來臺後，由於兩岸關係處於敵對狀態，在政府提倡節約及匡政民風政策之下，社會上雖然有收音機、唱片行及電影院等休閒設施或行號，但休閒產業之發展仍受宵禁、煙火管制、限時營業之相關限制。

(二)轉型期（民國49年～民國68年）

　　在這個時期，來華旅客人數自民國65年開始突破百萬大關，中央觀光主管機關成立，有關觀光資料收集齊全。且由於社會經濟改善，相關限制政策逐步開放，比如核准旅行社代辦旅客入出境申請，成立交通部觀光局，及觀光局臺北國際機場旅客服務中心、行政院通過臺灣省林業經營原則性指示，確立森林遊樂與自然保育為經營目標。此外，各部會為辦理審查人民出國之收文發照，成立「臺灣地區旅客入境聯合服務中心」，並成立駐外觀光單位，以利我國觀光休閒產業之擴廣，在這一時期，民眾對休閒活動之需求逐漸重視。

(三)成長期（民國69年～民國79年）

　　在這一個時期，政府大力發展觀光事業，加速興建各風景特定區及國家公園計

畫，改善觀光環境，加強旅遊設施之管理，以吸引觀光旅客，並使國人享有充分正當的休閒活動，並將發展觀光事業列入施政重要項目中。此外，政府並於民國68年起開放國人出國觀光，使出國觀光蔚為風氣，出國人數大幅成長。71年3月25日特於行政院院會中決定於院內設立觀光資源開發小組，負責我國觀光資源開發工作之規劃、審議、協調及推動事宜，以積極開發觀光資源，有效執行有關風景特定區開發計畫。民國76年7月15日，政府宣告解除戒嚴令，縮減山防、海防管制範圍或放寬管制、增加可供遊憩休閒活動空間或休閒遊憩資源。民國76年11月2日政府宣布開始受理赴大陸探親之申請，國人增加赴大陸之旅遊活動，在觀光行政措施方面亦同時配合於民國73年由交通部觀光局首先成立「東北角海岸風景特定區管理處」，內政部營建署於同年亦首先成立墾丁國家公園管理處，隔年由臺灣省政府林務局設立「森林遊樂組」，積極推動觀光事業之發展，國人休閒觀念的發展於焉確立。

㈣民國80年代以後的調整再造時期（民國80年迄今）

在這一時期，我國休閒旅遊產業之發展，面臨了新興的觀光休閒活動的活潑化，為了管理需求，有關觀光法規亦隨著配合增修訂，並將「旅遊安全」調整為未來政府休閒旅遊部門管理之重點。此外，為因應80年代以後政府組織再造，臺灣省政府精省政策的實施，並配合週休二日、休閒權及國際化休閒旅遊的發展，政府在施政方面亦作了若干因應措施，首先政府於民國80年由行政院通過國家統一綱領分三階段：近程——交流互惠階段，中程——互信合作階段，遠程——協商統一階段。開放國人可赴大陸從事學術交流、旅遊等活動，民國85年6月，政府原則同意開放大陸地區人民來臺觀光旅遊。此外，為了因應民眾對於休閒品質需求的提升，政府於民國87年1月1日實施公教人員隔週休二日制，民國88年4月30日政府再將《休閒農業區設置管理辦法》修正為《休閒農業輔導辦法》，民國89年7月立法院三讀會通過修正《公務員服務法》，規定自民國90年1月1日起，全面實施週休二日政策，並且宣布民國93年為中華民國觀光年。民國104年8月4日，行政院核定「觀光大國行動方案」（104～107年）實施。以維繫觀光品質，提高旅遊產品多樣化及區隔大陸及非大陸市場來臺旅客人次目標值。

關鍵詞彙

休閒	遊憩	觀光
休閒活動	休閒產業	

自我評量題目

1. 何謂休閒、遊憩、觀光？可否說明此三者之間之關係為何？

2. 何謂休閒活動？

3. 試說明休閒具有哪些功能？

4. 試說明休閒活動對於個人方面具有哪些功能？

5. 試說明休閒活動對於社會方面具有哪些功能？

6. 試說明休閒活動可分成哪些種類？

7. 何謂休閒產業？它可分成哪幾個類別？

8. 可否說明行政院主計處將現行休閒相關行業如何分類？

9. 可否談一談我國休閒產業發展的情形？

第二章

休閒農業之發展、定義、資源特性、功能與資源分類

學習目標

在研讀本章內容之後，學習者應能達成下列目標：

1. 我國休閒農業的發展過程。
2. 休閒農業之定義與其資源特性。
3. 休閒農業之功能與休閒農場之分類。

摘　要

我國自民國38年政府播遷來臺以來，農業的發展由傳統的農業生產發展到休閒農業，其間發展的過程大致可分成以下五個時期：1.萌芽期——觀光農園草創期（民國69年以前）。2.成長期——休閒農業轉型探索期（民國69年至78年）。3.成長期中段——休閒農業的提倡期（民國78年至89年）。4.成長期後段期——休閒農業茁壯期（民國89年至92年）。5.休閒農業發展期（民國93年迄今）。有關休閒農業、休閒農場、休閒農業區、休閒農業設施、民宿、森林遊樂區等幾個重要專有名詞分述如下：

1. 休閒農業：依據民國105年11月30日修正之《農業發展條例》第3條第5款之定義，係指「利用田園景觀、自然生態及環境資源，結合農、林、漁、牧生產、農業經營活動、農村文化及農家生活，提供國民休閒，增進國民對農業及農村之體驗為目的之農業經營。」

2. 休閒農場：依《農業發展條例》第3條第6款之用詞定義為：「指經營休閒農業之場地。」

3. 休閒農業區：依民國95年2月10日農委會發布的《休閒農業輔導管理辦法》第4條之規定：具有下列條件之地區，得規劃休閒農業區：具地區農業特色、具豐富景觀資源、具豐富生態及保存價值文化資產。

申請規定爲休閒農業區之面積限制如下：

(1)土地屬非都市土地者，面積應在50公頃以上，600公頃以下。

(2)土地全部屬都市土地者，面積應在10公頃以上，100公頃以下。

(3)部分屬都市土地，部分屬非都市土地者，面積應在25公頃以上，300公頃以下。

4. 民宿：依據民國106年11月14日修正之《民宿管理辦法》第2條之規定，係「指利用自用住宅空間結合當地人文、自然景觀、生態、環境資源及農林漁牧生產活動，以家庭副業方式經營，提供旅客鄉野生活之住宿處所。」

5. 森林遊樂區：依據農委會民國94年7月8日修正之《森林遊樂區設置管理辦法》第2條之規定，係「指在森林區域內爲景觀保護、森林生態保育與提供遊客從事生態旅遊休閒、育樂活動、環境教育及自然體驗等，經中央主管機關核准，爲提供遊客育樂活動、食宿及服務而設置之設施。」

休閒農業資源由於其產業特質，它係以農業資源作爲基礎，因此得以保留其在自然環境與寬闊的綠野之間。對於久居都市的人們而言，一個乾淨美麗的視野，寬闊的綠野、空間是紓解身心所必要的條件，而休閒農業資源又常存在或圍繞在都市之邊緣與青山綠水之間，可及性高，亦特別具有吸引遊客的基本條件。就整體遊憩體驗而言，這些休閒農業資源自然地亦可提供人們休閒遊憩之使用，因此幾乎所有的休閒農業資源之特性，除了具有一般遊憩資源的特性外，尚兼具有農業的農民生活、農業生產及農村生態等三生一體與休閒遊憩功能之性質的特性，其較顯著者有下列數項：

1.兼具三生一體的鄉村旅遊特性；2.保有農村資源的永續性；3.具有啓發農村環境知識的教育性；4.具有促進城鄉生活之互動性；5.具有保存鄉土草根之特性。

休閒農業之功能，各專家學者之論述不一，可歸納成下列七項功能：1.教育功能；2.經濟功能；3.環保功能；4.遊憩功能；5.社會功能；6.文化功能；7.醫療功能。

休閒農業資源之分類大致可依下列四種方式來區分：1.依資源之組成範圍來分，可分爲：(1)自然環境之景觀資源；(2)農村漁牧動物之景觀資源；(3)人文資源。2.依人爲與自然成分的強度來分，陳水源（1998）將休閒旅遊據點之資源類別區分成人爲資源與自然資源。3.依農業三生一體之功能來分，農業資源作爲休閒遊憩使用分類，葉美秀（1998）認爲依三生（生產、生活、生態）來劃分較爲適切，可分爲：(1)農業生產資源：包括①農作物；②農耕活動；③

農具；④家禽家畜等。(2)農民生活資源：包括①農民本身特質；②日常生活特色；③農村文化慶典活動。(3)農村生態資源：包括①農村氣象；②農村地理；③農村生物；④農村景觀。4.依鄉村體驗活動來分：段兆麟（2002）認為鄉村體驗活動資源可分為：(1)自然資源；(2)景觀資源；(3)產業資源；(4)人的資源；及(5)文化資源等五大類。

　　人事行政局配合實施強制休假及鼓勵休假（即每人每年休假總日數一半規定一定要休假，且每一位休假的公務人員可以使用國民旅遊卡刷卡，最高刷卡金額不得超過16,000元，由政府支付該項金額），至於另一半休假天數則可按每人不分官位大小，休假一天政府給600元之休假獎金，以鼓勵公務人員休假，以提升公務人員工作績效。由於國人之工作時間因而縮短，休閒時間增加，休閒產業乃逐漸蓬勃地發展，至此我國已正式邁入了大眾休閒的時代。

第一節　我國休閒農業的發展

　　我國自民國38年政府播遷來臺以來，農業的發展由傳統的農業生產發展至休閒農業，其間發展的過程大致可分以下五個時期，茲分述如下：

一、萌芽期──觀光農園草創期（民國69年以前）

　　我國休閒農業之發展最早可追溯到1960年代，在當時政府為改善農業生產結構，尋求新的農業型態，提高農民所得，繁榮農村經濟，農政單位及學者專家便開始醞釀利用農業資源及促進農產品等方式以吸引遊客前來休閒旅遊，於是產生了觀光農業之構想。到了民國54年在臺北市成立第一家的觀光農園，此時期的休閒農業是以觀光農園型態經營，完全是農民自發性的嘗試，目的在藉由開放休閒農園供遊客採摘水果、節省人力，並可吸引遊客前來旅遊消費，享受田園之樂，並可促銷農產品，達到增加農家收入的目的，於是農業生產結合觀光休閒的構想應運而生。他們把自己農園的產品特色與資源加以規劃運用，提供人們從事休閒遊憩活動及餐飲住宿服務，於是休閒農業就自然而然地發展起來。

二、成長期前段──休閒農業轉型探索期（民國69～78年）

　　在這個時期於民國69年，由前總統李登輝博士選定臺北市木柵區指南里組訓53戶茶農，成立國內第一座「木柵觀光茶園」，首開政府推廣休閒農業的先例，目前已

成為臺北市假日市民重要的休閒景點。此後更在轄區內陸續輔導成立各種觀光休閒農園、提供市民享受陽光、綠野、寧靜自然及清新空氣的田園風光，亦可同時提供市民親享採摘品嘗新鮮水果或農產品之樂趣。此時期由於經濟的發展，帶動觀光遊憩需求的增加，有鑑於臺北市觀光農園發展計畫，備受各界之肯定與歡迎，緊接著民國71年臺灣省政府接著推動「發展觀光農業示範計畫」，將觀光農業在臺灣省境內推動，發展出更多樣、多采多姿的觀光農園。由於政府的大力輔導設置觀光農園，從民國71年至78年的短短7年間，觀光農園面積已超過1,000公頃，範圍含括14縣，42鄉鎮，22種作物，其中水果有15種，另外還有蔬菜、蝴蝶蘭、茶葉及香菇等作物。其中較著名者有臺北市的建國花市、內湖的自動農園轉型成為市民農園以及臺灣省最具指標的三大休閒農場——彰化縣農會的東勢林場、臺南縣農會的走馬瀨農場以及宜蘭縣的香格里拉休閒農場均在此期間相繼設立營運。

三、成長期中段——休閒農業的提倡期（即民國78～89年）

在這個時期，由於農業結合觀光旅遊產業在各地區蓬勃地發展起來，行政院農業委員會正式提倡休閒農業發展，使休閒農業成為農業發展主流。該委員會並於民國78年4月28日到29日委託臺灣大學農業推廣學系舉辦「發展休閒農業研討會」，建立共識，會中確定「休閒農業」的名稱，這項定名對於休閒農業的定位與發展產生關鍵性的影響。政府並在民國79年開始在農業建設計畫中增設「發展休閒農業計畫」，積極輔導休閒農業之發展。自此，臺灣正式邁入休閒農業的提倡時代，農委會並正式編列經費補助規劃面積在50公頃以上的休閒農業區，作為示範發展計畫。民國81年12月30日農委會訂定《休閒農業區設置管理辦法》，積極輔導休閒農業區之發展。這一個設置管理辦法也是臺灣發展休閒農業的首部法規，使休閒農業之推動有了法令的依據。到了民國83年並首度引進市民農園的制度，在本階段由於農業界及社會各界的積極投入發展休閒農業，使臺灣的休閒農業有如雨後春筍般的發展，深受各地農民及農民團體的喜愛和歡迎，紛紛在各地設置休閒農業區或休閒農場。唯在這一階段，休閒農業之發展雖然適逢天時、地利、人和而快速成長，但都也很快地碰到發展的瓶頸，其中最重要的是法令規章無法配合發展之需要，其次是社會大眾對休閒農業認識不夠深入，以及經營觀念尚未建立共識，使得休閒農業推動的並不是很順利。經發現《休閒農業區設置管理辦法》公布實施後，遭遇以下兩個主要的困難：1.土地毗鄰面積在50公頃以上之休閒農業區，必須結合很多農家共同經營，或全作經營或公司經營之方式有實質上的困難。2.休閒農業設施之各項營建行為無法突破。此外，近年來在農村地區有很多觀光旅遊業者搭休閒農業順風車，也稱「休閒農場」，經營與農業三生

（生產、生活與生態）毫無相關之活動業務，也有一些休閒農場為了追求利潤逐漸變相經營休閒農業。農業主管機關有鑑於此，為了順利推展臺灣的休閒農業，特將《休閒農業區設置管理辦法》名稱修正為《休閒農業輔導辦法》，將「休閒農業區」與「休閒農場」加以區隔。

四、成長期後段期──休閒農業茁壯期（民國89～92年）

本階段的開始是民國89年，在這一年當中《農業發展條例》增訂休閒農業之基本規定，休閒農業法規亦隨之重新修訂，同年將《休閒農業輔導辦法》修訂為《休閒農業輔導管理辦法》，放寬申請休閒農場的面積到0.5公頃的規定，奠定休閒農業在本階段蓬勃發展的基礎。此外，為因應世界經濟不景氣，及受潮流的影響，農業主管機關積極輔導農業轉型，以增加農漁村就業人口。自民國90年開始推動「一鄉一休閒農漁園區計畫」，由農委會研擬計畫提送大綱與原則，函請各縣市政府轉向各鄉鎮農會或公所提送計畫。農委會邀請專家學者共同召開審查會議，審查通過後再請輔導委員赴各鄉鎮輔導細部計畫的擬定，協助各鄉鎮順利執行計畫。

基本上，「一鄉一休閒農漁園區計畫」是一個鄉鎮設置一個園區為原則，它是一個由下而上的競爭型計畫，但實際上並非每個鄉鎮都具備設置休閒農漁園區的資源條件，有的資源豐富、幅員較為遼闊的鄉鎮，可能設置數個園區來發展休閒農業，因此自民國91年起便將「一鄉一休閒農漁園區計畫」名稱改為「休閒農漁園區計畫」。此外，民國90年行政院經建會公布「國內旅遊發展方案」，交通部觀光局訂定「21世紀臺灣發展觀光新戰略」，均提出發展生態旅遊、健康旅遊的策略，使發展休閒農業與國內觀光旅遊發展政策相互呼應。到了民國91年12月12日，交通部觀光局又發布《民宿管理辦法》，更擴大了休閒農業發展的空間。

五、休閒農業發展期（民國93年～迄今）

在這個時期，我國的休閒農業的發展可謂達到高峰期，因此在此期間不再追求量的增加，而是追求質的提高，當中最重要的工作乃是於民國85年到107年先後將《休閒農業輔導管理辦法》修訂12次，目的是在提升休閒農業的服務品質，以期國內之休閒農業能穩健地發展。此外，農政單位亦開始積極進行休閒農場評選、休閒農業區評鑑等工作，並輔導休閒農場申請籌設及登記，亦是另一項重要的工作。而在民國93年舉行的全國服務業發展會議中，建議規劃與推動具國際觀光水準的休閒農業區，對提升我國區域性的休閒農業服務品質更是具有極為重大的意義。

第二節　休閒農業的定義與資源特性

一、休閒農業的定義

　　誠如本章第一節所述，我國休閒農業之名稱與定義是在民國78年4月28日至29日，農委會委託國立臺灣大學農業推廣學系舉辦之「發展休閒農業研討會」之後才確定的。之後於民國81年12月30日農委會訂定之《休閒農業區設置管理辦法》，以及行政院農委會於民國105年11月30日修正之《農業發展條例》第3條第5款的定義，均將休閒農業定義為：「指利用田園景觀、自然生態及環境資源，結合農村漁牧生產、農業經營活動、農村文化及農家生活，提供國民休閒，增進國民對農業及農村之體驗為目的之農業經營。」

　　此外，有關臺灣休閒農業相關的名詞定義歸納如下：

(一)休閒農場

　　依《農業發展條例》第3條第6款之用詞定為：「指經營休閒農業之場地。」

(二)休閒農業區

　　依據民國104年4月28日新修訂之《休閒農業輔導管理辦法》，具備下列要件規劃為休閒農業區，依此休閒農業區劃定審查作業要點進行審查：

1. 劃設原則
   (1)具地區農業特色。
   (2)具豐富景觀資源。
   (3)具豐富生態及保存價值之文化資產。

2. 劃設面積
   (1)土地全部屬非都市土地者，面積應在50公頃以上，600公頃以下。
   (2)土地全屬都市土地者，面積應在10公頃以上，100公頃以下。
   (3)部分屬都市土地，部分屬非都市土地者，面積應在25公頃以上，300公頃以下。

　　至於其名詞定義則依民國81年12月30日農委會發布的《休閒農業區設置管理辦法》第3條第2款之規定：係「指經中央主管機關核准設置為休閒農業的使用之地區。」

(三)休閒農業設施

　　依據民國104年4月28日修訂之《休閒農業輔導管理辦法》第8條之規定，休閒農業區得依規劃設置下列供公共使用之休閒農業設拖：

1. 安全防護設施。
2. 平面停車場。

3.涼亭（棚）設施。

4.眺望設施。

5.標示解說設施。

6.衛生設施。

7.休閒道。

8.水土保持設施。

9.環境保護設施。

10.景觀設施。

11.農業體驗設施。

12.生態體驗設施。

13.農特產品零售設施。

14.其他經直轄市或縣（市）主管機關核准之休閒農業設施。

㈣民宿

　　依據民國106年11月14日發布之《民宿管理辦法》第2條之規定，本辦法所稱民宿，指「利用自用住宅空閒房間，結合當地人文、自然景觀、生態、環境資源及農林漁牧生產活動，以家庭副業方式經營，提供旅客鄉野生活之住宿處所。」

㈤森林遊樂區

　　依據農委會民國94年7月8日修正之《森林遊樂區設置管理辦法》第2條之規定，係「指在森林區域內，為景觀保護、森林生態保育與提供遊客從事生態旅遊、休閒育樂活動、環境教育及自然體驗等，經中央主管機關核定而設置之遊樂區」。

二、休閒農業資源的特性

　　休閒農業資源由於其產業特質，它係以農業資源作為基礎，因此得以保留其在自然環境與寬闊的綠野之間，對於久居都市的人們而言，一個乾淨美麗的視野，寬闊的綠野空間是紓解身心所必要的條件，而休閒農業資源又常存在或圍繞在都市之邊緣與青山綠水之間，可及性高，亦特別具有吸引遊客的基本條件。就整體遊憩體驗而言，這些休閒農業資源自然地亦可提供人們的休閒遊憩之使用，因此幾乎所有的休閒農業資源之特性，除了具有一般遊憩資源的特性外，尚兼具有農業的農民生活、農業生產及農村生態等三生一體與休閒遊憩功能之性質的特性，其較顯著者有下列數項：（王小璘、張舒雄，1993）

1.兼具三生一體的鄉村旅遊特性

　　即結合農業生產資源（比如農作物、農具、家禽家畜及農耕活動）、農民生活資

源（比如農民的生活特色、文化慶典及民俗信仰），與農村生態資源（比如農村的景觀、農村生物、農村氣候及農村地理環境）等的一種旅遊方式。

2. 保有農村資源的永續性

這些休閒農業資源包括農村寬闊的空間，自然環境及鄉土資源等提供鄉村農民工作休閒的場所及萬物成長的環境及保存生命延續的空間。

3. 具有啟發農村環境知識的教育性

這一項休閒農業資源包括田園教育、市民農園、觀光農園與休閒農場，平日提供遊客認識動植物的成長過程，體驗人類生命的意義，使休閒農業資源變成了人們最好的環境教育之教材與場所，深具教育之性質。

4. 具有促進城鄉生活之互動性

城市生活與鄉村農家生活方式不盡相同，透過休閒農業之參觀訪問，縮短都市居民或鄉下農民生活方式之差距，並可提供都市居民體會農村純樸勤儉之氣氛，促進城市居民與鄉村農民生活方式之交流與互動。

5. 具有保存鄉土草根之特性

休閒農業資源包括農、林、漁、牧產業之資源，遊客前來參觀旅遊，觀賞鄉村農業生產過程、農民生活方式及其民俗文化、鄉土文物、節慶祭典活動等讓遊客在參觀農村的休閒資源後，產生懷古念舊、保護鄉土及本土文化之思想。

第三節　休閒農業的功能與資源分類

一、休閒農業的功能

休閒農業是近年來農業發展的一種新興事業，它是將農業資源應用在休閒遊憩活動上的一種經營型態，亦是一種結合農業生產、農民生活及農村生態三位一體的休閒產業。有關休閒農業之功能，各專家學者論述不一，茲以下列數例加以介紹：

㈠陳墀吉（2001）認為休閒農業具有以下之功能：

1. 休憩性功能：休閒農業兼具觀光、旅遊、遊憩、休閒、餐飲等休憩性功能。
2. 教育性功能：休閒農業可提供知性之旅、文化深度旅遊休憩活動，所以具有教育性功能。
3. 服務性功能：休閒農業係屬於一種服務業，因此它具有服務性功能。
4. 市場性功能：休閒農業可提供多元性商品、服務與行銷通路，具有市場性功能。
5. 保育性功能：休閒農業之內容包括綠色觀光、生態觀光，因此具有保育性功能。
6. 傳播性功能：休閒農業經常為小眾口碑或大眾媒體所報導傳播之事務對象。

7.經濟性功能：休閒農業可以讓傳統產業活化、轉型創新，具有經濟性功能。

8.社會性功能：休閒農業可促進家庭、社團，人與團體之間的互動，因此它具有社會性功能。

(二)卡六安（1989）認為休閒農業的功能大致有以下五點：

1.可擴大農業經營範圍，將農業由一級產業提升至三級產業。

2.提高農民所得，進而改善農村生活。

3.保育農村資源，延續農業生命力。

4.因應國民旅遊需求的增加，可提供田園景色的休閒農業應運而生。

5.可促進城鄉交流，均衡農村與都市的發展。

(三)林梓聯（1991）認為休閒農業具有下列之功能：

1.可提升當地的環境品質，維護自然生態平衡。

2.可促進人際關係的社交功能，並可縮短城鄉差距。

3.可教育人民了解農產品之生產過程。

4.可提供人們遊憩休閒的場所。

5.可增加農村就業機會，提高農民所得。

6.農家特有的文化生活可得以保存。

7.可提供人們休閒活動的場所，以解除緊張的生活。

　　綜合上述學者之見解，休閒農業大致可歸納為以下幾項功能：

1.教育功能

　　休閒農業提供遊客戶外的教學場所，遊客可在學校社區、社會、田野、生態農業及大自然裡進行教學活動，教材也具鄉土化、本土化、生活化及國際化，生動活潑又有趣，因此它具有教育的功能。

2.經濟功能

　　休閒農業是近年來農業發展過程中的一種新興產業，就經濟性目標而言，它具有創造農村就業機會、增加農民所得，亦可使農民直接銷售農產品給遊客，解決部分農產品運銷問題。它亦可藉由各種基層農業推廣組織、農村婦女或老弱婦孺之參與，留住部分農村青年參與經營，達到農村青年留村留農的目標。並可將農業經營方式導入第三產業，增加農產品的附加價值，擴展農村消費市場，也帶來農村地區的生機，達成繁榮農村經濟之功能。

3.環保功能

　　休閒農業可以提供農業永續經營的機會，再者休閒農業是利用自然景觀、生態環境資源、農業生產資源與農村文化資源以吸引休閒遊客人口。人們從事遊憩活動或相關的遊憩體驗，只限於觀賞性的體驗，不可做破壞性的體驗。

4.遊憩功能

藉由參觀田園之美，體驗豐富的自然景觀與精心設計的各種體驗活動，均可滿足不同年齡、不同階層的遊客對象的旅遊需求，達成休閒遊憩的功能。

5.社會功能

除了提供人們交誼休閒之機會，減少人與人間之冷漠感，另外休閒農業在社會性功能方面尚具有以下四項：(1)促進城鄉交流；(2)增進農村社會發展；(3)提升農村居民生活品質；(4)縮短城鄉差距。同時由於休閒農業增加了農村的就業機會，提高農民所得，農村居民體認其擁有的自然美景、產業與文化的珍貴，更激發了農村居民間的凝聚力，愛護農村，維護其產業文化傳承。

6.文化功能

文化乃是人類生活的一種方式，一般是由學習累積經濟而得之。臺灣農村文化非常具有特色與豐富內容，這些農村民俗文化、生活文化或農業文化活動等，如能與休閒農業相結合，在休閒農業經營上，規劃導入這些文化資源，不但可使農村文化生根傳承，更可進而更加發揚光大。

7.醫療功能

休閒農業另一個功能是具有逃脫壓力之功能，根據Ulrich（1979）研究指出，自然景觀相對於都市景觀具有降低壓力及焦慮之療效。此外，謝瑞娟（1982）的研究亦證實，認為園藝活動對老年人的生理、心理有實際的幫助。臺灣地區很多休閒農場或鄉村民宿位於風景優美、氣候溫和、生態豐富的自然地理環境之中，若能妥善規劃運用，提供國民休閒渡假與戶外遊憩之場所，將可紓解國人工作及生活壓力，舒暢身心之功用，尤其是對於有慢性病的人而言，休閒農場具有珍貴溫泉、SPA、清新的空氣、靜謐的空間、生生不息的動、植物以及遍地蒼翠樹木花草，此種優美而合宜的環境，正是最適合調劑身心以及善生保健的最佳場所。

二、休閒農業資源的分類

休閒農業資源之分類，大致可分為以下幾種類型：1.依資源之組成範圍來分；2.依人為與自然成分的強度來分；3.依農業三生一體的功能來分；以及4.依鄉村體驗活動來分。茲分述之：

(一)依資源之組成範圍分

1.自然環境之景觀資源

指天然因素所造成的自然景觀資源，比如斷崖、海峽、季節變化等。

2.農村漁牧動物之景觀資源

包括：(1)農：指農作物之景觀資源，比如各種作物之栽培、採收、加工、欣

賞、食用、研究之資源。⑵林：係指森林之總稱，包括高山群落及人工、天然林之林相。⑶漁牧：①漁類：包括沿海、近海、養殖漁業及各種水產；②畜牧：指畜養禽獸，包括家禽、家畜兩類。

3. 人文資源

指人為因素所造成：人文環境風貌或者具有文化價值上的條件等的資源皆屬之。（王小璘、張舒雄：1993）

㈡依人為與自然成分的強度來分

陳水源（1998）在其編譯的《觀光地區評價方法》中，依照人為設施及自然生態的成分強度，將資源休閒旅遊據點之資源類別區分成人為資源與自然資源，如圖2-1所示：

自然資源

> 山嶽、海岸、島嶼、瀑布、湖沼、草地、沙地、荒廢地、溪谷、鐘乳洞、溫泉、日出

> 山林、耕地、牧場、森林、梅林、杜鵑花林

> 森林公園、自然公園、公路花園、教育性農園、花卉公園、觀光農園、觀光農場、市民農園、露營區、青少年招待所、水壩腹地、泛舟場、海水浴場、燈塔等

> 都市綠地、運動公園、棒球場、競技場、動物園、植物園、遊樂園

> 民俗文化村、產業文化館、博物館、渡假農莊、民宿、體育館、美術館、休閒渡假中心、休閒俱樂部、高爾夫球場、游泳池、健身中心、傳統產業、工廠、交通設施

> 文化古蹟、寺廟佛塔、傳統文物、人文景觀、鄉土料理、民間技能、行事風格、風俗習慣

人為資源

圖2-1　休閒旅遊據點資源類別

資料來源：陳水源（1998）。

㈢依農業三生一體的功能來分

農業資源作為休閒遊憩使用之分類，依三生（生產、生活及生態）來劃分較為適切（葉美秀，1998）。分為農業生產、農民生活及農村生態等三類資源：

1.農葉生產資源

　(1)農作物

　　① 糧食作物：如穀類、豆類等。

　　② 特用作物：如纖維、糖料作物等。

　　③ 園藝作物：如花卉、蔬菜等。

　　④ 飼料、綠肥作物：如禾本科、豆科作物。

　　⑤ 藥用作物：如利用全株或根莖葉花之作物。

　(2)農耕活動

　　① 水田耕種：如水稻、蓮花、茭白筍之耕作方式。

　　② 旱田耕種：如玉米、稻米、包括其整地、播種、管理、施肥、噴藥及採收。

　　③ 果園耕作：如木本或蔓藤，包括剪條、蔬菜水果等。

　　④ 蔬菜、花卉耕種：如各種蔬菜之耕作採收等。

　　⑤ 茶園等特殊作物之耕種及修剪、製茶過程。

　(3)農具

　　① 耕作農具。

　　② 運輸農具。

　　③ 貯存工具。

　　④ 裝盛工具。

　　⑤ 防雨防晒工具。

　(4)家禽家畜

　　① 家禽：如雞、鴨。

　　② 家畜：如牛、羊、兔。

2.農民生活資源

　(1)農民本身特質：包括①當地語言；②宗教信仰；③農民特色；④歷史。

　(2)日常生活特色：包括①飲食；②衣物；③建物；④開放空間：如養殖場、村莊；⑤交通方式：如道路、交通工具。

　(3)農村文化慶典活動：包括①工藝；②表演藝術；③小吃；④慶典活動。

3.農村生態資源

　(1)農村氣象

　　① 氣候與農業關係：如二十四節氣、七十二候。

　　② 氣象預測方法：如觀測天象法、觀察動植物法。

　　③ 特殊的天、氣象：如日、月、星及雲、霧、雨景。

(2) 農村地理

    ① 地形與農業之關係：如坡地、沼澤、旱地。

    ② 土壤與農業之關係：如肥沃與貧瘠之不同農作。

    ③ 水文與農業之關係：如灌溉、飲用、家用、漁撈。

(3) 農村生物

    ① 鄉間植物：如長在田、水邊或田野間之草木。

    ② 鄉間動物：如鳥、兩棲類、水族、小型哺乳動物。

    ③ 鄉間昆蟲：如蝴蝶、蜻蜓、螢火蟲、農業益害蟲。

(4) 農村景觀

    ① 全景景觀：如山地中之村落、平原之集、散村。

    ② 特色景觀：如稻田、果園、傳統聚落景觀。

    ③ 圍閉景觀：如村中之巷道、大樹蔭蔽之林間。

    ④ 焦點景觀：如特別的作物、大樹、著名建物。

    ⑤ 次級景觀：如框景、細部及瞬間景觀。

㈣依鄉村體驗活動分

    段兆麟（2002）將鄉村體驗活動資源分為：1.自然資源；2.景觀資源；3.產業資源；4.人的資源；及 5.文化資源等五大類（引自陳昭郎，2007，P.86），詳如表2-1：

表2-1　鄉村體驗活動資源分類表

資源分類	分類細項	內涵注釋
自然資源	1.氣象資源	日出、落日、雲彩、彩虹、星相、季風等。
	2.水文資源	利用鄉村的溪流、河床、山澗、瀑布、溫泉，吸引遊客遊憩留宿。濱海地區的水文資源有海景、潮汐、浪花、溪流等。
	3.植物生態資源	利用鄉村的觀花、觀果、觀葉植物，及牧野的牧草，設計體驗活動。濱海地區，如馬齒莧、馬鞍藤、濱刺麥、臺灣濱藜等濱海草本及蔓性植物：水莞花、烏橋子、黃荊、蘿芙木、毛苦參等。濱海灌木植物：山欖、九芎、刺桐、棋盤腳、臺灣海桐、海茄苳、水筆仔、蒲葵等濱海喬木。
	4.動物生態資源	利用鄉村的稀有動物，如蝶類、鳥類、魚類等設計活動，招來遊客，提供自然教室的知性之旅。牧場的禽畜資源，如雞、鴨、鵝、狗、牛、羊、豬、馬、鴕鳥、駱駝等，設計體驗活動，提供自然生物習性的教育活動。濱海地區包括魚類、蝦類、貝類、蟹類、鳥類（留鳥與候鳥）、昆蟲及潮間帶生物等。

表2-1（續）

資源分類	分類細項	內涵注釋
景觀資源	1.地形地質景觀	農村有平原、步道、嶺頂、懸崖、峽谷、河灘、曲流、峭壁、環流丘等。濱海地區有：沼澤、魚塭、水塘、海岸線、潮間帶、沙洲、海岸河穴、奇石、珊瑚礁岩等。
	2.牧野風光	如農村「鵝兒戲綠波」的故鄉味，大陸「風吹草低見牛羊」的曠達氣勢，美國大西部牧場的豪情，澳、紐大地青草綠的自然風光。
	3.禽畜舍特色	如飛牛牧場美國大西部穀倉式的遊客服務中心。又如蒙古包、氈房等村寨特色。
	4.農村風光	農宅傳統建築、廟寺建築、魚塘景觀、漁村風情、防風林相、鹽田景觀等。
產業資源	1. 農產品	各種農園、林產、畜牧、水產養殖等產品均可作為設計體驗活動的資源。
	2. 牧草體驗活動	草原賞景、認識牧草、牧草收割、牧草加工餐飲、牧草編織等。
	3. 禽畜舍特色	如剪羊毛、擠牛乳、擠羊乳、羊毛服裝製作DIY等。
	4. 畜牧產品	如皮蛋製作、乳產品加工、鵝蛋彩繪、野山豬、烤乳豬、豬肉加工、滷豬腳等。
	5. 牲畜市集	了解家畜家禽的交易活動。
	6. 畜牧體驗活動	如騎馬、放羊、餵飼、牧羊犬趕羊、坐牛車等。
	7. 漁業經營	漁業經營的各階段，皆適合搭配遊憩服務，提供體驗的機會。如在養殖階段，可發展觀光漁場；運銷階段，有假日魚市的活動；加工處理階段，有魚製品觀摩與採買的活動。
人的資源	1.地方名人	農漁村地方上有名的歷史人物或當代人物。
	2.匠師	特殊技藝的農漁民。
文化資源	1.傳統建築資源	農村平地有古代建築遺址、古道老街、古宅、古城、古井、古橋、廢墟、舊碼頭、牛墟、舊牧場等。山村有展現原住民特色的傳統石板屋建築。
	2.傳統雕刻藝術及手工藝品	具有地區特色的藝術品，如石雕、木竹雕、皮雕編織、服飾、古農機具及家居用具等。
	3.民俗活動	如祭祀廟會、王船祭典、迎王祭典、宋江陣、製作天燈、童玩技藝等。
	4.各種文化設施與活動	例如有特色的農漁牧博物館、歷史遺蹟等。

資料來源：段兆麟（2002）。

關鍵詞彙

休閒農業	休閒農場	休閒農業設施
休閒農業區	民宿	森林遊樂區

自我評量題目

1. 可否扼要說明我國休閒農業的發展情形？

2. 何謂休閒農業？

3. 何謂休閒農場？

4. 何謂休閒農業區？依規定應具備哪些要件始得規劃為休閒農業區，依審查作業要點進行審查？

5. 何謂休閒農業設施？依規定休閒農業區得設置哪些供公共使用之休閒農業設施？

6. 何謂民宿？

7. 試說明休閒農業資源之特性為何？

8. 試說明休閒農業具備哪些功能？

9. 試說明我國休閒農業資源之分類情形為何？

第三章

休閒農業資源調查規劃

學習目標

在研讀本章內容之後，學習者應能達成下列目標：
1. 了解休閒農業資源規劃目標、原則、內容及規劃程序。
2. 了解建構休閒農業發展潛力模式的組成要素。
3. 了解顧客價值、屬性及產品服務的意義。
4. 學習顧客價值導向的資源及產品服務規劃內容與程序。

摘　要

　　資源是滿足遊客需求的基礎，以顧客價值為導向來進行資源及產品規劃是非常重要的課題。本章首先說明休閒農業資源規劃的內容與程序，包括規劃目標、原則、資源調查與分析、潛力評估、發展願景與定位、營運模式、財務分析與開發計畫。其次說明調查計畫與分析，包括調查目標、範圍、資源調查類別、資料來源、人員安排、經費與資源分析。再其次說明休閒農業資源區潛力評估，從資源吸引力、市場發展潛力、顧客價值及整合發展能力，來建構休閒農業資源區潛力評估模式。最後從顧客價值、屬性與資源及產品服務，建立顧客價值導向的資源及產品服務規劃程序，並以實務案例進行說明。

　　資源為產品及服務的組成，是滿足遊客需求的基礎。資源調查目的首要在於調查資源現況，包括資源類型、數量、特性、空間分布與時間分布。其次在於分析資源的用途、重要性與發展潛力。最後是資源屬性與價值分析，藉由產品與服務的設計，能夠為遊客創造何種休閒價值，以滿足遊客需求。本章節分為四個小節，第一節為休閒農業資源規劃內容，以了解資源調查在資源規劃中扮演的角色。第二節為休閒資源調查與分析，了解資源調查規劃的內容，與資源特性分析，分析資源之商業性、集客力及魅力性，以彰顯核心資源之所在。第三節為休閒農業資源潛力評估，從資源面、市場面、顧客價值面與整合發展面來分析休閒農業區發展潛力評估，作為休閒農業區開

發之參考。第四節為顧客價值導向的資源及產品服務規劃，從需求面之顧客價值，透過屬性，連結至供給面資源及產品服務規劃。

第一節　休閒農業資源規劃

一、規劃目標

休閒農業之發展，兼顧農業、經濟、環保、遊憩及平衡城鄉差異的功能，資源規劃所欲達成的目標包括如下：

1. 經濟功能：增加農村就業機會，改善農村經濟。
2. 社會功能：都市居民與農村居民之交流，縮減都市與農村發展差距。
3. 教育功能：民眾體驗農業生產、生態、生活及農村文化。
4. 環保功能：維護自然生態的均衡。
5. 遊憩功能：提供休閒遊憩與渡假活動的自然場所。
6. 醫療功能：讓遊客放鬆身心，達到舒暢身心的作用。
7. 文化傳承功能：保存農業文化與民俗技藝。
8. 促進城鄉交流：均衡都市與農村發展。
9. 保育農村資源：延續農業使命。

而規劃目標的擬定應具SMART原則：1.明確性（specific）；2.可衡量性（measurable）；3.可達成性（achievable）；4.實際性（realistic）及5.時間性（timebound）。

二、規劃原則

資源規劃原則包括如下：

1. 綜合性：兼顧農業、經濟、環保、遊憩及平衡城鄉差異的功能。
2. 永續發展性：降低對環境的衝擊，資源應用與保護兼顧，資源應永續使用。
3. 經濟效益性：充分發揮資源的效益。
4. 公平性：兼顧相關群體的發展利益。
5. 前瞻性：計畫在於未來實現，計畫的發展目標應著眼於未來之發展趨勢。

三、資源調查與分析

了解資源的類別、數量、用途、重要性，以及與休閒旅遊的關係。

四、潛力評估

考量資源、區位、市場、競爭及經營管理能力，評估其發展潛力。

五、發展願景與定位分析

研擬發展願景及市場定位策略。

六、營運模式

依據發展願景及市場定位，研擬營運模式。

七、財務可行性分析

預測未來遊客數、營運收入及營運成本，進行財務可行性分析。

八、開發與營運計畫

進行開發與營運的細部規劃。

九、完成計畫報告

綜合上述，休閒農業資源規劃流程，如圖3-1所示。

第二節　休閒資源調查與分析

由於計畫目標不同，其資源調查內容也不同。規劃休閒農業區與規劃休閒農場，渡假農場與教育農場，其資源調查便有很大的差異。故需根據計畫目標來擬定調查計畫，分述如下：

一、調查目標

依據為何要做資源調查、為誰做資源調查、調查資源的用途為何等問題，來擬定資源調查目標。

二、調查範圍

調查範圍包括：1.空間範圍；2.時間範圍；3.資源類別範圍；4.微觀資料或巨觀資料。

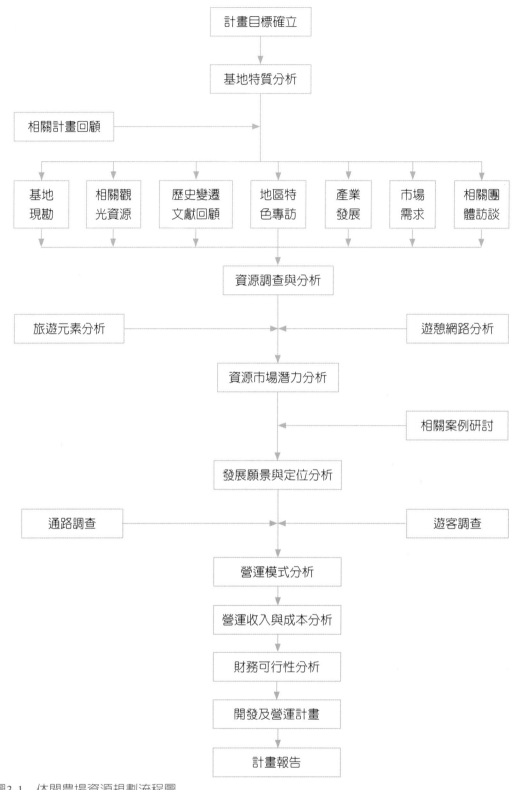

圖3-1　休閒農場資源規劃流程圖

三、資源調查類別與資料來源

調查類別包括自然資源、景觀資源、產業資源、人文資源與周邊景點等資料，其資料來源如表3-1所示。資料型態可能為地圖、相片、影片、規劃報告、統計資料、現場採集及田野調查資料。

表3-1　調查類別與資料來源表

資源類別		調查來源
自然資源	氣象資源	氣象局資料。
	水文資源	水利單位資料。
	植物生態資源	林務局、國家公園、國家級風景區管理處、國家公園等單位資料、相關規劃報告、自行調查。
	動物生態資源	林務局、國家公園、國家級風景區管理處、國家公園等單位資料、相關規劃報告、自行調查。
景觀資源	地形地質景觀	水利單位、農政單位、相關規劃報告、自行調查。
	農村漁牧景觀	農政單位、相關規劃報告、自行調查。
	海景、空景、山景	相關規劃報告、自行調查。
產業資源	生產資源	農政單位、相關規劃報告、自行調查。
	生活資源	農政單位、相關規劃報告、自行調查。
	生態資源	農政單位、相關規劃報告、自行調查。
人文資源	歷史	民政單位、相關規劃報告、自行調查。
	節慶	民政單位、相關規劃報告、自行調查。
	遺蹟	民政單位、相關規劃報告、自行調查。
	文物	民政單位、相關規劃報告、自行調查。
	建築	民政單位、相關規劃報告、自行調查。
	技藝	民政單位、相關規劃報告、自行調查。
人力資源	人力資源數量	自行調查。
	人力資源品質	自行調查。
	相關群體人力資源	相關報告、自行調查。
周邊景點	數量	相關規劃報告、自行調查。
	類別	相關規劃報告、自行調查。
	競爭關係	相關規劃報告、自行調查。
	合作關係	相關規劃報告、自行調查。

四、調查方法

資源調查方法包括如下：

1. 次級資料收集法：資料整理法。

2. 人員訪談法：對所調查資源有特殊知識的人進行訪談並記錄其內容。如文史、建築資源。

3. 田野調查法：進駐田野，融入當地生活，感受當地人文風土並記錄之。如聚落、生態資源。

4. 目視觀察法：在一定時間去觀察某一地區的資源發展。如空中生態、資源特性。

5. 採樣捕撈法：採取同質性高的地區，進行捕撈與分析資源內容，以推論整個地區的資源內容。如海底生物。

6. 採樣估算法：如採取同質性高的地區，進行採集與分析資源內容，以推論整個地區的資源內容。如昆蟲或植物。

7. 屏柵線穿越調查法：根據資源特性劃定屏柵線，以記錄通過動物或昆蟲的數量。如對遷徙性動物。

8. 航照調查法：以航照來調查資源，可用來調查不易的地區。如對稀有動植物資源。

9. 衛星定位法：以衛星定位來進行動物的調查，如對遷徙性動物。

10. 遙測調查法：如地理景觀。

11. 影像辨識法：進行攝影或照相，再以影像辨識來進行資源調查。

五、調查單位與人員的安排

在安排調查單位與人員時，需考量其專業性、互補性、安全性及經濟性。

六、調查時程

依據資源特性及計畫時效，排定各類資源調查起始與結束時間。

七、經費

估算所需經費。

八、資料特性分析

建立資源與特性分析矩陣，如表3-2所示。透過各項特性之權重，可計算出資源

發展潛力。各項資源特性分述如下：

1. 數量：資源的規模。
2. 空間分布：資源數量與空間的關係。
3. 時間分布：資源數量與時間的關係。
4. 可用性：資源用途的多樣性。
5. 發展性：資源在數量上、用途上是否可有發展的空間。
6. 關聯性：產品、服務、活動與環境關聯性。
7. 獨特性：資源的稀少性與差異性。
8. 重要性：經營者重視程度與遊客的重視程度。

表3-2 資源調查類別與資源特性關聯矩陣

資源＼特性	自然資源	景觀資源	產業資源	人文資源	周邊景點
數量					
空間分布					
時間分布					
可用性					
發展性					
產品關聯性					
服務關聯性					
活動關聯性					
環境關聯性					
獨特性					
遊客重視度					
經營者重要度					
資源潛力					

九、資源評價分析

資源評價分析可從資源特性、顧客及產品服務等因素來加以分析，分述如下：

1. 商業性評估

可以數量與關聯性建立商業性評估矩陣，並以數量與關聯性相乘作為商業性指標，數量與關聯性都高，其商業性高。

	關聯性低	關聯性高
數量多		商業性高
數量少	商業性低	

2.集客力評估

可以顧客重視度與關聯性建立集客力性評估矩陣，並以顧客重視度與關聯性相乘作為集客力指標，顧客重視度與關聯性都高，其集客力高。

	關聯性低	關聯性高
顧客重視度高		集客力高
顧客重視度低	集客力低	

3.魅力性評估

可以顧客重視度與獨特性建立魅力性評估矩陣，並以顧客重視度與獨特性相乘作為魅力性指標，顧客重視度與獨特性都高，其魅力性高。

	獨特性低	獨特性高
顧客重視度高		魅力性高
顧客重視度低	魅力性低	

4.核心競爭力指標

以魅力性指標、集客力指標及商業性指標之成績來建立核心競爭力指標。

第三節　休閒農業區發展潛力評估模式之建立

休閒農業區不同於一般的休閒農場，涵蓋範圍較大，其內外部環境的整體營造頗為重要。在建立休閒農業區發展潛力評估模式，除了考量資源吸引力外，尚需加入市場發展潛力面、顧客價值創造面及整合發展能力面等三構面，如圖3-2所示。可利用層級分析法（Analytic Hierarchy Process, AHP）求取各評估項目之權重，以作為有關單位發展休閒農業區時之參考。各主要及次要評估準則如表3-3所示。（本節資料整理自沈進成、黃振恭，2004）

圖3-2　休閒農業區發展潛力評估模式

表3-3　評估模式準則說明表

主準則	定義	次準則	定義
資源 吸引力	休閒農業區內能吸引遊客到訪之任何事物所具備的相關特質。	資源多樣性	指區內觀光資源類型的數量多寡。
		資源獨特性	指區內觀光資源之特性是否少有或獨有。
		資源連結性	各遊憩據點彼此間之連結性。
		遊憩安全性	遊客所處環境之安全性。
市場 發展潛力	評量休閒農業區可能的市場機會因素。	目標市場範圍	即目標客戶數量之多寡。
		可及性	交通之可及性。
		遊憩日數	可供遊客遊玩之季節、天數之多寡。
		面積	區內範圍之大小。
顧客 價值創造	交易過程中使顧客產生價值感及再遊意願之相關特性。	產品體驗性	產品帶給顧客之體驗滿意與否。
		服務性設施完整性	住宿、交通、餐飲等設施之完整便利性。
		交易便利性	通路是否以便利顧客交易為原則。
		價格合理性	所提供之旅遊產品價格上的合理性。
		品牌知名度	區內原先擁有之知名度。

表3-3（續）

主準則	定義	次準則	定義
整合 發展能力	社區於發展觀光事務時能營造整合多樣因素，使得休閒農業成功發展之能力。	觀光營造力	是否能因地制宜，營造在地特色觀光的能力。
		政府支援性	政府支援發展休閒觀光活動之程度。
		民眾參與性	民眾以實際行動參與休閒觀光事務之程度。
		共識凝聚力	凝聚民眾對於發展休閒觀光思想、共識之能力。
		品質自我提升力	對所提供之旅遊產品是否有精益求精之學習動力。
		願景規劃力	對於發展觀光是否有完善之中長期計畫。

第四節 顧客價值導向的資源及產品服務規劃

滿足遊客的不是產品本身，而是產品的屬性。每一種產品可能具有多種屬性，每一屬性可能產生多種價值。因此在設計產品時，首先應先了解遊客的價值需求，再分析需要何種屬性，進而設計出遊客所需的產品與服務。故產品服務、屬性與遊客價值間的連結是非常重要的。以遊客價值為基礎，分析出關鍵的屬性與產品和服務，是非常重要的課題。

一、產品與服務

產品為能滿足需要或慾望且能提供到市場上的任何事物，包含有形產品（實體商品）與無形服務（服務、事件、人員、地點、組織和構想）。產品可以劃分為三個層次，分別為核心產品、有形產品及延伸產品。分別為：

1. 核心產品（Core product）：為顧客購買產品時真正需要的東西，也就為提供消費產品的主要功能，例如：農場提供農業生活體驗、解說服務等。

2. 有形產品（Actual product）：是將核心商品轉變為有形東西，就是市場中可辨認的產品，例如：農場所提供的客房、餐廳與其他附屬硬體設施。

3. 延伸產品（Augmented product）：是隨著有形產品提供附加服務或利益給顧客，使其享受更好的服務，例如：紀念品、農產品等。

二、屬性

由於旅遊產品包含有形的實體產品和無形性服務與體驗，實體產品如旅館房間、餐飲、旅遊景點、交通運具等，具有滿足遊客基本的飲食、住宿與交通的需求，兼具有原生屬性與形式屬性。在旅遊過程的導覽服務與貼心的服務，對景點及相關遊程的體驗，則較屬於知覺屬性及擴大屬性。故旅遊產品同時具有原生屬性、形式屬性、知覺屬性及擴大屬性四種屬性。張欽富（1990）則認為產品屬性是產品所有外顯與內在的各項特徵、性質之組合，而能為顧客所覺察者，其包含：

1. 原生屬性（Essential attributes）：指的是產品的物理、化學、機械等各項功能產品，是產品實體功能方面的屬性，也就是使用該產品時的基本功能。
2. 形式屬性（Formal attributes）：這種屬性是為了滿足顧客的需求而以一種實體的方式表現出來。
3. 知覺屬性（Perceived attributes）：在形式屬性的外圍是顧客的知覺，也就是顧客對產品的態度和認知，比較著重在顧客心理層面的滿足，偏重顧客和產品間的互動關係。知覺屬性包括了主觀的認知，心理預期和內在的感受。沒有實體的表現方式，可能是一種期待、理念或是一種解決問題的方式。
4. 擴大屬性（Augmented attributes）：知覺屬性之外圍還存在一種衍生屬性，凡是與產品有關的服務、活動、特性都屬之。

三、利益與價值

顧客利益與價值是顧客對於休閒農場產品及服務、屬性與利益的偏好與評價，和使用產品與服務以促進其目標與目的之達成所產生效益與體驗結果的認知。顧客價值來自顧客效用價值與顧客體驗價值，包括如下：

1. 功能性價值：產品或服務所具有的實體或功能價值，顧客在功能性、實用性與使用績效等各方面的認知，來衡量其功能價值。農場的功能性價值可包括健康養生、休閒價值。
2. 自我成長價值：顧客追求新事物、新經驗與新知識、新知、藝術內涵。
3. 社會價值：當產品能使消費者與其他社會群體連結而提供效用，如自尊、成就感、社會肯定、自我實現、符號價值、參考團體。
4. 體驗價值：感官與情感的體驗，如服務優越性、美感、趣味性。
5. 情感價值：當產品具有改變消費者情感上狀態的效用，如享樂、與他人溫暖的關係、心靈平靜、心胸開闊。

四、個案介紹

主要以生態農場為個案研究對象,驗證所構建模式的可行性與實用性。(本個案整理自沈進成、楊安琪、曾慈慧,2006)

(一)實證個案介紹

生態農場成立於40年代,原從事農業生產,自曾文水庫興建完成後,農場隨即改變經營型態,積極發展休閒觀光業。生態農場緊臨曾文水庫,面積40餘公頃,山明水秀,不僅整個住宿、餐飲、露營等遊憩設施齊全,自然生態資源更是豐富且極具特色。本研究應用模糊權重總計法建立休閒農場遊客休閒價值拓展模式,來求解遊客所重視的休閒價值為何?再由遊客所重視的休閒價值求取重要屬性,進而求解出重要產品與服務。

(二)資料收集

為收集遊客對休閒價值重要性資料,乃以前往生態農場之旅客進行問卷調查對象,採便利抽樣的方式選取樣本,共發出300份問卷,有效問卷為278份,有效回收率為93%。另一方面為收集屬性滿足休閒價值矩陣及資源與產品服務產生屬性矩陣,共深度訪談農場重要幹部13人、重要遊客8人,共計21人。

(三)休閒農場遊客休閒價值拓展模式

根據遊客對休閒價值重要度來求取各準則休閒價值的權重,其次依序求取屬性及產品的權重,求解步驟分述如下:

1. 由遊客調查對休閒價值的重視,計算出各個休閒價值的權重。

由表3-4顯示遊客之休閒價值的重要度差異不大,其重要程度以快樂自在最高,其次為休閒滿足,再其次為情感交流與遊憩體驗。

表3-4　遊客個人價值重要程度分析表

價值	健康養生	快樂自在	自我成長	情感交流	休閒滿足	社交利益	遊憩體驗
權重(%)	14.4	14.9	13.6	14.5	14.8	13.4	14.5
重要順序	5	1	6	3	2	7	3

2. 由屬性 j 滿足休閒價值 i 效果矩陣 A_{ij} 及休閒價值平均權重w_{vi},求得屬性 j 的重要強度 a_j 如(1)式所示。由屬性 j 的重要強度 a_j,求得屬性 j 的權重 w_{aj} 如(2)式所示。

$$a_j = \sum_{i=1}^{N} (w_{vi} \cdot A_{ij}) \qquad \forall j = 1, 2, ..., M \tag{1}$$

$$w_{aj} = \frac{a_j}{\sum\limits_{j=1}^{M} a_j} \qquad \forall j = 1, 2, ..., M \qquad (2)$$

　　以休閒價值的重要度以及產品與服務屬性滿足遊客休閒價值效果，來分析產品與服務屬性的重要程度，結果如表3-5所示。由表3-5可知，重要屬性以戶外活動、親子活動及生態觀賞與芬多精較高，其次為提供休閒紓壓地方、養生、芬香、閒適及體驗自然。

表3-5　產品及服務屬性滿足遊客休閒價值效果分析表

價值 / 屬性	健康養生	快樂自在	自我成長	情感交流	休閒滿足	社交利益	遊憩體驗	屬性強度	屬性權重(%)	屬性優先次序
1. 芬多精	17	9	1	0	3	1	6	5.37	5.5	3
2. 芬香	11	12	1	2	3	0	4	4.82	5.0	7
3. 服務人員態度	0	4	4	4	4	5	3	3.41	3.5	19
4. 服務人員專業知識	0	1	5	5	3	5	3	3.1	3.2	20
5. 活動環境安全性	3	7	5	3	3	0	6	3.9	4.0	16
6. 豐富的動植物資源	5	4	3	2	4	1	6	3.61	3.7	17
7. 公共設施完善	1	4	3	3	9	3	7	4.33	4.5	11
8. 親水環境及設施	2	4	3	3	4	1	7	3.46	3.6	18
9. 提供休閒紓壓地方	7	8	3	2	6	1	8	5.08	5.2	5
10. 運動	4	3	3	1	7	4	7	4.16	4.3	13
11. 品牌劍湖山	0	1	5	2	3	3	5	2.69	2.8	21
12. 獨特性	2	0	2	1	4	4	5	2.55	2.6	23
13. 農業生產	4	1	2	3	3	2	4	2.72	2.8	21
14. 生態觀賞	5	7	6	1	8	2	8	5.33	5.5	3
15. 養生	12	7	4	3	5	0	3	4.92	5.1	6
16. 閒適	13	5	2	2	4	1	5	4.63	4.8	9
17. 戶外生活	13	9	4	2	5	2	6	5.92	6.1	1
18. 體驗自然	8	7	4	2	4	0	6	4.49	4.6	10
19. 親子活動	7	7	7	4	4	3	7	5.59	5.7	2
20. 購物消費	1	3	0	5	9	6	4	4.03	4.1	15
21. 水的環境	5	8	2	3	7	2	6	4.79	4.9	8
22. 空氣	5	8	2	1	6	0	7	4.23	4.4	12
23. 陽光	7	6	2	1	4	1	7	4.06	4.2	14
顧客價值權重（%）	14.4	14.9	13.6	14.5	14.8	13.4	14.5			

3. 由產品及服務 k 對屬性 j 貢獻矩陣 Pjk 及屬性 j 的權重 waj，求得產品及服務 k 的重要強度 p_k 如(3)式所示。由產品及服務 k 產生屬性 j 效果矩陣 Pjk 及屬性 j 的重要程度 waj，求得產品及服務 k 的重要程度 w_{pk} 如(4)式所示。

$$p_k = \sum_{j=1}^{M} (w_{aj} \cdot P_{jk}) \qquad \forall k = 1, 2, ..., R \tag{3}$$

$$w_{pk} = \frac{p_k}{\sum\limits_{k=1}^{R} p_k} \qquad \forall k = 1, 2, ..., R \tag{4}$$

以屬性重要度及產品與服務對屬性貢獻度，來分析產品與服務的重要程度，結果如表3-6所示。由表3-6可知，產品及服務重要度以水庫、植物、登山步道、露營區及湖濱步道較重要，其次為露營車、蝴蝶園、住宿、腳踏車及解說服務。

表3-6　產品與服務對屬性貢獻度分析表

產品（設施及服務）＼屬性	芬多精	芬香	服務人員態度	服務人員專業知識	活動環境的安全性	豐富的動植物資源	公共設施完善	親水的環境及設施	休閒紓壓地方	運動	品牌劍湖山	獨特性	農業生產	生態觀賞	養生	閒適	戶外生活	體驗自然	親子活動	購物消費	水的環境	空氣	陽光	產品強度	產品權重（%）	產品優先次序
1. 水庫	2	1	3	5	4	3	1	5	10	1	1	5	0	5	3	4	8	10	1	0	10	9	12	4.66	8.7	1
2. 植物	12	10	1	3	0	7	1	0	4	0	0	2	4	7	0	2	5	6	1	0	1	3	4	3.44	6.4	3
3. 獨特性動物	1	0	0	2	0	5	0	0	1	0	0	6	1	10	0	2	6	6	2	0	2	0	1	2.08	3.9	11
4. 住宿	1	1	8	4	5	0	6	0	8	1	4	0	0	1	5	3	2	2	1	1	0	0	1	2.36	4.4	8
5. 餐廳	0	0	10	3	4	0	2	3	1	0	4	0	0	0	7	0	0	0	0	0	0	0	0	1.32	2.5	20
6. 會議場所	0	0	6	4	4	0	7	0	0	0	1	2	0	0	1	1	0	0	0	1	0	1	0	1.08	2.0	24
7. 賣店	0	0	9	4	0	4	1	0	1	1	0	0	0	10	0	0	0	0	0	0	0	0	0	1.20	2.2	23
8. 露營區	3	0	5	0	5	0	6	3	5	1	0	2	2	1	3	6	2	2	0	3	4			2.77	5.2	5
9. 露營車	2	0	5	0	3	0	6	0	2	0	0	2	1	1	2	3	8	8	2	0	1	3	3	2.44	4.6	6
10. 馬拉加亞巨竹	3	2	1	5	1	1	0	0	3	0	0	5	1	5	0	4	5	1	0	0	0			1.90	3.6	14
11. 蝴蝶園	2	1	3	5	1	6	0	0	0	0	2	1	6	2	3	2	4	3	0	0	1		3	2.44	4.6	7
12. 湖濱步道	4	0	3	3	2	2	1	5	1	1	0	1	1	2	4	5	7	8	5	1	1	7	5	3.35	6.3	4
13. 登山步道	7	1	0	1	3	2	4	1	6	7	0	0	4	3	2	6	3	0	0	1	5		4	3.49	6.5	2
14. 滑草場	1	0	3	4	3	5	0	5	1	4	5	0	0	0	2	3	5	4	1	1	0	2	1	2.10	3.9	12
15. 射箭	2	0	5	4	5	0	4	0	0	4	0	0	0	0	0	0	3	1	5	0	0			1.83	3.5	15
16. 兒童遊憩區	0	0	3	2	7	2	6	1	3	4	1	0	0	0	0	0	3	4	7	1	0	1	1	2.08	3.9	13

表3-6（續）

產品（設施及服務）＼屬性	芬多精	芬香	服務人員態度	服務人員專業知識	活動環境的安全性	豐富的動植物資源	公共設施完善	親水的環境及設施	休閒紓壓地方	運動	品牌劍湖山	獨特性	農業生產	生態觀賞	養生	閒適	戶外生活	體驗自然	親子活動	購物消費	水的環境	空氣	陽光	產品強度	產品權重（%）	產品優先次序
17. 青少年活動區	0	0	2	2	5	2	4	1	2	3	1	0	0	0	0	1	4	2	5	1	0	1	2	1.72	3.2	18
18. 腳踏車	2	0	0	0	6	0	3	0	4	3	1	0	0	0	1	2	4	3	8	2	0	4	4	2.26	4.2	9
19. 螢火蟲遊戲館	0	0	1	1	0	1	1	0	3	3	1	0	0	0	3	4	1	1	2	0	0	0	1	1.03	1.9	25
20. 兒童SPA池	0	0	1	0	6	2	4	7	3	1	0	0	0	0	0	3	2	0	2	2	5	2	2	1.86	3.5	16
21. 星光電影	1	0	2	3	2	0	2	2	4	0	0	0	0	0	1	3	6	2	6	0	0	1	0	1.79	3.4	17
22. 卡拉OK	1	1	5	3	2	0	2	1	6	0	0	0	0	0	0	4	0	1	6	0	0	0	0	1.24	2.3	21
23. 竹炭工藝館	1	2	6	5	1	1	1	1	1	0	0	5	3	0	3	0	0	2	0	5	0	1	0	1.56	2.9	19
24. 秀	1	1	3	2	3	0	2	2	0	0	7	0	0	0	1	2	1	0	2	0	0	0	1	1.21	2.3	22
25. 導覽解說	1	2	10	10	0	6	1	1	1	0	0	2	1	4	0	0	4	5	2	0	0	1	1	2.15	4.0	10
屬性權重（%）	5.5	5.0	3.5	3.2	4.0	3.7	4.5	3.6	5.2	4.3	2.8	2.6	2.8	5.5	5.1	4.8	6.1	4.6	5.7	4.1	4.9	4.4	4.2			

綜合以上所述，休閒農場遊客休閒價值拓展模式從經營者的資源與產品服務，透過其屬性（attribute），連結到遊客休閒價值（leisure value），是一個遊客休閒價值導向的模式。以「生態農場」進行實例分析，模式可依序求出遊客之休閒價值的重要程度，進而求出重要屬性。再從屬性的重要程度，求出產品及服務的重要性。顯示所發展休閒農場遊客休閒價值拓展模式所求得之結果，確實有助於農場經營者建立遊客休閒價值導向的產品及服務設計與發展模式，以提升遊客的休閒價值，頗具有學術及實務應用價值。

遊客價值導向形塑獨特競爭力，建議嘉義農場業者能夠透過參考產品及服務到個人價值連結圖的模式，如圖3-3所示，去思考、開發、塑造及創造農場本身的價值並達到遊客希望獲得的個人價值並滿足遊客之需求。

圖3-3　產品及服務到顧客價值連結

五、顧客價值導向的資源及產品服務規劃架構

顧客價值導向的資源及產品服務規劃架構如圖3-4所示。由顧客價值需求分析開始,透過休閒農業資源屬性及休閒遊憩資源屬性(如購物、餐飲、住宿遊樂、體驗),來進行休閒農業產品與服務設計,將所產出的產品與服務,經由行銷組合與策略聯盟傳送給顧客,再透過優質服務與體驗的營造來創造顧客值。

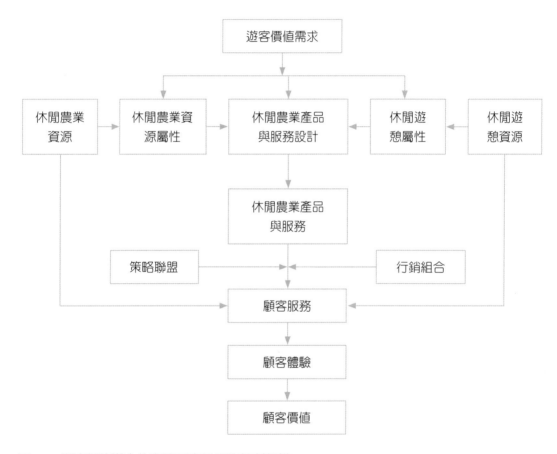

圖3-4 顧客價值導向的資源及產品服務規劃架構

關鍵詞彙

產品	屬性	顧客價值
資源評價	資源調查	核心產品
有形產品	知覺屬性	功能性價值
情感價值		

自我評量題目

1.試說明休閒農業資源規劃的內容？

2.如何擬定休閒農業資源調查計畫？

3.試說明休閒農業資源評價分析方式？

4.試說明影響休閒農業區發展潛力的影響因素為何？

5.試說明如何以顧客價值為導向來規劃休閒農業產品與服務？

第四章

休閒農業環境管理與生態旅遊經營管理策略

學習目標

在研讀本章內容之後，學習者應能達成下列目標：

1. 了解休閒農業環境之屬性及其與產業發展功能之關聯。
2. 了解休閒農業之環境管理之重要性，並將環境保育與衛生管理理念相結合。
3. 認識生態旅遊之發展緣起、定義、內涵等基本概念。
4. 探討生態旅遊之衝擊與承載量，諸如實質、經濟、社會文化之衝擊及承載量等觀念，並將其應用在觀光休憩營運。
5. 從國內目前發展生態旅遊所面臨的問題解析，提出其經營管理之因應策略。

摘　要

　　本章之內容主要在說明休閒農業環境之屬性，進而依照環境屬性來發揮休閒農業之產業功能。休閒農業之環境管理，可藉由5S「整理、整頓、清掃、清潔、素養」概念與管理實施，以及提出現代節能減碳、綠色建築、生態工法、廢棄物處理，乃至清潔衛生用品之正確使用觀念，讓遊客能安全放心的使用休憩環境，並且將休閒農業活動之環境保育與衛生管理相結合。認識生態旅遊之概念，包括發展緣起、定義、內涵等基本概念，並與一般旅遊做一比較。進而探討生態旅遊之衝擊與承載量，包括實質、經濟、社會文化之衝擊，以及相對應之實質、經濟、社會文化承載量等觀念，並將此觀念與理論應用在觀光休憩產業之營運。最後針對國內農村發展生態旅遊所面臨的問題，以及分析農業與生態旅遊經營管理上之課題，並據此提出因應之策略，以供業者與管理者之參考。

　　休閒農業環境是農業生產的空間，也是遊客活動的範圍，更是當地居民日常生活的領域，因此管理上需同時兼顧不同的使用對象、不同的活動方式與不同的設施條

件，當然環境既有之屬性均需一起列入考量。

第一節　休閒農業環境屬性

休閒農業的環境是由初級產業生產環境，轉型成為休閒遊憩服務業而來的，所以具備多元化的遊憩功能。林梓聯（1991）與陳昭郎（1996）認為休閒農場所具備的環境功能屬性有：

一、遊憩功能屬性

轉化生產環境成為休閒活動場所，讓遊客能夠暫時遠離工作場所，投入鄉野自然的環境中，紓解身心壓力，故具有遊憩功能。

二、教育功能屬性

將當地的自然與人文資源融入教育活動中，提供遊客認識農業生產、栽培過程的觀察場所，亦是提供學生、民眾體驗學習農業的最佳環境。

三、經濟功能屬性

活化農業機能，提升附加價值，進而增加農村就業機會，改善農村生產結構，提高農民收入所得。

四、社會功能屬性

提供從事遊憩與社交活動的場所，讓親友、朋友、同仁間可互動聯誼，增加情感交流、互相了解與互動的機會。

五、養生功能屬性

提供因生活緊張、工作壓力沉重造成生理、心理不適者，一個解除緊張、壓力、紓解身心的場所。

六、文化功能屬性

將農村生活方式或民俗習慣展現出來供遊客認識、理解與體驗。休閒農業能藉由多層次農業文化的提供，進而對休閒方式與觀念產生重大影響，一方面將文化與技藝

保存下來，另一方面可創造獨特的農業在地文化。

七、環保功能屬性

　　不使用有害物質或農藥的農業環境，自然生態系統必會逐日完整，靠著大自然環境的力量，恢復生態平衡，將生態棲息、繁殖、避難與食物鏈之知識，藉由解說教育的活動，來讓遊客了解環境保護與生態保育的重要性，也灌輸環境資源永續利用的觀念。

第二節　休閒農業之環境管理

　　休閒農業環境管理原則，可藉由5S管理的實施，即整理（Sort）、整頓（Straighten）、清掃（Sweep）、清潔（Sanitary）、素養（Sentiment），讓遊客能安全放心的使用環境。

一、休閒農業環境管理要項

(一)執行環境管理5S管理

　　休閒農業環境5S管理的內容與實施要領如下：

1.整理（Sort）

　　將環境空間內必要的東西與不必要的東西明確的、嚴謹的區分開來，針對不必要的東西要儘快處理。除了活用空間，並防止誤用產生意外、誤送製造麻煩，以塑造安全宜遊的場所。實施要領如下：

　　(1)全面檢查農場場所範圍，包括看得到和看不到的。

　　(2)制定「要」和「不要」的判別基準。

　　(3)將不要物品清除出場所環境。

　　(4)將需要的物品，依照使用頻率決定存放數量及放置位置。

　　(5)制定廢棄物處理的方法。

　　(6)定期檢查。

2.整頓（Straighten）

　　對整理之後留在現場的必要的物品分類放置，排列整齊，明確數量，有效標識清楚。讓工作場所一目了然，塑造整齊的休憩環境，節省找尋物品的時間以及清除過多或積壓的物品。其實施要領如下：

　　(1)前述環境整理的工作要落實，才有辦法整頓環境。

　　(2)放置需要物品之場所要明確。

(3)分類擺放整齊、有條不紊。

(4)將環境空間區隔劃分定位清楚。

(5)放置的場所、物品的標示要清晰。

(6)制定物品存放與管理或處理辦法。

3.清掃（Sweep）

　　保持工作場所清掃乾淨，將環境清理乾淨、維持亮麗，消除髒汙，確保職場內乾淨、明亮，穩定環境品質。實施要領如下：

(1)劃分清掃之責任區，包括室內與室外。

(2)執行例行掃除，清理環境內之髒汙。

(3)調查汙染物之來源與產生因素，並予以杜絕或隔離。

(4)建立清掃基準規範，確實實施，以作為規範。

(5)定期作全面性的大清掃，將每個地方清洗乾淨。

4.清潔（Sanitary）

　　將上面的整理、整頓與清掃等3S的執行標準化、制度化、規範化，以維持成果。實施要領如下：

(1)落實整理、整頓與清掃等3S的工作。

(2)制定一套有效率之目視管理的基準。

(3)制定5S的實施辦法。

(4)制定執行的考評以及稽核方法。

(5)制定明確之獎懲制度，並加以執行。

(6)主管幹部需經常帶頭巡查，帶動全體員工重視5S之活動。

5.素養（Sentiment）

　　透過職前訓練、在職教育等方法，提高員工之服務禮貌水準，增強團隊意識，養成按規定行事的良好工作習慣，提升工作人員的素質，使農場員工對任何工作都講究認真。實施要領如下：

(1)穿著制服、臂章或工作帽等識別物。

(2)制定單位有關環境管理之規則或規定。

(3)制定服務禮儀之守則。

(4)執行相關之教育訓練（新進人員強化5S教育、實踐）。

(5)推動各種工作態度與提升精神活力之活動（例如主動問候、打招呼、禮貌運動等）。

(6)推動各種激勵活動，獎勵員工遵守規章制度。

（二）注重農場環境與自然之協調

　　農村應保持原有農村型態，所規劃的硬體建設應力求與周邊環境和諧為原則，色調的搭配，樣式的自然化都不可疏忽，切忌過多的人工化建築設施，整體應要求簡潔、優雅、自然，保有農村環境原有的氣息。而農場與民宿的室內裝潢，房間配置應注重房間的整潔、舒適度，這會直接影響到客人的第一印象，當然乾淨的衛浴設備、明亮的燈光、柔和的色彩，再加上可欣賞屋外美景的窗戶，這些都將會為農場主人的用心加分。

（三）注重農場環境與設施之安全

　　農場或民宿許多設施除了提供遊客休閒遊憩之外，千萬不可疏忽安全性的重要，例如：步道、池塘、水車、鞦韆、吊床、車道及護欄、圍籬、欄杆等，處處都隱藏危險，需留心注意其安全措施的周延性。

（四）學習環境管理與經營之新知

　　除了多接受環境教育外，也需經常參訪觀摩其他農場環境，他山之石可以攻錯，實地的學習觀摩是經驗獲得的最佳時機。國內休閒農場與民宿興起之後，如苗栗、南投、宜蘭、花東等地區皆紛紛的投入農村民宿的行列，並經營得相當成功，也是帶領國內民宿品質提升的推手。而臨近國家日本在農村民宿發展上，更已有數十年的歷史，其文化背景和臺灣相似，日本較偏遠山區的農場與民宿亦可以作為臺灣農場與民宿業經營管理上之參考。

二、農場建設之環境保育

　　環保觀念近年成為觀光休憩業建築物與硬體設施之重要依據，包括節能減碳、生態工法、減量工程等，而其中最引入關注的是綠建築（environmental architecture）的理念與工法，因為其融合了前述之環保概念，並加以落實。所謂綠建築係指在建築生命週期，包括由建材生產到建築物規劃設計、施工、使用、管理及拆除之一系列過程中，消耗最少的地球資源，使用最少的能源及製造最少的廢棄物之建築物。而綠建築有下列幾項評估指標：

（一）基地綠化指標

　　利用建築基地內自然土層以及屋頂、陽臺、外牆、人工地盤上之覆土層來栽種各類植物，尤其以在地原生植物為佳。

（二）基地保水指標

　　農場基地的保水性能係指建築基地內自然土層及人工土層涵養水分及貯留雨水的能力。

(三)用水資源指標

　　係指建築物實際使用自來水的用水量與一般平均用水量的比率，又名「節水率」。其用水量評估，包括廚房、浴室、水龍頭的用水效率評估，以及雨水、回收水再利用之評估。

(四)日常節能指標

　　建築物的生命週期長達5、60年之久，從建材生產、營建運輸、日常使用、維修、拆除等各階段，皆消耗不少的能源。由於空調與照明耗能占建築物總消耗能量中絕大部分，「日常節能指標」即以夏季尖峰時期空調及照明耗電為主要評估對象。

(五)二氧化碳減量指標

　　「溫室氣體」就是會造成氣候溫暖化的大氣氣體。大氣中最主要的溫室氣體為二氧化碳（CO_2）。所謂CO_2減量指標，乃是指所有建築物軀體構造的建材（暫不包括水電、機電設備、室內裝潢以及室外工程的質材），在生產過程中所使用的能源而換算出來的CO_2排放量。

(六)廢棄物減量指標

　　係指減少建築施工及日後拆除過程所產生的工程不平衡土方、棄土、廢棄建材、逸散飛塵等足以破壞周遭環境衛生及人體健康之廢棄物。

(七)汙水垃圾改善指標

　　本指標著重於建築空間設施及使用管理相關的具體評估項目，是一種可讓經營者與使用者在環境衛生上具體控制及改善的評估指標。

三、農場環境之衛生管理

　　農場與民宿經營不同於大飯店需高成本投資，且一般位於農村或觀光風景區，造成投資者眾多，但大多良莠不齊。如何成功的經營一家農場或民宿，除具有完善的硬體設施，更需用心充實內涵，賦予生命。環境衛生即為最佳工具，內外整體環境如能讓顧客滿意，客源必絡繹不絕，必能永續經營下去。

(一)環境衛生管理

　　針對環境中常見病菌傳播媒介，如小黑蚊、老鼠、熱帶家蚊、白腹叢蚊、三斑家蚊、跳蚤、蟎、蟑螂、蠅等能有效防治。

(二)飲用水管理

1. 水塔、水池之清洗為建築物用水設備的重要維護工作，至少應每半年清洗一次（可視水質情況作調整）。
2. 飲水機的維護及衛生應列為特別注意事項。

3. 簡易供水（山泉水、飲用水井等）。依據行政院環境保護署抽驗臺灣地區非自來水（簡易自來水、飲用水井、山泉水等）水質的統計結果顯示，近10年（民國97至106年）非自來水水質不合格率達均在7%以下，與民國85年之60%相較，已經大幅改善（經濟部水利署方針處，民國107年）。水質改善方法：若無自來水，可以使用下列淨水處理方法：曝氣、過濾、消毒、煮沸。

(三)垃圾減量、資源回收之管理

廢寶特瓶、廢鋁罐、廢鐵罐、廢玻璃容器、廢塑膠容器、廢紙類等皆為可回收之資源，回收計畫方式如下：

1. 公民營廢棄物清除機構回收。

2. 地方政府清潔隊回收。

3. 回收商進行回收。

4. 業者經由銷售體系逆向回收。

5. 販賣點、社區、學校、機關、團體等設立回收攤回收。

(四)廚餘回收及再利用之管理

1. 廚餘的組成與性質

(1) 何謂廚餘（garbage）

廚餘主要來自農場與民宿的餐廳，其主要係包括：菜葉殘渣、果皮、茶葉、咖啡渣、蛋殼、魚蝦、蟹與貝類殘體、禽畜剩骨及廢食用油等。至於「餿水」、「ㄆㄨㄣ」（1eftover）指的是剩菜與剩飯，亦為廚餘的一部分。

(2) 廚餘的性質

依據行政院環保署《中華民國臺灣地區環境保護年報》資料顯示，廚餘約占一般垃圾量的18%至26%（乾基），且因個人葷素飲食習慣之不同，成分變化極大，其富含澱粉質、油脂、蛋白質、鹽分及高含水率，均屬極易腐敗的有機物質，造成農場垃圾腐敗發臭及蚊蠅孳生，嚴重干擾遊憩環境品質。

2. 廚餘的處理方法

(1)進垃圾掩埋場掩埋處理。

(2)焚化處理。

(3)家庭式廚餘磨碎機。

(4)回收再利用方法：養豬、自然分解法、生物法、堆肥桶、堆肥箱、堆肥桶與自然分解合併法、廚餘處理機、再生飼料或有機資材法、機械好氧堆肥法、再生燃料或發電法、液肥化法、生物肥料法。

近年農委會大力推動「食農教育」後，廚餘的量更大量減少，同時再利用與再生產的比例大幅提升。

（五）化學藥劑使用的管理

　　在休閒農場室內或庭園環境內使用殺蟲劑，雖可減少害蟲的侵擾，除草劑與農業、化學肥料，雖可協助改善不良環境或促進農業生產活動，但也容易產生出有毒物質，日積月累之下將對生態環境產生不良影響。可使用下表4-1園區害蟲防治的替代方式，達到消滅害蟲與環境保護一舉兩得之效：

表4-1　害蟲防治的替代方法

方法	說明	害蟲種類
使用手抓	應戴上手套減少被害蟲咬傷或與皮膚直接接觸機會。	高麗菜蟲、切根蟲、蝸牛、蛞蝓、番茄角蠅。
黏性產品，強力水柱噴頭	黏性屏障、捕蠅紙。	爬行類昆蟲、螞蟻、白粉蝶、蚜蟲、紅蜘蛛、蚱蜢、蝗蟲。
陷阱誘捕	在淺盤裡放啤酒。	蝸牛。
無機粉末	矽藻粉、矽膠、硫磺粉。	大部分的昆蟲和蝸牛、黴菌、紅蜘蛛。
油性噴嘴	不具銅離子添加的油。	介殼類、粉蚧蛤、白粉蝶、紅蜘蛛。
肥皂水	混合5茶匙的肥皂和15公升的水，裝在噴霧罐中。	蚜蟲、紅蜘蛛、白粉蝶。

資料來源：行政院環保署（2003），《宣導手冊——毒不上手居家平安久》。

（六）環境清潔劑的使用

1. 清潔劑中常見的危險成分

　　清潔用品中最常見的成分，其實是具危險性的化學物質，包括下列4種：

（1）腐蝕性化學物質

　　例如磷酸、鹽酸或硫酸等強酸物，常見於除鏽劑和浴室馬桶清潔劑中。醋酸的酸性較弱，對於皮膚和金屬較不具腐蝕性，可以代替部分清潔劑。

（2）氧化劑化學物質

　　例如漂白劑。氧化劑和其他物質會產生強烈反應，若不慎翻倒或和其他清潔劑混合時，可能具有危險性。千萬不要誤將漂白劑和阿摩尼亞混合，因為這兩者會產生致命的毒氣。

（3）腐蝕性化學物質

　　例如阿摩尼亞、碳酸鈉和蘇打等鹼性物質，蘇打粉呈弱鹼性，不過它不會對皮膚產生傷害。

（4）揮發性化學物質

　　例如去漬劑、亮光漆。部分地毯清潔劑和去油劑都含有這類成分，它們大多屬於

易燃物質。最好選擇水溶性的產品，因為水是最安全、有效的溶劑，事實上，肥皂水就是最好的多功能清潔劑。

2.安全替代清潔劑用品

肥皂絲或條、液態肥皂、檸檬汁、蘇打粉、雙氧水和磷酸三鈉等低毒性化學物質可自製清潔劑。

(1)多功能家庭清潔劑：1茶匙的液態肥皂，1茶匙的磷酸三鈉和1公升的溫水加以混合。

(2)氯化物漂白劑：以雙氧水（過氧化氫）或過氧化物為溶劑。

(3)廚房去油劑：將兩大匙的磷酸三鈉或液態肥皂，以及15公升的清水加以混合；或者使用不含氯的去汙劑或質地較細的鋼球刷洗。

(4)殺菌劑：把15cc的雙氧水或氯溶液的漂白水，和15公升的清水加以混合，可作為器物表面的殺菌劑。

(5)地板清潔劑：把1/2杯的醋和15公升的清水加以混合，可作為塑膠地板的清潔劑。至於木頭地板的清潔劑則可以15公升的水混合1茶匙液態肥皂的比例，自行製造。

(6)家具亮光漆：純的礦物油可以增添家具的濕潤度，同時又可以除去多餘的水分，但它不具有市售產品的香味和溶劑。

(7)玻璃清潔劑：將1/2茶匙的液態肥皂，三大匙的醋和2杯清水加以混合，裝在有噴頭的瓶子裡使用。

(8)去霉劑：發霉不嚴重的話，可以把蘇打粉加水搗成糊狀，用力擦洗，情況嚴重的話，則以磷酸三鈉擦洗，擦洗發霉部位。

(9)去汙粉：使用蘇打粉或不含氯的去汙粉。

3.妥善處理廢棄之家用清潔劑

家庭清潔劑必須全部用完，空容器可以當成普通垃圾處理。如果清潔劑還沒有用完而必須廢棄時，必須閱讀標示，依照說明妥善處理，或清洗完畢再行丟棄，以減少環境汙染。

第三節 生態旅遊之概念

20世紀以來，觀光業已成為世界主要產業之一，但在大量的觀光活動及開發下，許多珍貴的生態系及文化資產面臨消失的危機。因此，在永續發展的倡議下，生態旅遊的發展已成為全球重視的產業之一。

一、生態旅遊的緣起

1965年，因許多旅遊地的文化及生態遭受嚴重的破壞及衝擊，Hetze於是呼籲觀光業應以最小的環境衝擊，藉由地方文化以生產最大的經濟效益，及提供遊客最大的遊憩滿意度等方式為衡量標準。因而提倡一種生態的觀光（Ecological tourism），此為生態旅遊的濫觴。這種觀光模式結合「生態保育」及「觀光發展」的概念，強調地方不可因觀光發展而過度犧牲環境資源，而是應從觀光的途徑提高地方的經濟水準，及促進資源保育。後來有學者將此概念稱為ecotourism，國內多翻譯為「生態旅遊」或「生態觀光」（宋秉明，2001）。

1987年，聯合國布倫特蘭委員會提出永續發展的概念，期望各國的發展能「滿足當代需求，同時不損及後代永續發展的概念」。1990年世界野生物基金會在所屬的永續發展部門成立生態旅遊常設單位，開始推展生態旅遊的觀念，並進而獨立成為國際生態旅遊學會（The International Ecotourism Society, TIES），目前已有百餘國、1,600個涵蓋學術界、保育界、產業界、政府單位及非營利組織的會員，提供生態旅遊相關的技術及準則。

1992年，聯合國於巴西里約熱內盧舉行全球高峰會議，百餘個國家共同提出21世紀議程，其中第19條特別議程即為各國承諾觀光產業的永續經營。在聯合國環境小組及世界觀光組織的促成下，聯合國將2002年訂為「國際生態旅遊年」。同年5月在加拿大魁北克市召開世界生態旅遊高峰會議，共有1,169位來自132個國家產、官、學及非營利組織的代表參與，提出生態旅遊宣言，該宣言最主要的目的是在永續發展的前提下，建構推展生態旅遊活動的方向及提出可操作的建議（經建會，2002）。

二、生態旅遊的定義

自生態旅遊名詞問世後，國內外研究者因個人價值觀的不同而導致認知上的差異，並從不同的面向給予其定義。Miller & Kase（1993）則提出連續體的概念來解釋這樣的差異，指出旅遊行為及類型都是落在一個以「人類旅遊責任」為基礎的連續體上，連續體的一端為人類高度旅遊責任，完全不允許有任何的衝擊。但是有些學者認為觀光的本質原本就具有破壞性，任何的觀光對環境都會造成衝擊，所以在這一極端的生態旅遊是不可能發生的。另一端為人類低度旅遊責任，認為人是自然環境的一部分，沒有責任要考量其他生物，允許任何形態及強度的活動發生，因此所有的旅遊都可以視為生態旅遊。所以生態旅遊只是旅遊模式的一種，位在此一連續體的範圍內，但因每個人的定義不同，生態旅遊就落在連續體間不同的位置上（引自曾慈慧，

2002；陳玉清，2002；吳運全，2002）。發展至今，生態旅遊已成為環境保育和永續發展的基礎概念（郭岱宜，1999），但對於生態旅遊一詞的定義，則仍未完全統一，因為它仍然持續發展中，現今較被接受之定義有：

1. Ceballos-Lascurain（1988）將生態旅遊定義為：「前往不受干擾或未受汙染的自然地區旅遊，帶有特定目標，以研究、欣賞及享受當地的景致和野生植物、動物及任何存在的文化特質。」

2. Zieffer（1989）曾強調一個完整的生態旅遊定義，應涵蓋動機、行為、衝擊、利益和規劃等五個面向。

3. Boo（1990）認為「生態旅遊是以欣賞和研究自然景觀、野生動植物以及相關的文化特色為目標，通過為保護區籌集資金、為地方居民創造就業機會、為社會公眾提供環境教育等方式而有助於自然保護和永續發展的自然旅遊。」

4. 趙芝良（1996）認為生態旅遊的定義，應包括下列三項基礎：「旅遊地的特色、參與者的動機以及旅遊的運作策略。」

5. 生態旅遊協會（The Ecotourism Society）則簡明的定義：「生態旅遊是一種對自然地區負責任的旅遊方式，其保護了當地的自然環境和地區居民的福祉。」

　　所以狹義的生態旅遊是指：「到自然環境進行生態旅遊」，廣義的生態旅遊則包括「在各項旅遊活動和規劃中置入生態旅遊觀點，使旅遊地可永續發展。」

三、生態旅遊內涵

　　儘管各方對生態旅遊的定義有許多不同的論點，然皆以「保育自然」為出發點，而且多與資源的「適度利用、環境保護、環境倫理、永續發展」等概念相同，其共通特色可歸納如下列內涵：

1. 利用當地資源的旅遊：當地的資源包括自然和文化等元素，而在此觀光活動下，遊客扮演的是非消費的角色，並研究、欣賞、享受、融合在原野自然的環境資源間。

2. 強調資源保育的旅遊：生態旅遊直接或間接地使用自然環境，因此必須透過旅遊加強保育的執行。

3. 強調遊客責任的旅遊：生態旅遊結合了對自然強烈的使命感，和社會道德的責任感，並應將此種責任與義務延伸至遊客。

4. 維護當地社區的旅遊：加拿大國家公園部（1991）認為生態旅遊是一種可提供高品質旅遊體驗的社會和環境責任型旅遊，而當其於維護或改善旅遊體驗所植基的自然環境品質時，亦能以社會或經濟的觀點，維護並加強當地社區的生活品質。

5. 提倡環境倫理價值觀：自然環境被大肆破壞，不但激起大眾維護自然的省思，亦啟發對環境問題的關心，同時也提出融合哲學思考與生態科學的新環境倫理觀。此種思想促使人類渴望接觸自然，回歸自然的體驗，並理解推動保育的關鍵是在於改變人類以往錯誤的行為與態度，而這些概念正是生態旅遊的基本理念。

6. 強調資源的永續經營：生態旅遊是種資源的「適度利用」旅遊形式，並強調回饋當地與地方資源的保護，所以生態旅遊是一種限制性的活動，利益發展是長期細水長流的，具有資源永續利用的內涵。

7. 注重在地的利益回饋：生態旅遊是在使用當地野生動物和自然資源，並透過商品與勞務供需的方式進行，對當地環保育和居民的福利需有所回饋。

四、生態旅遊與大眾旅遊的比較

傳統的旅遊方式即大眾旅遊，遊客人數眾多，無人數限制，旅遊地多是大型開發的風景點及遊樂區，行程走馬看花，無解說活動，遊客與旅遊地的情感是疏離的，遊客抱著「花錢是老大」的心態，以遊客最大滿意度為考量，不尊重環境及當地文化。臺灣在1970～1980年代，旅遊活動多為套裝行程，以遊覽車為主體，一次參觀許多風景名勝，並到特產中心購物（郭岱宜，1999）。

生態旅遊屬小眾（分眾）旅遊與其他旅遊形式最大的不同，是遊客對旅遊地的生態、經濟、文化及社會有正面的影響，在旅遊過程中不僅只為達到個人最大的遊憩滿意度，還必須肩負社會責任。因此，生態旅遊在實際操作上與傳統的大眾旅遊有明顯的差異，表4-2分別就環境面、教育面與旅遊地的關係及參與遊客四大構面分析：

表4-2　生態旅遊與傳統大眾旅遊的比較

面向	課題	生態旅遊（分眾）	傳統旅遊（大眾）
環境面	對環境資源的影響	1.永續經營利用。 2.維持自然、人文環境原始之美。 3.最小的衝擊。	1.破壞、無可回復。 2.高程度衝擊。
	對環境資源的責任	1.促進保育。 2.不消耗任何珍貴資源。	1.沒有維護、保育資源之理想。 2.不一定盡環保的責任。
旅遊地	對居民的影響	1.尊重欣賞當地文化。 2.永續性的經濟利益回饋。 3.低度干擾。 4.強調社區共同參與。	1.甚少重視當地文化。 2.無法獲得任何利益。 3.直接干擾。
	促進當地保育	1.提供資金、直接支持。 2.有回饋機制。	1.無貢獻。 2.沒有回饋機制。

表4-2（續）

面向	課題	生態旅遊（分眾）	傳統旅遊（大眾）
教育面	環境教育機會	1.專業解說員提供解說。 2.完善解說資訊。	1.一般導遊。 2.走馬看花。
	環境態度	1.提升遊客對環境資源的重視。 2.培養愛護自然之心。 3.體會人及環境間的互動與平衡。 4.正面的環境倫理。	1.無法從遊程中吸取正確的環境態度。 2.無法連接自然及旅遊。
	對旅遊地	1.有完整的管理計畫。 2.限制人數及開放地區。	1.無具體完善的管理計畫。 2.來者不拒、無限制人數。
遊客面	遊憩心態	1.以了解當地自然、文化特色為第一考量。 2.參與保育、實質貢獻。 3.無特別要求食宿品質。	1.無深入了解學習意願。 2.對當地保育與維護漠不關心。 3.享受心態、高食宿品質。
參與面	遊憩滿意度	1.有最高度的遊憩滿意度。 2.建立在知識的獲取上，及在遊程中從環境獲得愉悅及快樂。	1.達到最大遊憩滿意度。 2.建立在高品質食宿及過度消費上。
	旅遊成員數量	人數少的團體。	人數眾多的團體。

　　從上述兩種旅遊方式的比較，可以得知生態旅遊注重地方的發展及維護，居民及遊客的環境態度及行為，前者需要透過地方居民的投入，而後者則必須仰賴非營利組織的推動，因此在生態旅遊的經營上，地方居民及保育團體的介入是不可忽視的一環（曹勝雄，2001）。郭瓊瑩（2002）亦指出在生態旅遊的實務推動上，應有第三部門參與的機制，除此之外，要經營成功的生態旅遊，還必須包括政府相關政策的制定。因此生態旅遊的組成包括五個構面：政府、業者、地方居民、遊客及非營利組織，各有其角色及功能，在分工合作的機制下，才能達到永續發展的目標（交通部觀光局《生態旅遊白皮書》，2002；內政部營建署《生態旅遊白皮書》，2004；German Federal Agency for Nature Conservation, 1997；Inskeep, 1997；引自張勝雄，2004，8-11）。

第四節　生態旅遊之衝擊與承載量

　　「旅遊破壞旅遊」是許多旅遊地區常發生的情形，也因此有學者（Butler，1980）提出旅遊生命週期理論，將旅遊地點分成發現期、發展期、飽和期、消退期和衰敗期。其主要觀點為旅遊發展初期，觀光資源具有發展潛力，當地居民基於經濟

效益對遊客是採歡迎的態度，此時稱為發現期，而後隨著遊客增加，促進當地與旅遊產業蓬勃發展。到了飽和期，旅遊環境處在被過度開發利用與過度承載的狀態，而居民生活作息受到干擾，生活環境受壓迫，因而對遊客採不歡迎態度。到了消退期與衰敗期階段，居民對遊客產生敵對態度，環境亦因受到休憩活動所產生的破壞逐漸顯現，若沒有對策以繼續維持品質時，旅遊地便失去吸引力，並造成惡性循環，導致衰敗沒落。此時若能重新修復資源、環境、居民與遊客之間的關係，則亦可能創造另一個新的旅遊生命週期，又稱為回春期或再生期。由此可凸顯生態旅遊的環境資源、居民與遊客之間其實亦存在著共生、共榮、共享的緊密關係，據此生態旅遊經營成功與否與旅遊衝擊息息相關。

一、生態旅遊之衝擊

　　旅遊活動雖可刺激產業投資，帶動地方繁榮，但環境資源的不當開發，或利用超過環境承載量，必然造成旅遊目的地在實質環境面、社會文化面與經濟面的衝擊（Mathieson, 1982；Wall, 1994；李素馨，1996）。而在生態旅遊方面，因過度開發遊憩環境與資源，所帶來的衝擊可分為三大方面：

(一)實質環境面的衝擊

　　實質環境面的衝擊多由於不當或超限開發使用環境資源，而且又未顧及環境承載量，造成環境的破壞。常見現象如下：

1. 破壞棲息地：因休憩開發與遊憩活動直接干擾野生動物的棲息地，或使周圍環境改變，導致野生動物面臨棲息的危機，或因興建設施物使棲息地不再適合野生動物生存。

2. 環境汙染：遊客帶來的汙染源有垃圾、水源、噪音與空氣等，生態區常因沒有因應策略或保護設施，以致影響當地居民生活品質與遊客旅遊品質。

3. 植被破壞：遊憩活動的進行常造成綠地被踐踏或重壓，若在資源承載量以內，環境會自行調節，達到新的穩定狀態，然若在承載量以外，會使地表植物直接遭受傷害，動物之棲息、繁殖與避難空間亦隨之破壞。

4. 生物干擾：常見者如遊客干擾到動植物的作息，嚴重者如經營者或規劃者為了環境綠美化或產業經營，而引進的外來物種，當自然環境中無制衡的物種時，輕則導致其形成優勢種，重則強烈危害本地原生族群的生存。

5. 景觀破壞：旅遊地區之景觀建設與土地使用有相關法令規範，但是如果環境影響評估計畫或水土保持工作做得不夠確實，甚至為了個人利益，違規建築及違法使用等，更直接影響旅遊地之環境景觀。這種違規開發行為不僅有礙生態旅遊發

展，對環境保育更有不利影響。

（二）經濟面的衝擊

　　經濟利益往往是旅遊地開發的重點，但亦是最常顯現的負面衝擊，尤其是原本純樸的鄉野生態地區，因發展生態旅遊而導致土地炒作與地價高漲，隨之而來是物價上漲、生活費增加等，這些變化對當地社區將可能引發無法彌補的問題。此外，由於加入了休閒事業，導致吸金效益、就業市場、排擠效應、產業結構的改變等，會造成深遠的衝擊。近年宜蘭擬定「農地申請興建農舍及農業設施容許使用審查辦法」所引起的爭議是著名的案例。

（三）社會文化面的衝擊

　　由於一般旅遊對當地社會文化面的衝擊作用時間較長，因此較不易引起重視，但是其影響卻是深遠而長久，常見者如：

1. 文化認同的街突：由於遊客與當地居民（大多數為農民）來自不同的文化背景，因此對事物的價值觀即有差距。加上當地居民對外來遊客的行為，經由學習、模仿、擴散作用，造成生活習慣或消費行為之改變，甚至價值觀之混淆，都對地方居民造成不少的文化衝擊。

2. 人際關係的疏離：旅遊地也是居民之生活場所，是居民發展人與人、人與己、人與物之生活空間。遊客的進入造成傳統生活方式之轉變，隨之而來，影響居民與居民、居民與遊客之互動模式，甚至在利益衝突下，更引發當地人際關係之轉變。

3. 生活作息的困擾：由於與外地人的互動變為頻繁，加上居民與遊客對當地資源認知上有所差距，因此造成生活上的不便，造成居民的困擾或尷尬。或因假日上山賞楓的人潮造成沿途塞車，以致影響其日常作息，引發居民集結抗議，時有所聞，陽明山的「八煙社區」事件、花蓮的「慕谷慕魚」衝突，都是典型的案例。

二、生態旅遊之承載量

　　生態旅遊執行的重點在於降低活動所帶來的環境衝擊，並傳承當地的文化、提升地方生產知能、保存在地生活型態、保留傳統價值，作為發展生態遊憩活動的重點。因此在規劃開發生態旅遊時，為了解決因遊憩活動所帶來的負面環境衝擊與達到生態資源永續利用之目的，應先了解生態旅遊目的地的特質，以及當地的承載量。

　　承載量原先是指該棲息地所能維持的生物最大容量，以觀光旅憩的觀點而言，承載量是指該地區所能承受之遊客最大使用量，在此程度內，遊客活動對環境資源的衝擊較小，若遊憩資源過度利用，將對環境造成嚴重衝擊，因此為減少這種衝擊最直接的方法就是限制承載量。一般而言，旅遊目的地之遊憩承載量可分為四種：實質承載

量、經濟承載量、生態承載量與社會承載量，分別說明如下：

1. 實質承載量（physical carrying capacity）

實質承載量是指一個旅遊目的地所能容納或適應的最大遊客量（或活動項目、汽車、遊艇等的數量）。當用於說明遊客服務中心、機械遊樂設施或餐廳時，實質承載量往往是一個規劃和設計上的概念，而在其他場合下則與安全限度有關，限制某些附屬設施的實質承載量，可作為直接控制遊客量的一種有效的管理方式。

2. 經濟承載量（economic carrying capacity）

經濟承載量之評析，是獲得資源綜合利用的最適宜形式，從經營管理的角度看，觀光遊憩之利用常常與其他非遊憩利用，產生經濟上的衝突，因此需進行旅遊活動與其他產業活動之經濟效益評估。

3. 生態承感量（ecological carrying capacity）

生態承載量是指某一旅遊目的地開發時，因遊憩活動的消耗，而使其生態價值發生不良結果，因此在不影響、不破壞、不降低生態系統的狀況下，依旅客人數和遊憩活動項目，所計算出能容納最大的遊客休憩利用量。

4. 社會承載量（social carrying capacity）

社會承載量涉及的是遊客在進行生態旅遊時所產生的心理感受，以及遊客聚集或單獨一人時，對自己體驗與使用休閒遊憩資源與設施的影響。社會承載量可以定義為按照遊客數量和遊憩活動項目計算的遊憩使用最高水準，以遊客的觀點來看，超過這個水準則遊憩體驗品質就開始降低。這個概念與對他人的容忍度和敏感性有絕大的關係，因此它是一個關係到遊客心理特徵和行為特性的個人主觀概念。簡言之，社會承載量就是遊客感受與承受「擁擠程度」的認知。

第五節　生態旅遊經營管理之策略

「生態旅遊」類似「休閒農業」是在具自然環境中，以該地區的自然與人文生態演替為資源，進行欣賞、觀察、研究、休憩之旅遊活動，並以環境倫理的理念出發，提供環境教育、自然保育、利益回饋之機能，以達永續經營之目標。因此，落實生態旅遊的理念，就是調和旅遊與環境間衝突的最佳策略。

生態旅遊之經營管理，影響所及廣大，涉及的層面眾多，含括環境資源面、遊客活動面、當地社群面、產業經營面、時間體系面、空間體系面，規劃設計面等。若以生態旅遊業經營管理而言，其營運策略至少包括下列幾項：

1.以「自然基礎的導向」為策略

反過來說，就是過度的人工化或人為因素之介入，例如被視為生態殺手之「水泥化」，在全國各地之景點，包括生態旅遊區都可發現。硬體的投入固然有助於遊客利用生態資源，便於參與生態旅遊活動，但若太多，反而影響到生態系統，尤其是生物之繁殖、棲息與避難。

2.以「環境最小的衝擊」為策略

包括環境衝擊、經濟衝擊、社會、文化之衝擊，不當之生態旅遊行為，會造成生態資源之不當開發利用，輕則扭曲生態旅遊產業之發展，重則造成生態滅絕消失，同時給生態區或旅遊地帶來浩劫。例如文化歷史、社會價值觀之偏差與淪喪。

3.以「遊客的最大體驗」為策略

所謂體驗，最簡單的定義就是「遊客用自己的身體去經驗」。以往國內生態旅遊偏重於「走馬看花」式遊程，深度不足。或誤將「生物旅遊」錯當「生態旅遊」，例如到動物園或博物館內進行生態旅遊，殊不知野生動物一旦脫離棲息地，其生態系統即瓦解，文化產物脫離生活圈，其生態系統即崩解。

4.以「利益最大的回饋」為策略

傳統旅遊業以代理各項旅遊產品與服務，作為營業與獲取利潤之途徑，生態旅遊尚需加上生態資源之利用。但這些資源往往為「公共財」，當它轉變成為「私有利」時，社會正義性與公平性即受到質疑，因此，利益之回饋成為能被接受與支持的經營理念。

5.以「商業經營的規範」為策略

如上述，旅遊業者尚需接受商業經營之規範，參與生態資源保育之工作，在行有餘力時，甚至擔任相關環境保育之志工，進而協助執行生態教育與生態研究之推動或贊助，除了塑造企業形象，更能充實生態知識，提升旅遊之服務品質。

6.以「生態保育的提倡」為策略

臺灣以往的旅遊尚有一項惡習，就是喜歡吃「山珍海味」，或嘗試不同經驗的行為模式，結果引發生態掠奪與殺戮，例如墾丁遊客吃「烤伯勞」，買「鐘乳石」。所幸近年來這些觀念已逐漸改變，所以要藉由生態旅遊之解說活動，讓遊客了解生態保育之重要性。

7.以「環境教育的執行」為策略

臺灣目前之生態旅遊之最大客群，來自於教學與研究單位，因此教育與旅遊緊密之結合，對很多參與者而言，從休閒遊憩過程中學習，效果最佳。大自然本來就是教室，是活的、動態的、真實的教材，同時也是玩樂的、休憩的、趣味的教法，學習效果當然比在教室內佳。

8.以「生態政策的推動」為策略

　　公部門有很多生態政策要推動，不論用廣告、文宣、活動的方式，花再多宣導費，可能不如透過生態旅遊去推動，民眾會更能接受，更願意配合國家的政策。例如要消滅病煤蚊，需先了解蚊子的生態與環境系統，了解其天敵蜻蜓、蛙類、魚類，也是一起生存於水中，若在水中加入藥物殺蚊子的幼蟲，也會殺死天敵的幼蟲，所以效果自然不佳，政策就難以推動。

9.以「永續觀念的實踐」為策略

　　觀光產業要永續發展，先決條件是生態資源供給要永續，環境保護要永續，市場遊客需求要永續，旅遊地社區發展要永續，國家政策推動要永續，生態教育執行要永續。當主客觀條件均永續了，生態旅遊之產業發展自然可永續。

關 鍵 詞 彙

環境管理 （Environmental Management）	綠建築 （Environmental Architecture）	國際生態旅遊學會 （The International Ecotourism Society, TIES）
生態觀光 （Ecological Tourism）	觀光衝擊 （Tourism Impact）	實質承載量 （Physical Carrying Capacity）
經濟承載量 （Economic Carrying Capacity）	生態承載量 （Ecological Carrying Capacity）	社會承載量 （Social Carrying Capacity）
文化承載量 （Cultural Carrying Capacity）		

自 我 評 量 題 目

1. 休閒農場所具備的環境功能屬性有哪些？

2. 何謂休閒農業環境5S管理？

3. 請說明休閒農場建設之環境保育。

4. 請敘述休閒農場環境之衛生管理事項。

5. 說明生態旅遊之定義與內涵。

6. 何謂觀光旅遊衝擊？

7. 何謂觀光休憩承載量？

8. 請依你的概念提出臺灣生態旅遊經營管理之策略。

第五章

休閒農業活動設計、服務管理與設立申請相關規定

摘　要

　　本章之內容主要在說明休閒農業活動設計、服務管理與設立申請相關規定。針對休閒農業活動設計需根據資源供給、遊客需求與及當地環境、經濟、社會與文化之特性，並遵從相關之設計原則，並事先擬定完善之相關準備工作。休閒農業之服務管理事項，至少包括五大類：餐飲、前檯、房務、休閒娛樂與農特產展售等。服務之內涵著重於雙向之顧客關係與客訴處理，因為顧客抱怨的服務品質，已經逐漸成為休閒事業與其他服務業未來的致勝關鍵或競爭優勢。而顧客關係管理之目的在於強化行銷與服務顧客，並進行雙向溝通，以顧客滿意來獲取新客源、業績成長、多角化成長及成本控制等企業目的。最後，休閒農場之申請設立主要依據「行政院農業發展委員會」頒布之《休閒農業輔導管理辦法》，並受到「作業要點」與「作業規定」所規範，其中要重要之法條包括基地條件、土地使用與公共設施規劃及其他附帶條件等。

　　臺灣休閒農業活動分為生產、生態、生活等三大類類型，可依不同指標再進一步細分，例如農事操作活動、農業採摘活動、農業遊憩活動、農業教育活動與農業欣賞活動。李謀監、周淑月（1993）依休閒農園之類型將所提供之活動項目分為：生

鮮採摘、鄉野畜牧、鄉土民俗、教育農園、綜合農園、觀光遊憩、鄉土文化教育。王小璘、張舒雅（1993）依休閒農業資源歸納其可運用的遊憩活動，包括了農產品採摘活動、參觀農業生產過程、休憩觀景活動、鄉土民俗文化活動、參觀展示活動、體驗農園活動、比賽、研習活動、野外環境教育、渡假住宿、野炊焢窯活動、野餐活動及其他運用資源之特殊活動等。杜逸龍（1998）指出休閒農場所提供之活動項目包括農園體驗活動、童玩活動、自然教室、民宿農莊及鄉土民俗活動。多數農場以烤地瓜、放天燈、搓湯圓、營火及滑草等文化性的活動居多。休閒農業活動之規劃設計是將人、事、時、地、物結合在一起，賦予理念、目標、方法、過程及結果，使每個工作者在參與過程中，有所依序及遵循，更讓規劃者能明確、具體及掌控活動執行。

第一節　休閒農業活動設計

一、農業休閒體驗活動之設計原則

　　針對休閒農業的資源供給、遊客需求與及當地環境、經濟、社會與文化之特性，設計體驗活動應遵守下列之原則：

(一)結合當地歷史文化

1. 活動承續在地的歷史、社會與環境資源條件：例如清境的擺夷文化祭，就是一部敘述當年由中國滇緬地區轉至臺灣清境山區辛酸血淚史，如何的開疆闢地？孕育今日的清境。

2. 活動方式應結合地方在地文化，藉由遊客解說活動加以傳承：例如臺南鹽水放蜂炮，藉由當年驅除疾病的儀式，演變今日知曉體驗活動。

3. 保留和欣賞地方文化的差異，才會尊重多元文化：例如蘭嶼飛魚祭，透過活動體驗，了解達悟人的生活、生產及文化意涵及種種禁忌，使大眾欣賞並尊重，並保留文化傳統。

(二)結合當地生產活動

1. 具有實用性、生態性及生動性，可滿足遊客體驗享受成長與豐收之喜悅，並使不會增加成本及時間的支出。

2. 透過教育（解說訓練）可凝聚共識、改變觀念，培養專才，讓地方產業提升與生根。

3. 生產之技術性、特殊性及神祕性等特質可滿足人們求取知識的需求。例如水里上安村的葡萄季，利用葡萄採收的季節，配合當地景點（實用性）、環境（生態性）及現有的釀酒製造、梅筆DIY（生動性），透過教育（解說、餐飲、民宿訓練

等），導正觀念，凝聚共識，使農村社區住民共同參與，在公部門輔導單位與學術專業團隊的指導下，設計此類體驗活動。

(三)結合當地生活方式

1.我們都了解每一農村住民擁有不同的物質條件、族群背景、價值觀等，會產生多變的生活，創造多元的次文化。

2.活動方式應結合地方生活方式，藉由遊客體驗活動，加以傳承。

3.地方擁有獨特的魅力與風格，體驗活動才會有特色。例如高雄縣三民鄉的布農族——射耳祭活動，藉由布農族傳統祭儀活動，開放由遊客參觀或參與，讓社會大眾了解原住民生活文化獨特的魅力與風格，並使得加以傳承。

(四)結合當地環境生態

1.環境是地方的生產與活動基地。

2.應採取尊重大自然、維護生態環境為準則的體驗活動。

3.體驗活動應將人地環境倫理關係融入地方與產業經營之生態系統。例如南投埔里桃米村（生態），源起九二一地震後的思考與行動，集結整體的力量來思考社區的未來，在過程中，居民感受自然環境與生活的重要。以此為準則發展出青蛙為主題資源的生態之旅，將人地環境倫理關係融入地方與產業經營。

(五)結合當地組織系統

1.透過民主方式發展地方組織，產生認同意識方能自主經營。

2.社區組織是住民們互助、互容、互動的營運，形成一生命共同體。

3.社區不是孤立封閉空間，需在更大區域尺度內與其他地方，既競爭又合作，既分工又整合，形成區域共同體。例如鹿谷小半天休閒農業區與社區發展協會，由於九二一震災的傷害，各項基礎建設需要重建，「希望藉由客觀分析資源的優劣，尋找休區與社區應有之定位及方向，做為休區社區長期發展之重要參考指南，並整體規劃出休區與社區特色景觀。」透過社區組織運作與住民臨調、互動及溝通，種種的努力，小半天的生活體驗系統業已建立，並推動「來小半天玩大半天」的過程。

(六)推動當地社區教育

1.知識教育是突破困頓，發展成長，進而永續經營的動力。

2.透過教育可凝聚共識、改變觀念、培養專才，讓地方產業提升與生根。

3.教育是農村營造與產業經營過程中的關鍵機制。例如桃米社區發展協會與行政院農委會特有生物保育中心、世新大學觀光系，針對當地環境評估調查，再予以專業課程教育，改變住民觀念，輔導民宿、餐飲，培訓專才解說員，歷經2至3年時間，才完成今日發展的基礎工作。

二、休閒農業體驗活動之設計考量

　　活動設計者必須訂定目標，以作為實施前、實施中、結束後發展的過程，所以目標設定必須是明確、具體可行的。經過現地調查，與當地住民或社區組織討論、協調後訂定，這些目標是將執行的日常工作和住民組織相結合在一起，藉由計畫中的任務編組、任務分工及工作進度管制，授予權責，有效運用現有資源，使規劃者能在組織的影響性和資源運用，以推展體驗活動。

(一)活動設計供給面考量

　　需考量整個執行及效果，應從人、事、時、地著手，例如誰會參加？提供什麼體驗？場地是否適宜？交通是否暢通？人力運用如何等？

1. 人：執行此活動所需人力、能力、配合度、執行如何？例如是否由當地住民或外來人士來負責相關事宜，或者相互配合。參加此活動的遊客類型、年齡、性別、體能等因素，例如是否需技巧、設備（賞鳥）、體力負荷（路跑及健行）、禁忌規定（矮靈祭）。

2. 事：用什麼為主題，其特色如何？例如自然資源、景觀資源、人的資源、文化資源及生產資源等五項資源。

3. 時：實施時，當時的生態、生活及生產是否能提供體驗？（例如春耕、夏耘、秋收、冬藏）執行人員與遊客是否能參與？（週休、寒暑假等）

4. 地：活動幅員及周邊設施支援性如何？整體的安全性評估。例如活動與交通動線、停車場、浴廁等。

5. 潛力分析：調查當地之地、景、人、文及產等五項資源為主，並考量其歷史文化、生產活動、生活方式、環境生態、組織系統其目的是使體驗活動降低成本，減少不必浪費（就地取材），增加在地收入。

6. 可行性評估：現地踏勘以了解體驗活動目標是否可行？整體規劃方案依據如何？活動細部設計周延性？執行時各種狀況應變？各種安全因素考量等。

(二)活動設計需求面考量

1. 活動人數：參與人數的多寡，直接影響此次體驗活動的品質，本身有沒有那種人力、環境、設施及內容去負荷綿延湧入遊客，是值得深思考慮的。

2. 遊客來處：此次體驗活動是全國性、區域性及地方性，要有一個明確的區隔才可以做時間分配，例如是全國性或區域性，就必須考量遊客不管是駕車或坐車，其到達的時間，這樣才不會影響整個體驗活動進行。

3. 遊程考量：整個活動的遊程規劃，是一天、兩天一夜或三兩夜等。

4. 體驗內容：每一單項內容需多少時間？是採個人或團體實做方式，必納入考慮因素之一。

5. 活動安全：包括場地安全，例如經過吊橋（承載重量）、搭建露臺（欄杆高度）、行進步道（蜂蛇侵襲）及交通要道（車輛穿梭）等。

三、農業休閒體驗活動之準備工作

活動準備工作千頭萬緒，老是覺得這兒沒做、那兒沒做，不知從何著手。其實承辦人需靜下心來，好好思索應做工作及進度有哪些？需要哪些人力、物力支援，逐條逐件記錄下來，統一彙整完成工作進度管制表及行動準據。

(一)課程訓練

在整個農業體驗活動中，參與人員訓練要從基礎開始做起，從思想中灌輸觀光基本概念。因為他們長期務農，無足夠專業知識及素養，所以必須從教育著手，而教育訓練課程區分如下：

1. 基礎課程：內容包括基本概念、觀念建立、產業走向、接待概論、工作態度、遊客心理與行為、現今休閒農業發展趨勢及未來方向等課程。

2. 專業課程：依照參與人員的能力及興趣區分班別，常見者包括：

   (1)解說導覽課程：針對此次活動當地之三生（生產、生態、生活）資源為主，撰寫成教材，包括導覽解說基本觀念、解說原則與技巧、解說安全意外處理、戶外教學等課程。

   (2)餐飲課程：針對當地生產物品及族群文化特色，融合在地人文歷史，發展特色風味餐，安排課程有學科與術科，學科有鄉土餐飲與地方特色、餐飲工作人員之工作與態度、鄉土餐飲調查與記錄、材料與採購等課程。術科方面有人員與廚房、餐廳整理與消毒、基本刀法、膳食製作演練及成果發表等。

   (3)民宿課程：從民宿法規、民宿概論與基礎技能、經營管理及遊客特性與動機之研究、民宿安全與緊急事故處理、民宿行銷與宣傳、民宿從業人員實務演練等課程。

(二)實務演練

經過基礎課程、專業課程後，要將所有參加學員注入活動當天人力調配區分，例如報到、接待、交管、接駁、解說、餐飲及聯絡協調等工作，模擬實施執行時的整個遊程，使參與者對整個時間程序掌握及運作，有個實習機會，進而讓執行單位藉此發覺缺失，提出修正之處，讓此項工作更加圓滿執行。

(三)活動設施安全防護與檢查

　　安全是整個體驗活動首要工作，因一個安全事故產生會影響整個流程，甚至於會造成終身遺憾，故不得不非常小心及注重。其步驟如下：

1.成立緊急事件處理小組：為妥善處理任何緊急事件，應建立緊急事件處理小組及任務編組責任分工。一有突發狀況可立即依規定流程通報、聯絡、協調相關單位處理。

2.建立危險預警管理系統：調查、建立潛在危險地區資料庫與監測。包括：劃定及公告潛在危險區；設立警告、禁止標誌；定期與不定期派員巡視、回報及處理；警告與禁止標誌破損者應隨時檢修或更新；有系統建立危險處理情形資料庫。

3.加強參與人員處理緊急事件的在職教育

(四)設施維護、檢修及保養

　　活動設施之設置應確依法令規定，做好維護、檢修及保養工作。如有必要，應當機立斷，暫停或封閉其一部或全部之使用。

(五)設置簡易醫療設備

　　由於急救及醫療的處理是由專業單位負責，為處理簡易臨時狀況，應設簡易的醫療站，工作人員施以急救訓練，各縣市政府衛生局、急難救助協會、紅十字各地分會，都可協助辦理急救訓練班。另外發生意外時，執位單位亦要注意到事發時家屬的聯絡與照顧、法律事務的處理、新聞的發布和意外事故的檢討……等。總之，無論是政府部門或活動單位都有責任與義務告知遊客於從事遊憩活動時，所可能面臨之危險，進而提供安全之遊憩環境，而遊客亦有責任選擇適合其自身需要之遊憩活動與設施。因此遊客、政府與活動單位共同關注旅遊安全、維護旅遊安全，進而避免、減少旅遊意外事件之發生，方能建立有效的旅遊安全維護與危險管理系統。

(六)透過解說服務的安全防護管理

　　「解說服務」不僅是對遊客體驗活動而已，也是活動單位與遊客溝通的橋梁，可告知遊客管理的策略及措施，以確保旅遊安全及資源保育，並滿足遊客的知性需求。遊客的反應及建議也可回傳至活動單位，進行安全防護管理。

四、農業休閒體驗活動之設計實務

　　從目標設定到資源調查及現地踏勘後，進入到整體規劃方案，其實務工作內容必須包括：

(一)設計依據

　　依照公部門指示或補助辦理，還是當地住民或業者自行辦理。

(二)設計目的

　　說明此項活動緣起、原則、目標及效益。

(三)設計計畫

　1.活動辦理時間。

　2.活動辦理地點。

　3.活動辦理內容：分項目、時間、構想。

　4.活動時程規劃：分籌備階段、宣傳階段、作業階段、執行階段、驗收階段。

(四)執行內容

　1.媒體宣傳。

　2.活動訓練。

　3.開（閉）幕儀式。

　4.遊程規劃。

(五)協調

　　以承辦人為對口單位，處理前後及上下層級各項事物聯絡、協調與掌控。

(六)細部設計

　　將調查資料、現地踏勘及規劃方案作為依據，擬定活動細部設計，包括：

　1.辦理時間

　　(1)季節氣候變化：是否為颱風及雨季時期？

　　(2)農忙及祭典期。

　　(3)評估承載量：資源環境、活動場地、遊客參與、人力運用、停車位置等。

　　(4)遊客參與時間：是否為考試期、公司行號盤點、國家慶典及各地活動期？

　2.活動地點

　　包括主活動、衍生活動之地點，動線規劃：例如採環狀動線，以利接駁車輛及遊
　　客人員掌控。或放射狀動線，以利於管控。

　3.內容規劃

　　(1)項目：要有主題及特色，例如新埔鎮照門休閒農業區的「柑之如橘」柑橘節。

　　(2)時間：包括籌備、執行、宣導、完成的時程。

　　(3)方法：構想、執行、重點、效果及目的。

　4.編組分工

　　(1)分組：依體驗活動之實施前、實施中、結束後發展的過程，將人力予以分派編
　　　組。

　　(2)職務：賦予參與此項工作每個人責任與義務，擔任組表人員，負責對上請示，
　　　對下督導及橫向協調的任務。

(3)工作職責：依編組之組別劃分工作項目，使其職掌清晰明確，不致產生混淆、推諉之情況。

5. 擬定工作進度管制表

(1)工作項目。

(2)工作表列：從企劃案至活動檢討會止，每項需執行工作予以表列。

(3)完成時間：每單項工作應完成時間。

(4)承辦單位：每單項工作由何單位負責。

(5)備考：需協調或注意事項。

6. 活動場地規劃

(1)道路指引及路標：引導遊客車輛行進，尤其是轉彎或十字路口。

(2)停車場：考量散客或團客車輛總量，予以集中管制引導，避免造成交通癱瘓，以利安全。

(3)開（閉）幕會場：需容納參與人員場地，包括報到處、協調中心、來賓休息室、舞臺、座位及展示（售）物品區等。

7. 討論事項

包括各單位彼此應配合、支援及協調事項，執行中若遭遇難題，需上級解決或仲裁的地方，都需列舉討論裁示。

(七)體驗活動設計執行

區分為：召開記者會、撰寫行動準據、據以執行。敘述如下：

1. 召開記者會

撰寫工作準備計畫：包括時間、地點、規劃、程序、分工、布置及人員遴選等。寄發邀請函及媒體聯絡。場地布置：包括簡報器材、音響設備、文宣張貼、座位安排、農產展示及新聞稿。

2. 撰寫行動準據

包括設計項次。時間：執行之始。任務：執行工作。單位：執行人或組。

3. 據以執行

按照記者會程序表實施。包括：報到（簽名）。簡報：主席致辭、介紹與會人員、活動報告、建議與討論。展示場地參觀與採訪。

(八)相關附件

1. 組織架構。

2. 任務編組。

3. 場地分布圖。

4. 討論與協調事項。

第二節　休閒農業遊客服務管理

　　休閒農業遊客服務管理的範圍包括餐飲、住宿、接待、活動、販售與其他相關之勞務等，主要目標以達到企業經營目標、保護環境資源、提供服務以及滿足遊客需求為主。消極方面在被動的處理遊客之種種相關問題，包括解決遊客之抱怨與不滿，積極方面在建立主客之間相互和諧之互動關係。

一、遊客服務項目與內容

　　休閒農業提供的服務大致可以分為五大類：1.餐飲（food and beverage）、2.櫃臺（front office）、3.房務（housekeeping）、4.休閒娛樂（recreations）、5.農特產展售（exhibition）。一般而言，休閒農場與民宿大都會提供上述的五項服務，或甚至於額外的項目。由於消費者的需求一直在改變，市場的競爭迫使業者挖空心思迎合遊客需求，但通常額外的服務則需要消費者另行付費。以下針對休閒農場五大服務類型分述說明：

1. 餐飲服務：餐飲服務的範圍相當大，以提供餐飲服務為主，從鄉土餐飲、田媽媽餐廳、家政班、美食班到正式宴會都含括在此範圍內。工作範圍包括後場廚務、前場餐廳、客務服務、場地管理、遊客及員工安全管理等。

2. 櫃臺服務：除了大型農場櫃臺作業有電腦化，小型休閒農場的櫃臺服務還是以人工服務為主，服務的內容含括遊客預約服務：個別或統一窗口，休閒農業區或社區內可成立單一預訂窗口，不論是訂餐或訂房，顧客可以透過此窗口，對某一農場或民宿進行預約。接待服務：包括提供遊客資訊、諮詢服務、遊客資料，例如姓名與聯絡電話、來客人數、預約內容、繳納訂金、有無特殊需求、換房服務、帳務、退房服務等。

3. 房務服務：房務服務首重客房的清潔服務。包括房客備品的準備、客房清潔服務、布置擺設、贈送點心與水果等，以展現歡迎之意。

4. 休閒娛樂服務：休閒娛樂服務提供遊客休閒、娛樂與知識性活動的相關服務，包括休閒活動、體驗活動解說導覽活動、農村休憩活動及其他增加渡假休閒的氣氛，如：原住民歌舞秀、地方戲劇等。

5. 農特產展售服務：休閒農場可以供遊客購買當地農特產品、加工品、紀念品等，可為農民與當地社區創造經濟收益。例如提供當地特色農產品、農產加工品、手工藝紀念品等展售服務。

二、顧客抱怨處理

顧客抱怨服務逐漸成為休閒事業與其他服務業未來的成功關鍵或競爭優勢。在顧客導向的時代，客服中心是企業與顧客溝通的重要管道，與客戶做第一線的接觸，也是一個與消費者直接溝通、收集資訊、了解顧客反映的管道。客戶回饋的機制能帶動產業管理創新，例如只要有顧客抱怨，一定登錄，並進行調查與處理，事後不僅要記錄處理結果，還要追蹤，最後彙整加以檢討。

(一)遊客服務不良之因素

首先，服務人員的素質和訓練很重要。包括傾聽、解決問題的隨機應變能力，甚至於電話應對的技巧，及個人情緒管理能力等，都是基本的要求。其次，了解服務常發生的錯誤，方能避免再度犯錯。一般而言，休閒產業服務最常犯以下的錯誤：

1. 誤以為所有遊客都了解農場所提供的服務內容與性質。例如哪些服務是要收費、哪些事項需要自助。
2. 打斷顧客的談話，或者是沒有專心傾聽。
3. 讓顧客必須重複提出需求或問題，浪費兩方時間，降低消費者滿意度。
4. 回答不完整，讓顧客搞不清楚。
5. 顯露出對顧客的抱怨不在乎的樣子。
6. 最忌諱同時和其他人講話，讓顧客覺得被輕忽。
7. 沒有主動解決問題，讓遊客覺得無心替他服務。
8. 以顧客的外貌或其他主觀因素，妄下判斷，得罪顧客。
9. 和顧客發生爭執。
10. 以教訓的口吻回答顧客的疑問。

(二)正確的顧客服務觀念

企業對市場的導向已經由生產的觀念與產品的觀念，演進到顧客的觀念。沒有顧客的滿意就沒有企業的利潤。越來越多企業了解應該關心自身所擁有的顧客，而非僅是關注自身的產品，盡力使顧客的花費充滿價值與滿意感，並提供滿足顧客需求的服務品質，企業才能夠持續的成長。所以塑造「以客為尊」的經營理念以及訂定可衡量的服務標準，成為兩項重要的服務觀念。

1. 以客為尊的經營理念

每家休閒農場要有自己的經營理念，從業者到所有的服務人員都應該拋棄自身情緒化的觀感，而以服務顧客為優先。

2.訂定可衡量的服務標準

服務很難量化，也沒有固定的標準，但卻不能不作衡量。服務是一種認知、態度與價值，所以，今日有沒有比昨日進步，明天會不會更進步，就是一種準則，例如有沒有說一句親切的「歡迎光臨」？有沒有真誠的問一聲「您需要服務嗎？」說話時是否注視著對方？正確的送餐順序、房間整理的時間等，這些都是可衡量的服務標準。

一般而言，「如何留住老顧客」與「如何吸引新顧客」同樣重要，而要留住老顧客的心，其關鍵便在於滿足顧客的需要，甚至以「取悅」顧客為宗旨。因此建立「以客為尊」、「顧客至上」的觀念至為重要，並認真檢討顧客的滿意水準，及設定其改善的目標。

(三)顧客抱怨處理原則

休閒農業經營者面對顧客抱怨時，需注意以下6個原則：

1. 聆聽顧客的抱怨：以同理心對顧客的抱怨進行聆聽，以了解問題出在哪裡，顧客最討厭他所抱怨的對象撇清責任。
2. 體認顧客的抱怨並誠心道歉：第一時間的道歉，威力遠勝於事後進行亡羊補牢的安撫。
3. 提供適當而可行的解決方案：讓顧客相信你有解決問題的能力和誠意，而非只是公事公辦或推拖之詞。
4. 說話算話：絕不承諾做不到的事，不要讓顧客感覺客服人員所說的一切都是在敷衍、空口說白話。
5. 給予顧客合理的補償：若犯了錯誤，光口頭道歉是沒有用的，最好提供補償，讓顧客感受到解決問題的誠意。例如：贈送禮品、減價。
6. 持續追蹤顧客反應：問題解決後仍繼續關心顧客的感受，顧客將會留下良好的印象。

(四)顧客抱怨之解決方法

解決遊客抱怨的方法很多，除了要從學習中避免重複犯錯外，更要以提高遊憩服務品質為目標。一般常採用的方法有：

1. 擬定較嚴謹的顧客服務規範：若是休閒農業區，最好有公約以約束成員。
2. 提供客服人員解決問題的教育訓練：透過這類訓練，可以了解顧客經常遭遇到的問題，也能知道在什麼樣的狀況下，應該採取何種作法。
3. 建主顧客抱怨申訴管道：讓顧客的問題能快速的反應出來，也能把握第一時間來解決問題。因此設立一個讓顧客充分抒發怨言的管道是十分地重要。例如免費申訴專線、專屬信箱或意見反應表。
4. 建立重視服務品質的觀念：「顧客至上」的理念是服務業的核心價值，從業人員

應遵守並貫徹這項理念。

　　若能對顧客的問題及時的回應，並妥善解決，讓原本生氣不高興的顧客，也可能因此成為忠誠客戶。要把每一次解決顧客問題視為建立顧客滿意度的寶貴機會，而非只是為了單純地解決問題而已。重要的是，要讓顧客覺得你在乎他的感受，努力為他解決問題。

三、顧客關係管理

　　顧客關係管理之目的在於企業藉由強化行銷、銷售與服務顧客等企業流程，並以個人化的銷售活動與顧客進行雙向溝通，以達到顧客滿意及顧客價值最大化，進而達到增加新客源、業績成長、多角化成長及成本控制等企業目的。

(一)顧客關係管理的目的

　　Swift認為顧客關係管理的目的就是在適當的時機（right time），透過適當的管道（right channel），提供適當的供給如產品、服務與價格等（right offer），以提供給適當的顧客（right customer）並藉此增加互動的機會。其顧客關係的執行要點如下：

1. 適當的客戶（right customer）：藉由顧客對產品與服務之消費模式，以認知顧客之潛在購買能力。
2. 適當的提供（right offer）：將顧客預期的產品與服務介紹給顧客，若針對每個顧客提供量身訂制化的產品與服務更佳。
3. 適當的管道（right channel）：將顧客的接觸機會，以各種溝通方式作整合，並利用顧客偏好的通路與其互動，例如包括網路、電子郵件、電話、行動電話、傳真、促銷、客服中心等。以持續地收集並分析資訊，來提升對顧客消費行為的了解。
4. 適當的時間（right time）：在適宜的時間與顧客有效地溝通。以無時差、近乎無時差的行銷模式與顧客溝通。

(二)顧客關係管理的內容

　　對於位居休閒農場與民宿第一線的統一窗口或前臺部門，顧客關係非常重要。顧客進到農場，從住宿、餐飲、購物、種種休憩活動，到離開農場的任何一個環節，皆是建立顧客關係的時機，因此顧客關係理應由大家共同負責。顧客關係管理主要包含行銷、業務及服務三大領域，且由下列工作範疇所構成：

1. 行銷戰略管理：行銷戰略管理乃是關係行銷中之核心流程。主要工作在於行銷活動之規劃、執行及控制。目的在於產生潛在之機會與需求，以針對潛在客戶進行

有效之管理。

2. 潛在需求管理：潛在需求管理是把有希望的潛在顧客列為優先聯絡與關係建立對象。

3. 報價管理：主要工作在於針對顧客之詢價、潛在機會與需求進行管理。

4. 合約管理：針對產品或服務供給的訂單或合約之獲取與維持的管理，一般以旅行社或團客為主。

5. 客訴管理：將顧客的不滿意見反映出來，以進行企業持續改善並提升顧客滿意的管理。

6. 服務管理：針對提供之服務進行規劃、執行與衡量。包括產品維護、修護及其他售後階段所提供之服務。

　　顧客關係管理可分「前端溝通」、「核心運作」和「後端分析」等三段作業流程：

1. 前端溝通：在提高和顧客接觸、互動的有效性。因此像促銷活動、網路下單及顧客自助服務等，均是前端溝通的重點。

2. 核心運作：在提高產業運作及顧客管理的有效性。因此像顧客管理、活動管理、行銷管理、銷售管理及服務管理等，均是顧客關係管理的重點。

3. 後端分析：在針對顧客交易、活動等資料加以分析，以期更進一步了解顧客的消費習性、購買行為、偏好、趨勢等，藉此有效回饋前端溝通及核心運作之修正與改善。

第三節　休閒農場之申請設立

一、休閒農場基地條件

　　設置休閒農場之農業用地占全場總面積不得低於百分之九十，且應符合下列規定：

1. 農業用地面積不得小於一公頃。但全場均坐落於休閒農業區內或離島地區者，不得小於零點五公頃。

2. 休閒農場應以整筆土地面積提出申請。

3. 全場至少應有一條直接通往鄉級以上道路之聯外道路。

4. 土地應毗鄰完整不得分散。但有下列情形之一者，不在此限：

　(1) 場內有寬度六公尺以下水路、道路或寬度六公尺以下道路毗鄰二公尺以下水路通過，設有安全設施，無礙休閒活動。

　(2) 於取得休閒農場籌設同意文件後，因政府公共建設致場區隔離，設有安全設

施，無礙休閒活動。

　　(3)位於休閒農業區範圍內，其申請土地得分散二處，每處之土地面積逾，零點一
　　　公頃。

5.不同地號土地連接長度超過八公尺者，視為毗鄰之土地。

6.水路、道路或公共建設坐落土地，該筆地號不計入第一項申請設置面積之計算。

7.已核准籌設或取得許可登記證之休閒農場，其土地不得供其他休閒農場併入面積
　申請。

8.集村農舍用地及其配合耕地不得申請休閒農場。

二、土地使用與公共設施規劃

(一)休閒農場得申請設置前條休閒農業設施之農業用地，以下列範圍為
　限：

1.依區域計畫法編定為非都市土地之下列用地：

　(1)工業區、河川區以外之其他使用分區內所編定之農牧用地、養殖用地。

　(2)工業區、河川區、森林區以外之其他使用分區內所編定之林業用地。

2.依都市計畫法劃定為農業區、保護區內之土地。

3.依國家公園法劃定為國家公園區內按各種分區別及使用性質，經國家公園管理機
　關會同有關機關認定作為農業用地使用之土地，並依國家公園計畫管制之。

4.已申請興建農舍之農業用地，不得設置前條休閒農業設施。

(二)休閒農場之農業用地得視經營需要及規模設置下列23項休閒農業設
　施：

　　　1.住宿設施。 2.餐飲設施。 3.農產品加工（釀造）廠。 4.農產品與農村文物展示
（售）及教育解說中心。 5.門票收費設施。 6.警衛設施。 7.涼亭（棚）設施。 8.眺望
設施。 9.衛生設施。 10.農業體驗設施。 11.生態體驗設施。 12.安全防護設施。 13.平面停
車場。 14.標示解說設施。 15.露營設施。 16.休閒步道。 17.水土保持設施。 18.環境保護設
施。 19.農路。 20.景觀設施。 21.農特產品調理設施。 22.農特產品零售設施。 23.其他經直
轄市、縣（市）主管機關核准與休閒農業相關之休閒農業設施。

(三) 第 1.至第 4.之設施者，農業用地面積應符合下列規定：

1.全場均坐落於休閒農業區範圍者：

　(1)位於非山坡地土地面積在一公頃以上。

　(2)位於山坡地之都市土地在一公頃以上或非都市土地面積達十公頃以上。

2.前款以外範圍者：

　(1)位於非山坡地土地面積在二公頃以上。

⑵位於山坡地之都市土地在二公頃以上或非都市土地面積達十公頃以上。

3.前項土地範圍包括山坡地與非山坡地時，其設置面積依山坡地基準計算；

4.土地範圍包括都市土地與非都市土地時，其設置面積依非都市土地基準計算。

5.土地範圍部分包括國家公園土地者，依國家公園計畫管制之。

㈣各項設施之設置，均應以符合休閒農業經營目的，無礙自然文化景觀
為原則，並符合下列規定：

1.住宿設施、餐飲設施、農產品加工（釀造）廠、農產品與農村文物展示（售）及
教育解說中心以集中設置為原則。

2.住宿設施係為提供不特定人之住宿相關服務使用，應依規定取得相關用途之建築
執照，並於取得休閒農場許可登記證後，依發展觀光條例及相關規定取得觀光旅
館業營業執照或旅館業登記證。

3.門票收費設施及警衛設施，最大興建面積每處以五十平方公尺為限。

4.涼亭（棚）設施、眺望設施及衛生設施，於林業用地最大興建面積每處以四十五
平方公尺為限。

5.農業體驗設施及生態體驗設施，樓地板最大興建面積每場以六百六十平方公尺為
限。休閒農場總面積超過五公頃者，樓地板最大興建面積每場以九百九十平方公
尺為限。

6.平面停車場及休閒步道，應以植被或透水鋪面施設。但配合無障礙設施設置
者，不在此限。

7.露營設施最大興建面積以休閒農場內農業用地面積百分之五為限，且不得超過
一千平方公尺。其範圍含適當之露營活動空間區域，且應配置休閒農業經營所需
其他農業設施，不得單獨提出申請。

8.農特產品調理設施及農特產品零售設施，每場限設一處，且應為一層樓建築物，
其建築物高度皆不得高於四點五公尺，最大興建面積以一百平方公尺為 限。

9.農特產品調理設施、農特產品零售設施及農業體驗設施複合設置者，應依下列規
定辦理，不適用第五款及第八款規定：

⑴農特產品調理設施與農特產品零售設施複合設置者，該複合設施應為一層樓建
築物，其建築物高度不得高於四點五公尺，最大興建面積以一百六十平方公尺
為限。

⑵農特產品調理設施或農特產品零售設施，與農業體驗設施複合設置者，該複合
設施樓地板最大興建面積以六百六十平方公尺為限。休閒農場總面積超過五公
頃者，樓地板最大興建面積以九百九十平方公尺為限。

⑶複合設施每一休閒農場限設一處，並應註明功能分區，已納入複合設施內之設

施項目，不得再申請獨立設置。

(4)農特產品調理設施及農特產品零售設施，在複合設施內規劃之區域面積，各單項配置面積不得超過一百平方公尺。

10.休閒農業設施之高度不得超過十點五公尺。但本辦法或建築法令另有規定依其規定辦理，或下列設施經提出安全無虞之證明，報送中央主管機關核准者，不在此限：

(1)眺望設施。

(2)符合主管機關規定，配合公共安全或環境保育目的設置之設施。

11.休閒農場內非農業用地面積、農舍及農業用地內各項設施之面積合計不得超過休閒農場總面積百分之四十。但符合申請農業用地作農業設施容許使用審查辦法第七條第一項第三款所定設施項目者，不列入計算。其餘農業用地須供農業、森林、水產、畜牧等事業使用。

三、其他附帶條件

　　申請休閒農業設施容許使用或提具興辦事業計畫，得於同意籌設後提出申請，或於申請休閒農場籌設時併同提出申請。

1.休閒農業設施容許使用之審查事項，及興辦事業計畫之內容、格式及審查作業要點，由中央主管機關定之。

2.直轄市、縣（市）主管機關核發容許使用同意書或核准興辦事業計畫時，休閒農場範圍內有公有土地者，應副知公有土地管理機關。

3.休閒農場之籌設，自核發同意籌設文件之日起，至取得休閒農場許可登記證止之籌設期限，最長為四年，且不得逾土地使用同意文件之效期。但土地皆為公有者，其籌設期間為四年。

4.前項土地使用同意文件之效期少於四年，且於籌設期間重新取得相關證明文件者，得申請換發籌設同意文件，其原籌設期限及換發籌設期限，合計不得逾前項所定四年。

5.休閒農場涉及研提興辦事業計畫，其籌設期間屆滿仍未取得休閒農場許可登記證而有正當理由者，得於期限屆滿前三個月內，報經當地直轄市、縣（市）主管機關轉請中央主管機關核准展延；每次展延期限為二年，並以二次為限。但有下列情形之一者，不在此限：

(1)因政府公共建設需求，且經目的事業主管機關審核認定屬不可抗力因素，致無法於期限內完成籌設者，得申請第三次展延。

(2)已列入中央主管機關專案輔導，且興辦事業計畫經直轄市、縣（市）主管機關

核准者，得申請第三次展延；第三次展延期限屆滿前三個月內，全場內有依現行建築法規無法取得合法文件之既存設施，均已拆除或取得拆除執照，且其餘設施皆已取得建築執照者，得申請最後展延。

四、申請書圖文件與流程

　　申請籌設休閒農場，應填具籌設申請書並檢附經營計畫書，向當地直轄市、縣（市）主管機關申請。跨越直轄市或縣（市）區域者，向其所占面積較大之直轄市、縣（市）主管機關申請；申請籌設休閒農場面積在十公頃以上者，或由直轄市、縣（市）政府申請籌設者，向中央主管機關申請。前項申請屬申請面積未滿十公頃者，由直轄市、縣（市）主管機關審查符合規定後，核發休閒農場籌設同意文件；屬申請面積在十公頃以上者，或由直轄市、縣（市）政府申請籌設者，由直轄市、縣（市）主管機關初審，並檢附審查意見轉送中央主管機關審查符合規定後，核發休閒農場籌設同意文件。

　　申請籌設休閒農場，應檢附經營計畫書各一式六份。但主管機關得依審查需求，增加經營計畫書份數。經營計畫書應包含下列內容及文件，並製作目錄依序裝訂成冊：

1. 籌設申請書影本。
2. 經營者基本資料：自然人應檢附身分證明文件；法人應檢附負責人身分證明文件及法人設立登記文件。
3. 土地基本資料：
   (1)土地使用清冊。
   (2)最近三個月內核發之土地登記謄本及地籍圖謄本。但得以電腦完成查詢者，免予檢附。
   (3)土地使用同意文件，或公有土地申請開發同意證明文件。但土地為申請人單獨所有者，免附。
   (4)都市土地及國家公園土地應檢附土地使用分區證明。
4. 現況分析：
   (1)地理位置及相關計畫示意圖。
   (2)休閒農業發展資源。
   (3)基地現況使用及範圍圖。
   (4)農業、森林、水產、畜牧等事業使用項目及面積，並應檢附相關經營實績。
   (5)場內現有設施現況，併附合法使用證明文件或相關經營證照。但無現有設施

者，免附。

5.發展規劃：

(1)全區土地使用規劃構想及配置圖。

(2)農業、森林、水產、畜牧等事業使用項目、計畫及面積。

(3)設施計畫表，及設施設置使用目的及必要性說明。

(4)發展目標、休閒農場經營內容及營運管理方式。休閒農場經營內容需敘明休閒農業體驗遊程規劃、預期收益及申請設置前後收益分析。

(5)與在地農業及周邊相關產業之合作規劃。

6.預期效益：

(1)協助在地農業產業發展。

(2)創造在地就業機會。

(3)其他有關效益之事項。

7.其他主管機關指定事項。

前項土地使用同意文件，除公有土地向管理機關取得外，應經法院或民間公證人公證。格式分別如下：

表5-1 休閒農場籌設申請書

（本申請書正本即為申請公文，另所檢附之經營計畫書皆應併同申請書影本裝訂成冊）

<table>
<tr><td rowspan="2">基本資料</td><td>名稱</td><td>○○休閒農場</td><td colspan="2">休閒農場坐落土地是否涉及休閒農業區範圍</td><td colspan="2">□否
□是＿＿＿＿休閒農業區</td></tr>
<tr><td>坐落土地</td><td colspan="3">直轄市、縣（市）　　　　鄉（鎮市區）
地段　　　地號等　　筆</td><td>總面積</td><td>平方公尺</td></tr>
<tr><td rowspan="8">申請人（經營主體）</td><td colspan="6">□自然人
□法人／法人名稱：＿＿＿＿＿＿＿＿＿＿＿＿＿＿＿＿
□農民團體【□農會、□漁會、□農業合作社（含合作農場）、□農田水利會】
□農業試驗研究機構
□其他有農業經營實績之農業企業機構</td></tr>
<tr><td rowspan="2">姓名</td><td>（或法人負責人姓名）</td><td>身分證明文件字號</td><td colspan="3">（法人請填負責人資料）</td></tr>
<tr><td></td><td>法人統一編號</td><td colspan="3"></td></tr>
<tr><td>聯絡電話</td><td>（住家）</td><td colspan="2">（公司）</td><td colspan="2">（行動電話）</td></tr>
<tr><td>通訊地址</td><td colspan="3"></td><td colspan="2">E-mail</td></tr>
<tr><td colspan="6">**委任代理人資料**□申請人委任代理人申請者，應同時依行政程序法第24條規定提供委任書，及代理人身分證明文件影本。申請人親自申請者，免附。
委任代理人姓名：　　　　身分證明文件字號：　　　　連絡電話：
通訊地址：　　　　　　　　　　E-mail：</td></tr>
</table>

<table>
<tr><td rowspan="9">檢附文件及檢核</td><td>項次</td><td>申請人勾稽欄</td><td colspan="2">應檢附文件</td></tr>
<tr><td>1</td><td></td><td colspan="2">休閒農場經營計畫書。（項目內容請參閱附件）</td></tr>
<tr><td>1-1</td><td></td><td colspan="2">休閒農場籌設申請書影本。</td></tr>
<tr><td rowspan="5">1-2</td><td rowspan="5"></td><td colspan="2">申請人（經營主體）證明文件：</td></tr>
<tr><td>身分別</td><td>應檢附文件</td></tr>
<tr><td>自然人</td><td>身分證明文件影本</td></tr>
<tr><td>法人　農民團體
　　　農業試驗研究機構</td><td>1.負責人身分證明文件影本
2.法人設立登記文件影本</td></tr>
<tr><td>法人　其他有農業經營實績之農業企業機構</td><td>1.負責人身分證明文件影本
2.公司登記文件影本
3.農業經營實績文件影本（□最近半年以上之農業生產、交易紀錄或辦理農業試驗相關佐證資料)</td></tr>
<tr><td>1-3</td><td></td><td colspan="2">土地使用清冊（如附表一）。</td></tr>
</table>

表5-1（續）

	附-1		附件一：最近三個月內核發之土地登記（簿）謄本；正本乙份，其餘影本。
	附-2		附件二：最近三個月內核發之地籍圖謄本；正本乙份，其餘影本（著色標明申請範圍及編定用地類別；比例尺不得小於1/4800或1/5000）。
	附-3		附件三：土地使用同意文件併附土地所有權人身分證明文件影本，或公有土地申請開發同意證明文件。但土地為申請人單獨所有者，免附。（※土地同意使用文件，應載明同意作休閒農場經營，且同意該地號上既有設施之使用及同意在該地號上設置設施等，亦須一併註明。）
	附-4		附件四：地理位置及相關計畫示意圖（以比例尺1/25000的地形圖縮圖繪製；申請面積未達二公頃者，得以其他足以表明位置之地圖繪製）。
	附-5		附件五：基地現況使用及範圍圖（以比例尺1/2500的相片基本圖縮圖或地籍圖縮圖繪製，休閒農業發展資源之相關計畫亦應一併標注）。
	附-6		附件六：現有設施合法使用證明文件或相關經營證照。但無現有設施者，免附。（合法文件明細表，如附表二）
	附-7		附件七：各項設施計畫表（如附表三）。
	附-8		附件八：設施規劃構想配置圖（除設施外，並需註明供農業、森林、水產、畜牧等事業使用之利用區位及使用規劃）；有分期者應依分期規劃構想，以顏色及文字標註以資區別。
	附-9		附件九：其他（各地方主管機關依審查需求訂定）。

茲依據休閒農業輔導管理辦法規定，檢附相關證明文件，請准予核發休閒農場籌設同意文件。此致

直轄市
縣（市）政府　　　　　或核轉

行政院農業委員會

申請人：　　　　　　　　　　　　　　　　　　　　　　（簽章）

中華民國　　　年　　　月　　　日

表5-2　休閒農場經營計畫書項目內容

標題	項目	內容	相關附件
一、基本資料	休閒農場籌設申請基本資料	籌設申請書影本	附件一 附件二 附件三
		申請人（經營主體）證明文件	
		土地使用清冊（如申請書附表一）	
二、現況分析	㈠計畫位置與範圍	1.地理位置：基地與鄰近相關計畫、重要地標、聚落、公共服務設施及主要幹道等之關係。 2.基地權屬、土地使用分區及編定：以列表方式表達。	附件四 附件五
	㈡實質環境	1.地形地勢：基地及周邊環境之地形、地勢。 2.交通運輸系統：含①基地目前主要聯外道路及通往鄉級以上聯外道路之聯絡道路系統其寬度及服務狀況②鄰近大眾運輸系統服務狀況。	
三、休閒農業發展資源	㈠農場農業經營現況及農業、景觀、生態、文化……資源特色	1.農業資源：作物（或畜禽、漁產、林產等）種類、生產面積、產量、位置及特色。 2.景觀資源：田園自然景觀、當地及農場特有農村景觀之位置、特色等。 3.特殊生態及保存價值之文化資產：其資源特色及應予保護或發展之範圍、種類。	※請輔以照片說明
	㈡相關計畫	1.休閒農業區：是否位於休閒農業區範圍內或有鄰近之休閒農業區。如有，應敘明該休閒農業區之名稱、特色。 2.鄰近遊憩資源：鄰近之遊憩資源或設施之區位、種類及交通聯繫關係。 3.其他重大相關計畫：行政區域內或鄰近行政區域內之其他重大相關計畫，應敘明該計畫之位置及性質。	
	㈢其他	其他休閒農業發展資源現況。	
四、發展目標及策略	㈠發展目標	經營休閒農場發展目標。	
	㈡發展策略	1.經營方式及特色：目前農場或未來經營方式特色。 2.達成目標之策略。	
五、全區土地使用規劃構想	㈠基地現況	1.基地現行利用狀況。 2.基地現有設施（例如：農舍、農作產銷設施、林業設施、水產養殖設施、畜牧設施、休閒農業設施及其他等設施……）之利用情形（應含設施項目、數量、面積等量化資料，並敘明是否符合土地使用相關規定）。 3.申設範圍內有現有設施者，應檢附合法使用證明文件或相關經營證照，並請輔以照片說明。但無現有設施者，免附。	附件六

表5-2（續）

標題	項目	內容	相關附件
	(二)休閒農場整體規劃構想	1.擬申請容許使用之設施或其他設施之項目、數量、面積規模、坐落區位及經營利用構想。 2.擬申請住宿、餐飲、農產品加工（釀造）廠、農產品與農村文物展示（售）及教育解說中心設施之項目、數量、面積規模、坐落區位及營運構想，並敘明設置之必要性與計畫使用農業用地所提區位、面積之必要性、合理性及無可替代性。 3.現有設施（含農舍及各項農業設施）配合休閒農場設置之規劃利用構想。 4.場內供農業、森林、水產、畜牧等事業使用之利用區位及利用方式，並需該等使用途農業用地面積敘明占休閒農場內面積比例。	附件七 附件八 附件九
六、營運管理方向	(一)自然及生態環境維護構想	開發後降低影響毗鄰地區之自然及生態環境之維護措施。	
	(二)營運及管理構想	1.農場營運如何與當地農業或農村發展結合。 2.農業經營特色推動及管理作法（如環保、交通、安全、引用水之來源及廢污水之處理等）。 3.分期開發者之分期營運管理構想。	
附件資料	附件一：最近三個月內核發之土地登記（簿）謄本；正本乙份，其餘影本。		
	附件二：最近三個月內核發之地籍圖謄本；正本乙份，其餘影本（著色標明申請範圍及編定用地類別；比例尺不得小於1/4800或1/5000）。		
	附件三：土地使用同意文件併附土地所有權人身分證明文件影本，或公有土地申請開發同意證明文件。但土地為申請人單獨所有者，免附。（※土地同意使用文件，應載明同意作休閒農場經營，且同意該地號上既有設施之使用及同意在該地號上設置設施等，亦須一併註明。）		
	附件四：地理位置及相關計畫示意圖（以比例尺1/25000的地形圖縮圖繪製；申請面積未達二公頃者，得以其他足以表明位置之地圖繪製）。		
	附件五：基地現況使用及範圍圖（以比例尺1/2500的相片基本圖縮圖或地籍圖縮圖繪製，休閒農業發展資源之相關計畫亦應一併標注）。		
附件資料	附件六：現有設施合法使用證明文件或相關經營證照。但無現有設施者，免附。（合法文件明細表，如申請書附表二）		
	附件七：各項設施計畫表（如申請書附表三）。		
	附件八：設施規劃構想配置圖（除設施外，並需註明供農業、森林、水產、畜牧等事業使用之利用區位及使用規劃）；有分期者應依分期規劃構想，以顏色及文字標註以資區別。		
	附件九：其他（各地方主管機關依審查需求訂定）		

表5-3　休閒農場土地使用清冊

面積單位：平方公尺

編號	都市土地或非都市土地	土地標示			面積	編定使用種類		所有權人	持分比例與面積	公有	私有
		鄉鎮區別	地段	地號		（使用）分區	使用地類別				
1											
2											
3											
4											
5											
6											
7											
8											

合計	農場總面積		（平方公尺）		
	公私有土地統計	土地別	面積（平方公尺）	占全場面積百分比（%）	
		私有			
		公有			

合計	土地使用分區統計	分區別	用地別	面積（平方公尺）		占全場面積百分比（%）	
				小計	合計	小計	合計
		○○（使用）分區	○○用地				
			○○用地				
		○○（使用）分區	○○用地				
			○○用地				
			○○用地				
		○○（使用）分區	○○用地				
			○○用地				
			○○用地				
		○○（使用）分區	○○用地				

表5-4　休閒農場審查作業流程-籌設

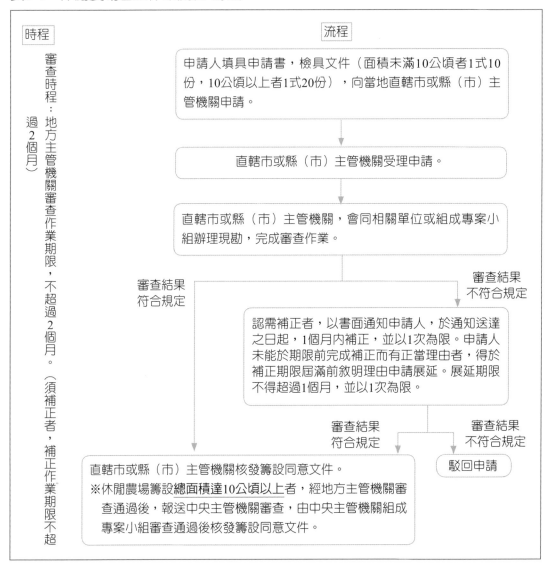

1. 取得休閒農場籌設同意文件後，各項休閒農業設施依規定向直轄市或縣（市）主管機關提出下列申請（休閒農業輔導管理辦法第15條）。

2. 申請設置住宿、餐飲、農產品加工（釀造）廠、農產品與農村文物展示（售）及教育解說中心等4項休閒農業設施者，應依「農業主管機關同意農業用地變更使用審查作業要點」及相關規定辦理，並注意下列情形：

(1) 變更範圍涉及養殖漁業生產區範圍內之農業用地者，應取得地方漁政主管機關同意後，始得核發籌設同意文件。

(2) 變更範圍包括非都市土地特定農業區之農業用地，經地方主管機關初審符合規定後，應依該要點第4點規定提出相關審查意見並報送行政院農業委員會核准，始得由中央主管機關或地方主管機關依權責核發籌設同意文件。

表5-4　休閒農場審查表

基本資料	名稱	○○休閒農場	休閒農場坐落土地是否涉及休閒農業區範圍	□否 □是 _____ 休閒農業區		
	坐落土地	鄉（鎮市區）　　　　地段 地號等　　筆		總面積	平方公尺	

申請人（經營主體）	□自然人 □法人 / 法人名稱：_____ □農民團體【□農會、□漁會、□農業合作社（含合作農場）、□農田水利會】 □農業試驗研究機構 □其他有農業經營實績之農業企業機構				
	姓名	（或法人負責人姓名）	身分證明文件字號	（法人請填負責人資料）	
			法人統一編號		
	聯絡電話	（住家）	（公司）	（行動電話）	
	通訊地址			E-mail	

審核單位	審查內容及查核事項	審查結果	備註（審查人簽章）
農業單位	1.申請主體是否符合。（申請主體為法人者，以農民團體、農業試驗研究機構，及其他有農業經營實績之農業企業機構為限） 2.是否符合休閒農業輔導管理辦法第10條規定。 　⑴休閒農場農業用地面積未低於總面積90%，且農業用地面積未小於0.5公頃。另休閒農業輔導管理辦法第10條第1項第3款第1目及第2目之水路、道路或公共建設不計入申設面積之計算。 　⑵休閒農場土地皆以整筆土地面積提出申請。 　⑶土地毗鄰完整不分散。但有休閒農業輔導管理辦法第10條第1項第3款但書所定情形者，不在此限。 3.申設基地現況是否符合土地使用管制及相關法令規定。 　⑴對於違規使用案，如符合非都市土地使用分區或用地變更編定者，經由縣市政府依據區域計畫法相關規定處理後，符合變更規定者，得依相關規定辦理土地使用變更。		

表5-4（續）

	⑵申請籌設休閒農場範圍內尚未依法申請容許使用之既有農業設施，如審認屬休閒農業設施，原則上依休閒農業輔導管理辦法（以下簡稱本辦法）相關規定，輔導其申請為休閒農業設施。 ⑶申請籌設休閒農場場內既存、尚未取得合法文件之其他農業設施，經審認非屬休閒農業使用，應先取得合法文件，再併入經營計畫書，辦理休閒農場籌設申請。		
	4.全場土地使用規劃構想是否符合休閒農業輔導管理辦法第19條之規定。 ⑴設置休閒農業輔導管理辦法第19條第1項第1款至第4款之休閒農業設施，總面積未超過休閒農場內農業用地面積20%，並以3公頃為限；休閒農場總面積超過200公頃者，以5公頃為限。 ⑵休閒農場內非農業用地面積、農舍及農業用地內各項設施之面積合計未超過休閒農場總面積40%。但符合申請農業用地作農業設施容許使用審查辦法第7條第1項第3款所定設施項目者，不列入計算。其餘農業用地須供農業、森林、水產、畜牧等事業使用。 ⑶設置休閒農業設施之農業用地範圍，是否符合休閒農業輔導管理辦法第19條第2項所列範圍。 ⑷於林業用地設置涼亭（棚）設施、眺望設施及衛生設施，其面積各不得超過45平方公尺。 ⑸設置農特產品調理設施者，是否符合每一休閒農場限設一處，應為一層樓之建築物，其基地面積不得超過100平方公尺，另建築物高度不得大於4.5公尺之規定。 5.休閒農場經營內容與規劃是否符合農業發展條例第3條第5款休閒農業之定義。		
	6.是否檢附土地使用同意文件或公有土地申請開發同意證明文件？（土地為申請人單獨所有者，免附）		
	7.是否位於依森林法公告編入之保安林地。		
	8.檢具文件是否齊全及是否符合？		
水保單位	是否位於特定水土保持區？山坡地範圍內是否有超限利用，是否符合水土保持法相關規定。		

表5-4（續）

地政單位	1.申請範圍內已有之設施及經營計畫書中擬興建之設施是否符合非都市土地使用管制規則相關規定。（位於都市土地者，免填）		
	2.是否符合其他地政相關法令規定。		
都計單位	1.申請範圍內已有之設施及經營計畫書中擬興建之設施是否符合都市計畫法相關規定。		
	2.土地使用分區證明。		
	3.是否符合其他都市計畫相關法令規定。		
	4.農場是否位於預定辦理都市計畫變更或重大公共建設計畫內。		
建設（工務）單位	1.休閒農場是否有一條直接通往鄉級以上道路之聯絡道路。		
	2.設置設施涉及建築行為者，聯絡道路寬度應符合建築法及其相關法規之規定。（未涉及建築行為者免填）		
	3.是否符合其他建設（工務）相關法令規定。		
環保單位	是否符合環保相關法令規定。		
原住民單位	1.設施用地是否位於原住民保留地？如是，是否符合原住民保留地開發管理辦法相關規定？		
	2.其他。		
觀光單位	1.設施用地是否位於風景特定區？是否符合發展觀光條例相關法令？		
	2.其他。		
水利單位	是否位屬經濟部公告之嚴重地層下陷地區？如是，應依水利法施行細則第46條第1項規定辦理或已取得合法水源證明。		
其他	（請依需求及個案情形衡酌增列）		

審查單位會章	審核單位	承辦人	科長	局（處）長
	農業單位			
	水保單位			
	地政單位			
	都計單位			
	建設（工務）單位			
	環保單位			
	原住民單位			
	觀光單位			
	水利單位			
	其他			

表5-4（續）

綜合審查意見	本案經相關單位審查，綜合審查結果： □同意 □不同意，理由說明 _____ □其他：		
	承辦人	科長	局（處）長

註1：直轄市或縣（市）主管機關辦理書面審查，必要時，得邀集相關單位實地會勘，並做成會勘紀錄表。

註2：請農業單位綜整各會審單位相關意見（有現勘者並應依會勘結論），作成綜合審查意見，並勾選綜合審查結果是否同意，方完成審查程序。

註3：直轄市或縣（市）主管機關受理申請後，應會同有關單位於二個月內審核完畢。

註4：直轄市或縣（市）主管機關得依作業需要，得就本表所列審核機關、審核內容項目自行調整之，並報中央主管機關同意。

註5：休閒農場申請籌設、休閒農業設施容許使用及興辦事業計畫，得併同提出申請。直轄市或縣（市）主管機關核發容許使用及興辦事業計畫許可同意文件時，應先確認已核發籌設同意文件。

註6：申請面積未滿10公頃者，直轄市或縣（市）主管機關農業單位會同相關單位審查符合規定後，核發休閒農場籌設同意文件，副本應併同經營計畫書核定本二份抄送中央主管機關。

關鍵詞彙

體驗活動 （Experience Activity）	前臺（Front Office）	農特產展售（Exhibition）
顧客關係（Customer relations）	餐飲（Food and Beverage）	房務（Housekeeping）
遊客服務（Tourist Service）		

自我評量題目

1. 請說明農業休閒體驗活動之設計原則。

2. 請說明休閒農業體驗活動之設計考量。

3. 請說明遊客服務項目與內容。

4. 請敘述顧客抱怨處理原則與解決方法。

5. 請敘述顧客關係管理的目的與管理的內容。

6. 請說明休閒農場之申請設立之基地條件、土地使用與公共設施規劃要求。

第六章

休閒農業發展之困難問題及未來發展方向

學習目標

在研讀本章內容之後,學習者應能達成下列目標:
1. 了解現今國內農村之現況與特性。
2. 探討休閒農業發展所面臨之困難問題,以及了解其擁有之優勢與所處之困境。
3. 探討休閒農業營運角色與經營觀念的變遷。
4. 探討臺灣休閒農業永續經營之理念與相關之作為。

摘 要

　　國內的農村具有某些共通屬性,呈現在休閒農業經營管理模式,影響未來之發展,現今休閒農業所面臨之問題眾多,要解決這些問題,應先了解其優勢與困境。農民是農業主生產者,也是休閒農業之經營者,所以應具有「農企業家」的精神與概念,除了創造與追求利潤,也要能獨立自主經營與承擔風險,更重要的是能夠善盡社會責任。休閒農業之永續發展需建立在永續經營管理之相關層面上,包括經營觀念、資源、設施、人力、服務、行銷、研發、財務與安全管理等。綜觀國內休閒農業之發展正面臨關鍵時期,外在環境的轉變,諸如國際化、景氣循環、金融風暴、能源問題、國際旅遊市場改變等,內在環境的變遷,諸如休憩觀念、政策法規、都市化、資訊化、產業結構,乃至於地方意識抬頭、社區營造等,持續的影響休閒農業,唯有掌握趨勢順勢而為,開創新局才是臺灣休閒農業發展之道。

　　國內的農村具有某些共通之屬性,除了反應在休閒農業經營管理之模式上,也影響到休閒農業未來之發展方向,這些屬性如下:
1. 小型規模的農村產業:以自家人為主要勞動力,或只僱用少數非家族員工,處在自給自足的經營規模尺度下,資金積累緩慢,投資意願與能力都不高。
2. 以供應城市消費為主:以提供都會地區居民需求為主,初級產業供給的業種業

態，充分的反映當地的自然環境、生活方式與傳統歷史文化特質。

3. 顯著的地方風格特色：不論是在自然環境或人文環境景觀上，或在經濟、社會或文化活動上，常給予外來者感官知覺有明顯的在地性意象風格。

4. 住民認同意識很強烈：農村之社會人際關係網絡與產業活動之間常緊密結合，農場與社區及住民之間具有濃烈的個人情懷，地方認同的意識強。

5. 形成一封閉的生態系統：在農村地區不論是「人與人」、「人與物」或「人與環境」之間自成一個穩定的相互關聯與互動模式，不易受到外界干擾或外來變數而變遷。

6. 鮮明的空間結構組織：在農村景致上在景觀意象、商業活動、日常生活的空間利用上，地標、通道、節點、區域以及界線等要素構成具有當地特色之空間結構。

7. 規律的時間脈絡節奏：在農村傳統行事曆時間週期下，當地生產、分配、消費，以及地方文化形式，衍生出自己的生活步伐，具有如音律般規律的節奏。

第一節　休閒農業發展之困難問題

　　針對上述國內農村之屬性，可明瞭未來休閒農業之發展所面臨之問題雖然眾多，但期望卻是無窮。要解決這些問題，首先要了解其優勢與困境：

一、休閒農業發展之優勢

　　現階段國內休閒農業發展，所擁有的優勢可歸納出下列幾項：

1. 地方風格獨特：國內的傳統農村均具有地方在地之產業特色，這種產業特色是受小區域空間、人文或自然因素影響所形成，因此具有獨特地方風格魅力。

2. 農業自足性高：傳統地方性產業因為以內需為主，往往自成一個系統，形成小型的經濟圈，就算外在經濟景氣發生變化，亦能發揮自給自足的功能。

3. 發展上利基多：除了產業產品與勞務外，農村的景觀、人文、歷史、文化，乃至於生產過程，生活方式、生態環境等，均可轉化為休憩產業之資源。

4. 地方共識性高：農村儘管內部派系眾多、組織複雜，個人與團體之社會網絡長久糾纏，一旦涉及對外事務時，共同的情感易於形成高度的共識。

5. 政府施政重點：政府採取一連串之政策來提振經濟，擴大內需，改善經濟環境，配合地方政府支持，儼然形成一股強大的經濟動力，而其啟動機制就是觀光休憩業。

6. 符合潮流趨勢：農村可供利用的三生資源眾多，發展上除了知識化、科技化、生

活化之外，也可朝向休閒化發展，若直接以觀光休閒為訴求，亦符合時代之趨勢。

二、休閒農業發展之困境

至於所處之困境，主要則包括下列幾項：

1. 對外在經營環境變遷之回應較慢：由於農村的封閉性較高，在地自我意識較強，因而對外在世界變化之回應較緩慢，對新的知識、事物與及觀念的接受也較慢。

2. 農村內部資源缺乏且流通緩慢：由於傳統農村的休閒農場產業規模都不大，因此資源較缺乏、也包括資訊、技術、資金。而且流通交換也慢，因此很多觀光資源未被充分開發利用。

3. 休閒農場發展目標模糊：對知名度不高，與農業三生資源主題模糊或不具有多元發展機會的農場，若要擬定明確之發展目標，成為艱難的議題。

4. 產業組織結構鬆散：儘管傳統農村內經常擁有眾多的組織，諸如農業產銷班、宗教組織、守望相助班、資源回收班、社區發展會、促進會、推動會等，但大多結構鬆散，約束力不強，於是形成一盤散沙的現象。

5. 產業營運專業知能不足：將無法應付現代休閒產業之營運服務，特別在觀光休憩業之經營管理，過於傳統老舊的經營理念以及專業知能的缺乏，造成休閒農業營運之困難。

國內休閒農業的發展已漸趨於產業生命週期之成熟階段，變革與突破在不久的將來，將是一門重大課題，不論中央部門、地方政府、農民業者、專業人士，乃至農村社區居民，都必須有共識。臺灣休閒農業未來的發展，需要大家同心協力，追求休閒農業的永續經營管理，是大家共同努力的方向與目標。

第二節　休閒農業經營之改變

農民是休閒農業產業之經營者，傳統上，農民以農業生產為主業，較少研習產業管理的課程，亦缺乏經營決策的技能依據，往往憑藉著對農業的執著及對鄉土的認同，自己做出企業決策、生產決策及行銷決策，獨力擔負風險，遇到挫折然後再站起來。雖然展現出臺灣農民的精神，也是休閒農發展的推進力，但是很辛苦，未來將會面對改變的壓力及挑戰，所以應稱其為「農企業家」。而所謂企業家可以解釋為：「某人著手進行某項冒險性的活動，並建立組織、籌措資金，然後承攬全部或部分的風險。」企業家要有革新與創造力，除了努力勤奮的工作，承擔責任，獲取報償，追

求卓越外，並需善於組織，創造利潤，也需要獨立自主，主動搜尋機會，承擔經營風險，更重要的是能夠善盡社會責任，也積極參與社區事務，這就是謂的「企業家精神」。因此，休閒農業未來發展會建立在經營管理角色與觀念之改變。

一、休閒農業經營管理角色的改變

農企業家作為休閒農業經營的主角，其扮演著人際溝通的角色，資訊傳播的角色及經營決策者的角色。在人際溝通方面，農企業家對外代表休閒農場，是一位具有社會地位的經營者，是領導人也是聯絡的人；而在資訊傳播方面，農企業家是傳播理念及訊息的人，也是企業的發言者；在經營決策方面，其決定資源的配置，是解決問題的最後裁決者及談判者。從農民精神到企業家精神，經營休閒農業的農企業家應具備下列特質：

1. 提升效率及管理：在經營管理上要重視每一個細節，每一個環節都能緊緊相扣，相信經營權和管理權可以分開，不只局限於家族企業方式的經營。

2. 培養高度應變與承擔風險的能力：面對各種挑戰都能以變制變，並且沉著因應，提高企業本身承擔風險的能力。

3. 重視服務品質及顧客至上的信念：求好是企業家精神的一個重要內涵，並能提供社會大眾一流及高品質的產品與服務。

4. 善盡人道關懷與社會責任：熱愛鄉土，珍愛環境，認同文化，要能清楚知道「取之於社會，用之於社會」的道理。因此，需能將自身所獲得利益回饋於社會及善盡關懷社會責任。

5. 積極參與社區公共事務：農企業家應能積極主動參與社區事務，在政治、社會及經濟活動方面扮演一個活躍的角色。

二、休閒農業經營管理觀念的改變

社會發展、科技進步及思想觀念的演變，進而影響休閒農業的經營及管理的功能及效率。企業本身不能只關注產業面來談經營及管理，而應該視經營管理的各種情況，探討問題發生的癥結所在為何，並尋求最適當的解決辦法或策略選擇。企業是社會的有機體，它的存在並非只是為了自身的目的，而是為了達到特定的社會目的和滿足社會組織與個人的特定需要。

1. 產業經營與社會責任

經營休閒農業，提供服務以賺取利潤而獲得經營的報酬，除維繫經營體繼續經營的動力外，並可作為經營體維護及持續成長的基礎。但在交易的過程中，除了獲利之

外，經營休閒農業與社會及公眾的權益關係密切，應能在經營獲利之外，進一步思考企業的社會責任，才能有機會在競爭激烈的市場中屹立不搖。經營休閒農業從社會的觀點來定義企業的目的、宗旨、追求成長方向及產品或服務，這些都是企業體在衡量自身的條件、組織文化及總體環境以後，所獲致的企業經營遠見，再經過轉化成為具體可以衡量的目標，而成為企業體的決策結果。

2.產業經營與決策作業

休閒農業經營在歷經遠見形成、目標設定的策略規劃過程以後，接著就是思考達成目標的各種策略。換言之，就是將遠見發展成為一個企業策略，然後再依據此來思考，介於策略與執行中間應該採行的戰術，最後再擬定執行策略性及戰術性方案的各項作業。

3.產業經營與在地發展

若以社區總體營造運動的角度來看休閒農業區的經營，似乎將休閒農業區視為農業及觀光旅遊二大產業的結合，而形成具有生命的農村休閒遊憩區。每一個社區均有其獨特的歷史背景、傳統產業、生活條件及地理環境，很少能夠完全移植。每一個社區必須要自己去實際累積經營的經驗，並且應該根植於地方的文化認同、社區生態倫理和在地的鄉土情感，以及社區民主和公共意識的動力基礎。休閒農業區的經營與社區總體營造運動最能夠契合的地方，就是兩者都在自然和人性中間尋找屬於自己價值。

第三節　休閒農業的永續發展

經營管理可定義為「明智地使用各種方法，以達成最終之目標。」亦即指人將資源（如人力、財物、規劃……等）作最妥善之安排，以達成組織目標之過程。

休閒農業所謂的永續經營管理就是「憑藉著人們的努力與成就，將農業轉型為觀光休閒產業作最佳、最適當的安排，以達成組織所賦予的目標，在精神及意志上一定要抱著『永續發展』的觀念，才是真正發揮管理的功能及永續經營的智慧。」這種努力必須透過規劃、協調、組織、任用、指揮及控制等活動，且透過這些活動把人員、財務、資產、技術與方法等要素相互密切配合，以達成組織或系統之目標。休閒農業之經營管理將因其環境及地理區位之不同而異，茲就其所應達成之永續目標歸納如下：

1.提供前來遊客豐富的遊樂體驗。

2.良好的遊客服務品質。

3.資源環境與設施之維護。

4.實施承載量限制措施。

5.培訓專業的導覽解說人員。

6.與員工間保持良好的溝通與協調。

7.不宜僅重視「視覺景觀」之滿足，亦應注重住宿遊客之服務品質。

8.旅遊安全的確保（含火災、治安、醫療與飲食之安全衛生）。

9.重視整體經營策略之運用。

　　休閒農業經營管理的績效是建構於「策略」的運用，加上「執行」的結果。經營管理策略所研究的內容不僅涵蓋了觀光遊憩產品的提供（生產）、行銷、人事、研發、財務等課題，而且必須將這些課題通盤性地整合在一起思索。休閒農業經營管理「策略」決定後，即可促使經營管理組織體系內各部門之「執行」動作步調齊一，而達到預期的投資開發目標。休閒農業之永續發展需建立在永續經營管理之相關層面上，具體而言，休閒農業之經營管理內容可分為「休閒農業經營觀念」、「休閒農業遊憩資源設施管理」、「休閒農業人力資源管理」、「休閒農業服務管理」、「休閒農業行銷管理」、「休閒農業研發管理」、「休閒農業財務管理」及「休閒農業安全管理」等八大項。以下進一步敘述其主要的相關內容。

一、休閒農業永續經營觀念

1.改善既有不合法民宿的錯誤觀念

　　民宿係於休閒農業區、風景特定區，觀光地區等風景名勝或可供觀光地區，利用農場住宅用途之建築物之空閒房間，以家庭企業方式經營，提供遊客農村鄉野旅遊之住宿處所，其設置區位、條件、經營規模等，均與旅館之設置有所區別。若違反土地使用分區規定、任意加蓋違章建築、變更建築物隔間、構造、室內裝修等行為，除增加其潛在危險性外，對於農場、民宿整體之觀感及其區域環境反而造成了負面的影響。惟有透過必要的公共安全、環境衛生、建築消防安全、申請設立登記等輔導管理制度之建立，方能積極確保一定水準之住宿環境品質與安全保障。

2.推動精緻農業休閒化之發展

　　休閒農業其經營型態可分別以解說、展示、參觀或觀賞、參與操作或製作（DIY）、比賽、攝影，紀念品販售或農特產品採摘與品嘗等方式，充分應用在休閒體驗活動上，提供國民休閒，增進國民對農業及農村之體驗，亦可使休閒農業永續經營與發展，突破農業發展瓶頸，促進農業轉型，創造農村就業機會。

3.建立三生一體的永續經營理念

為因應急遽轉變中的農業發展環境,臺灣農村建設必須農業、農村、農民與消費市場共同考量,發揮農業生產、農民生活及農村生態三生一體的功能。農業生產主體整合科技與資訊,朝向自動化及生物技術發展外,將農業產銷、農產加工及遊憩服務等農業資源與觀光休閒遊憩活動相結合,將可發揮地方獨有特色,達成多樣化與精緻化之目的,並可吸引國人重新認識臺灣、認識鄉土,塑造臺灣為觀光之島的新形象。

二、休閒農業遊憩資源設施管理

休閒農業遊憩資源維護之方法,應需了解休閒農業遊憩資源具有稀有、脆弱與不可復原之特性,因此休閒農業遊憩資源在開發時必須兼顧休閒農業遊憩資源之維護,否則若休閒農業遊憩資源的開發方式失當,則該資源將遭受無情的破壞。因此,有關單位與業者在進行休閒農業遊憩資源開發時,應需特別注意。

1.審慎規劃、確立資源合理的保育與利用

休閒農業區應詳細調查其資源特性及其可開發性,劃定可利用與應予保護之地區、並施以嚴格的管理。對於重要且脆弱的休閒農業遊憩資源,如河川水資源、森林資源、動植物資源地區,應維護其完整性及原始性,有觀光遊憩價值的地方民俗與工藝,政府單位並應繼續輔導民間發展並發揚光大。

2.管理休閒農業遊憩資源

各級休閒農業、觀光遊憩主管單位必須把具有休閒農業遊憩價值的自然與文化資源調查發掘出來,請專家評估鑑定並予以記錄,以確實掌握休閒農業遊憩資源之種類、數量與分布。而資源評估的結果並應加以分級,以利採取相應措施,達成最佳的保護效果。

3.執行休閒農業區承載量

承載量是一個地區能夠容納遊客數量的上限,在此限度內,休閒農業遊憩資源之使用不致對資源造成損害。為維護休閒農業遊憩資源,各休閒農業國區應審慎考慮區內自然環境本質與觀光遊憩活動所帶來的影響強度,擬定合適的承載量標準,並嚴格管理之。若到達的遊客數已達承載量,則需利用控管方式(例如收費、交通管制)限制更多的人員進入,否則過多的遊客湧入,將會對自然資源、人文古蹟與社區生活,均將造成不可恢復的損害。

4.維護人文歷史古蹟

人文史蹟具有當地悠久文化、藝術與觀光等價值,古蹟的維護更顯示一種民族情感,具有相當的重要性。首要工作在於維持其完整性與原始性,若需整修則應根據考

證資料，在原地依原有風貌恢復舊觀，其工程並應委請有經驗與有技術的專家辦理。

5.保存傳承農業文化

以農業文化村觀念，保存具有文化特色的建築與聚落，並可展示各種早期農業生產器具、傳統習俗與民俗技藝。訓練新的民俗技藝與表演人才，除可吸引觀光客外，兼能使傳統文化資源發揚光大，薪火相傳，永續保存。

6.提倡環保節能綠建築

鄉村田園具有都會地區所普遍缺乏的綠色生態環境優勢，如能配合當地氣候、環境、產物等特色，適度的開發規劃建築，引進綠建築設計概念及手法，以強化鄉村建築機能，活化鄉村綠建築，當可具體改善鄉村生態環境品質，提升城鄉景觀風貌。

7.建立民間企業認養制度

可建立休閒農業區內各分區維護空間認養制度，將休閒農業區劃分為若干區域，訂定維護管理準則，讓民間社會團體（如保育團體）、企業團體或社區、學校認養與維護。部分單項公共設施亦可由附近居民出資興建，認養與維護，以增加對休閒農業區之認同與歸屬感。

8.加強遵守法令之觀念

以法令來保護休閒農業遊憩資源是有效直接的方式，目前可供引用以維護休閒農業遊憩資源的相關法令有：《休閒農業輔導管理辦法》、《發展觀光條例》、《文化資產保存法》、《國家公園法）和《風景特定區管理規則》等。隨著遊客參與休閒農業活動增加以及各種經濟活動的影響，休閒農業遊憩資源遭受損害的威脅也急速增加。因此未來除應適時修正維護休閒農業遊憩資源法令之外，也要確立權責機構，嚴格執行資源維護工作。

三、休閒農業人力資源管理

1. 妥善運用在地人力資源：為了增加當地居民的就業機會，農場管理及服務人員盡量以當地居民為主，且應以當地居民為優先考慮之任用人選。
2. 服務人員之專業服務訓練：為便於遊客諮詢及充分發揮管理人員職責，服務人員應統一接受服務訓練，服裝亦應經過整體設計，展現專業服務精神。
3. 建立適用的人事管理制度：現今的人事管理制度除提供員工基本薪資待遇外，所講求的是更進一步的「人性管理」，亦即針對員工所需，提供完善的福利制度。

四、休閒農業服務管理

1.周詳的旅遊資訊、解說教育計畫

讓遊客成功、滿意的旅遊計畫有賴於周詳的旅遊資訊、解說教育服務之提供，前者提供主動性之誘因，而後者具有協助旅遊計畫順利完成之功能。而可採取下列具體之作法：

(1)針對休閒農業園區及其周圍遊憩區的整體旅遊方式，作不同路線之套裝遊程規劃，印製成手冊放置於車站、鄰近遊樂景點等地。

(2)休閒農業區內農作物、動植物種類、特性、歷史典故，用途等，可利用解說牌、摺頁簡介或透過服務中心之軟體及硬體解說媒體設施，作深入之導覽及說明。

(3)休閒農業區之遊憩設施及舉辦活動，可配合中、小學之課程。針對中、小學老師及教務主任寄發宣傳品，可於旅行或課外活動時安排學童至休閒農業區參觀或參與體驗活動，達到寓教於樂之目的。

2.滿足遊客基本服務

包括休閒農業遊憩設施之使用、餐飲、盥洗、農特產品及紀念品等消費，應定期抽查，確保其美觀、衛生及品質。

五、休閒農業行銷管理

1.市場區隔定位

休閒農場需視所提供之觀光資源與休閒遊憩機會有所差異，在決定收費策略之前，詳細收集資料並加以分析是有其必要性的。例如本身營運成本、遊客可接受的收費價格範圍、競爭者之定價策略等，皆需以企業本身所欲達成之營利目標，運用不同的定價策略，據以訂定收費標準。

2.收費定價策略

(1) 目標訴求對象之選定

依國民旅遊、國際觀光之遊客特性分析可得，臺灣地區國民旅遊應以地區性之國民旅遊為主，國際觀光來華旅客則以日本及東南亞地區之觀光客（含華僑）為主。而休閒農業訴求對象應以親子旅遊、學校校外教學、銀髮養生旅遊為主要選定目標。

(2) 凸顯休閒農業遊憩特色

休閒農業遊憩據點係屬觀光產品之內涵，包括人文資源（如古蹟、博物館、農村民俗活動等）及特殊之自然資源（如特殊、保育類動植物）。應將其特色透過行銷媒

體、遊程設計、服務品質等項目融合於觀光行銷策略中，以爭取觀光市場占有率。

3.媒體行銷之運用

⑴個人口碑：包括遊客、過境旅客之親身遊憩體驗與口碑推薦，成為最佳之宣傳者。

⑵社團組織：包括公私部門之機關團體、民間社團、法人團體之動員與運用，以及透過各項國際交流活動之主動宣傳，以期臺灣休閒農業發展能與國際接軌。

⑶大眾傳播媒體之運用，包括：

①報章雜誌。

②視聽媒體。

③促銷活動。

④傳單、海報、明信片。

⑤摺頁手冊。

⑥網際網路。

4.行銷通路之運用

遊客想要到休閒農業區從事遊憩活動，獲得休閒體驗，必須透過通路來獲得旅遊資訊。這些協助遊客的個人或機構，即構成行銷通路。休閒農業經營者將休閒農場、農業區良好之經營理念訊息傳遞給中間商、遊客及社會大眾知曉；或利用中間商之宣傳報導與促銷推廣，建立遊客或大眾對休閒農場、農業區之信賴；或利用遊客口碑方式，將有利的訊息傳遞給大眾，建立休閒農場、農業區良好形象，促使大眾對休閒農場、農業區之信賴。

5.公共關係之運用

⑴增加或持續性的媒體曝光。

⑵善用活動贊助與事件行銷。

⑶加強危機處理與應變能力。

6.貼近消費者

休閒農業的經營者需要以「和消費者最接近的休閒農業代言人」自居，每一項休閒農業遊憩活動項目的推出，都經過詳細的市場調查、遊憩發展方向的分析及評估才推出，並持續檢討改進。持續了解消費者的需求以滿足消費者需要，並實施相應的行銷策略。

六、休閒農業研發管理

1.發展農業知識教育功能

　　農村漁牧產業、自然百態、各種生產過程、經營活動、產品利用加工，都能以遊客親身體驗利用方式來加以呈現，並將每一種農村漁牧產業資源當作一個主題、一個自然教室、一個鄉土文化的資源。而且農村漁牧產業更是一種衍生性的資源，可以創造導引野鳥群集於森林，也可以創造昆蟲百態之森林教室、園藝教室、畜牧教室、漁撈教室等，是以各種農村漁牧產業觀光遊憩均可達到寓教於樂之目的。

2.發展獨特地方風格與景致

　　一般休閒農業區均具有農村自然景致，有水果之鄉、有豐富的農業及人文資源。各休閒農業區均可就農業、自然和文化來創造其獨特風格與特色，並以其特色塑造成四季均令人激賞不已的視覺景致，亦可將四季不同的景觀資源、生活文化資源串連成季節性的觀光旅遊勝地。

3.規劃設計傳統民俗活動

　　配合四時節令及特殊節日之鄉土民俗、地方文藝表演活動之研究設計，使傳統文化的薪火相傳得以重現，讓遊客親自了解傳統文物的魅力，啟發想像空間，以增加多樣化的遊憩體驗。

七、休閒農業財務管理

1. 爭取外部公共資源之投入：休閒農業之經營管理需投入鉅額的資金於硬體與軟體建設，面對未來資金需求的增加，有必要爭取政府部門專案貸款協助。

2. 利用多角化經營增加營收：設施之投入應發揮其最大之效益，利用多樣化的經營以增加收入。

3. 尋找多元合作之投資開發：由休閒農業之土地所有權人尋求同業相關產業之業者，進行適當的「土地合作」、「資金合作」、「人力合作」、「技術合作」等不同的合作內容之聯合開發或合作投資型態，以確保多管道的資金來源，分散投資風險，增加休閒農業區開發的可行性。

4. 資金調度之技巧：靈活資金之應用，包括節稅、降低資金成本、避免過重的利息負擔、利潤的充分運用、確實掌握現金流通及周轉金、確實掌握償債能力、運轉資金管道的多元化、確定長期資金的來源等。

5. 建立成本控制系統：成本控制的方法很多，諸如各項成本之預算、記錄及審核辦法之訂定。會計制度之確立、營運報告之編列、部門間資金往來之報告、來往廠

商信用額度確立等。

6. 建立利潤評估系統：包括財務損益評估標準之訂定、資金周轉、運作之損益評估、避免因意外遭受損失之保險系統之建立等策略。

八、休閒農業安全管理

1. 遊客遊憩安全管理：包括農場設施定期維護，制定遊園安全守則、指標說明、危險警告標誌、設立緊急救護人員及擬定災變防範措施等，以確保遊客人身之安全。

2. 員工職場安全管理：包括員工任用標準的界定、員工定期之健康檢查及傷病紀錄的追蹤，各種安全講習與意外事故處理訓練，以及意外事故的預防與警戒的應變等，以有效保障遊客之安全。

3. 意外事故安全管理：包括防火系統的設置、維護及管理；遊客和員工撤離及疏散計畫之訂定；緊急運送系統的提供或山難、海難救助及意外事故發生後的賠償處理等。

4. 罪犯之防範管理：包括罪犯之界定方式及各種特殊情境下，各角色之識別系統，較常見的罪犯類型，如恐嚇、扒手及竊賊之防範、隔離、強制執行的處理模擬，以及面對受害者後續的處理方式等。

5. 財產保全系統管理：包括企業財產使用的保證或扣押品制度之建立、企業財產的遺失尋查程序及方法之訂定、員工期終繳回及清查制度之執行及賠償認定標準之界定等。

　　最後，休閒農業未來之發展策略，在不同之發展階段有其對應之策略，段兆麟觀察臺灣休閒臺灣休閒農業產業生命周期的特徵，認為目前已邁進發展期。根據此階段發展的特徵，並思維影響發展的因素，歸納未來臺灣休閒農業的發展策略有12項：特色化、體驗化、知識化、生態化、健康化、合法化、區域化，精緻化、效率化、渡假化、融合化、國際化等，這些觀點具有高度價值，可供休閒農場經營者規劃與營運之參採。

第四節　臺灣休閒農業發展趨勢

　　高度的國際化激起地方性落失的省思，更引發地方化與地方自主意識的抬頭，衝擊國家對總體經濟的調控和對地方經濟發展的介入。因此地方性的經濟、社會、環境、文化等的發展問題，勢必成為地方機關無法迴避的重要課題，因此「在地經營」與「區域整合」則成為產業發展的重要策略。

一、全球化與休閒農業的在地特質

　　休閒農業利用田園景觀、自然環境及環境資源，結合農村漁牧生產、農業經營活動、農漁村文化及農家生活，提供民眾休閒，增進民眾對農業及農村生活之體驗為目的之一種新興事業，展現結合生產、生活和生態為三生一體的「地方」農業產業的經營型態與特質。

二、數位資訊與產業結盟的影響

　　週休二日已成世界各國重要的勞工政策，加上運輸工具的發展和交通環境的改善，使得民眾進行休憩更盛行。數位化的資訊科技迅速發展，將大幅改變民眾的生活方式，並引發社會變遷趨勢。休閒數位媒體和觀光產業興起，消費文化和習慣也隨之改變，休閒事業大致涵蓋休閒產品、休閒設施與服務及相關產業，例如交通、通訊、娛樂、遊覽、餐飲、住宿及購物等消費活動，形成休閒經濟活動，促進服務業發展及繁榮地方經濟，並創造更多就業機會。所以數位時代和休閒社會來臨，建構數位生活環境，產業發展結合休閒經濟，將是重要課題。

三、探討農村經濟發展的新議題

　　臺灣傳統農業生產及農村生活發展面臨許多的困境與挑戰，在對策上需從經濟發展的生產面、環境保護與景觀維護的生活面，以及農業健全與居民健康的生命面加以重新思考。而其中最根本的乃在於理念的釐清。

四、處理農村與農業發展的課題

　　未來的農業發展是農村的生活面與文化面為基礎的軸向，不完全以物質生活為重點。主要課題如下：1.整體環境與資源過度開發與利用。2.汙染破壞生態，導致生活環境惡化，危及生存安全。3.過於密集與快速的使用農業資源，削弱農業再生能力。4.農業發展對農民生活主導力降低。5.農村文化喪失，傳統自律能力欠缺。

五、營造後資本主義時代的農村

　　在農村發展上，文化、生態及居民參與等環節脫落是重要的問題。因此，提倡感性的農村發展，深具永續農村發展的意涵，認為要從激發農村居民，內造發展意志，追求自由選擇，自我實現，建立真心關懷而負責任的人群關係，活絡鄉土文化，和諧自然環境，增進國民生命活力，以致祥和人性生活滿足。所以感性的永續農村發展是

立基在以人本主義為核心價值，是為後資本主義時代的農村社區總體營造。

六、考量在地居民社會的意識

農村社區發展在作法上應該強調整體規劃、鼓勵居民自動參與、單位溝通；在內容上，擺脫以往只重硬體設備，忽視軟體的經營。是以要注重文化層面及生態層面，整個的內涵更需以當地居民為前提，不能忽略當地居民的社會意識。

七、建構休閒農業成為農村社會新價值

高度都市化促使居民尋求廣大的開放空間來紓壓，而農村的自然生態、景觀資源及農業生產與農村生活等，可提供都市居民所需，並形塑成休閒農業的內涵，及建構農村社會的新價值。城鄉交流互動讓都市居民到農村與農家體驗、品賞農產品及欣賞農村田園，參與農村文化體驗活動，逐漸成為旅遊休憩的另一種選擇，顯現農業由初級產業發展成為休閒農業的價值。

八、臺灣發展休閒農業的反思與展望

傳統農業生產及作業受到發展休閒農業的影響，產生基本的變革，農民經營休閒農業過程除需保有原農業經營的技能之外，必須跨越生產層次進階到行銷及服務產業的專業領域，來面對更廣泛的消費需求，此對農民可謂極具挑戰的工作領域。農業在面對國際化衝擊下，亟應跳脫傳統的農業經營思維，重新探索農業永續的潛力與可能性。

關鍵詞彙

休閒農業（Leisure Agriculture）	全球化（Globalization）	永續發展（Sustainable Development）
居民參與（Participation）	在地化（Localization）	

自我評量題目

1. 提出你個人對臺灣休閒農業發展所面臨的問題與解決方法。
2. 說明休閒農業經營管理角色的改變。
3. 說明休閒農業經營管理觀念的改變。
4. 提出你個人對臺灣休閒農業未來發展趨勢之觀點。
5. 你認為臺灣休閒農業該如何永續經營。

第七章

民宿的緣起、定義、產業特性與發展

學習目標

1. 了解民宿的起源
2. 了解民宿的定義與內涵
3. 了解世界各主要國家民宿發展概況
4. 了解目前臺灣民宿的發展概況
5. 了解民宿的產業特性為何

摘　要

　　民宿的發展在先進國家已有相當悠久歷史，大多數集中於歐美等國，以及鄰近我國的日本，其民宿的發展都已有相當規模與歷史，而臺灣民宿的發展則是近30年的事，而後交通部於2001年12月12日正式頒布實施「民宿管理辦法」。以及各民宿業者也自治轉型，於2003年發起了「臺灣民宿協會」，此後各地民宿有如雨後春筍般出現，就交通部觀光局統計資料顯示，至2003年12月，合法民宿309家，至2018年7月，合法民宿已增加到8,193家，短短十幾年間，全臺民宿呈線性倍數成長，可見其成長速度之快。面對臺灣渡假旅遊市場逐漸步入區域間割喉競爭之際，各地民宿主人除應認真思考民宿經營之道外，仍須透過社區、產業組織、甚至配合地方節慶的發展，思考如何為當地民宿集客及創造吸引力，掌握民宿產業特性及發展，了解臺灣、大陸以及先進國家民宿的發展、鄉村民宿與社區發展的關係、以專研民宿的經營管理，全心全力提升民宿的競爭力。

　　近年來隨著我國國民所得的增加、以及週休二日的實施，國人休閒意識抬頭，民眾所能運用在休閒娛樂的時間與金錢不斷增加，連帶地，也使國人日益重視休閒生活品質。在這種新興休閒風潮帶動下，國內出現了為數不少頗具特色的本土化民宿，這些本土化民宿的興起，也出現了國內另一波不同的渡假旅遊市場。

第一節　民宿的緣起

　　民宿的發展在先進國家已有相當悠久歷史，而臺灣民宿的發展則是最近二十年的事，大概可追溯至1980年左右，隨著墾丁、阿里山、溪頭等早期開發的觀光風景遊樂區的興起，每逢連續假日或寒暑假，湧入大量遊客，當地旅館都客滿（因所提供的房間數不足），遊客們必須早在兩、三個月前就預訂房間，因此，造成這些熱門觀光景點的住宿床位是一位難求！當地居民為了解決遊客住宿問題，乃將家中多餘房間略加整修後提供給遊客住宿，從此刻開始，臺灣民宿雛形就此應運而生！

　　說起世界最早的民宿，可追溯到18世紀法國貴族式的農村休閒渡假，當時只有皇親貴族才有能力在風景名勝區，租下一棟美麗的別墅作為渡假聖地；後來由於社會結構與經濟的改變，觀光旅遊逐漸平民化，興起了綠色旅遊（Green Tour）的休閒風潮，一般民眾才開始走向田園鄉野、體驗農村休閒生活。因此歐美民宿最早產生是因為這些觀光旅遊地區的飯店與旅館所提供之住宿空間不足，為了讓遊客有地方居住，只好利用當地農舍出租房間供旅客住宿。

　　而國內，民宿的發展是從幾個吸引力較大的觀光勝地開始，如墾丁、阿里山、清境以及北部的九份等，而九份也在媒體的強勢傳播下，以體驗當地生活方式的觀光活動，造就當地「民宿」特出的文化；其發展的成因亦為觀光地區的旅館無法消化遊客量，使得附近的民宿逐漸風行；事實上，早期的簡易型民宿，僅提供最基本的住宿棲身之所，只有當觀光風景區的旅館客滿，才能分得一杯羹，吸引一部分遊客勉強住進鄰近的民宿，根本無法與一般觀光旅館競爭。

第二節　民宿的定義

　　民宿在臺灣算是個新興的熱門旅遊名詞，在國外雖無統一的名詞稱謂，卻普遍以「B&B」（取其提供旅客Bed與Breakfast之意）或「Home stay」、「Inn」（美國中、西部拓荒下的產物）存在各個地方，指提供給旅行者投宿之處，民宿通常位於豐富觀光資源的地區，一般而言，它與一般的旅館、渡假飯店最大的不同處是，除了提供基本的住宿之外，還給了投宿者感受到濃厚的人情味和家的溫馨感。

　　在臺灣，民宿定義有：臺灣省旅遊局（1994年）將民宿定義為一般個人住處，以「副業方式」所經營的住宿設施。性質與一般飯店、旅館不同，除了能與「遊客交流認識」外，更可享受經營者所提供之當地「鄉土味覺」及有如在「家」之感覺。是一種借住於一般民眾住宅的方式，而非專業化和商業化的旅館。交通部觀光局

（2001）制定的民宿管理辦法第三條，將民宿定義為「利用自用住宅空閒房間，結合當地人文、自然景觀、生態、環境資源及農林漁牧生產活動，以家庭副業方式經營，提供旅客鄉野生活之住宿處場所」；它可說是綜合國內外實務見解定義而成的住宿業態。

綜上所述，民宿的定義為：民宿係一般私人宅第，將其一部分起居室出租予旅遊者，提供住宿或及食宿之住宿設施。而民宿通常具有三種特質：1.與主人有某一程度上的交流。2.具有特殊的機會或優勢去認識當地環境或建物特質。3.特別的活動提供給遊客，給予遊客特殊體驗。

第三節　民宿的發展

針對民宿的發展，於世界各地，東西方皆有所不同，本文分別針對幾個從早期直至近代重要發展民宿，或民宿產業於當地蓬勃發展的國家，如歐美、紐澳、日本、中國大陸以及臺灣，相關探討如下：

一、歐美民宿的發展

歐美人士的渡假方式迥然不同於臺灣人走馬看花式的「觀光」，通常會針對自己假期的長短，提早規劃，也由於他們熱愛定點式的休閒生活方式，各式各樣的民宿應運而生，歐美民宿渡假的風氣起源甚早，發展至今，民宿經營型態，自然也呈現多元風貌。綜觀世界各國民宿的發展，以英國、奧地利、法國、瑞士、德國、義大利、西班牙、葡萄牙、芬蘭、挪威、瑞典、丹麥等歐洲國家最為普遍，連美國、加拿大、日本、紐西蘭、澳洲等先進國家亦十分發達。其中更以源起於英國的B&B、歐洲各國的「農莊民宿」（Accommodation in the Farm）、以及紐西蘭、澳洲的「農莊住宿」（Farm Stay）、鄰國日本的民宿（Minshuku）舉世聞名。

歐洲的民宿農莊主要分為兩種型態，一種是住宿在農家之中與農家成員共同生活，或是住在由農舍改建而成之房舍，此種民宿型態在中歐（歐陸）國家（Frater, 1983），例如英國、奧地利、德國、法國以及其他歐洲國家亦非常普遍，且最普遍的觀光農場住宿型態是僅提供遊客最簡單的B&B服務，以英國為例，這種僅提供B&B住宿服務的觀光農場即高達60%左右；另一種則是住在緊鄰農家的出租小平房，或是農場提供露營住宿，炊事自理，此種型態常見於北歐國家（Dernoi, 1983）。紐、澳的農場渡假主要亦可分為兩種型式：一種是住宿於農家，與農家成員共同生活；另一種則是自助式民宿，和農家分開居住，炊事自理。由於歐洲國家農莊民宿的房間大多利用農家空出來的房間或農舍稍加改建整理而開放經營，因此，大部分農場

能夠提供出來作為民宿的房間不多，一般而言，每一農場所能提供的住宿單位介於2至6間房間，約可提供4至15個床位；而在奧地利、德國、愛爾蘭與英國等國觀光農場之民宿床位，最常見的是每一農場提供6至8個床位；但各國政府為防止部分農場走上專業旅館化經營，亦訂定每一農場之民宿床位上限，例如法國民宿床位上限為5個床位，愛爾蘭為6個床位，奧地利為10個床位，德國為15個床位（Dernoi, 1983），農場提供之民宿床位若低於政府規定的上限，將享有免稅優惠，超高上限則比照旅館業相關法令管理與制約。

　　以下，茲以英國、法國、奧地利、義大利、美國、德國為例加以說明。

(一) 英國B&B

　　所謂B&B指的就是提供房間和供應早餐的英國式民宿。因此，英國的B&B，通常都是小規模的家庭經營，房間一般也只有兩、三間而已。有到過英國旅行的人都知道大都市物價非常高，飯店價格昂貴，而且經常客滿，可謂一床難求。而B&B的魅力就在於價錢實惠，還可以享受英國家庭式的款待。B&B和一般飯店、旅館最大的不同，在於B&B可以讓旅客享受家庭式的招待，感覺上像是投宿親朋好友家作客。B&B最吸引人之處，就是可以讓人輕鬆自在，盡情享受英國的家庭氣氛，也可以和來自世界各地的旅客，交換各種旅遊心得與訊息。當然，也可以坐在B&B暖爐旁，共飲英國紅茶，談天說地，或是互相招呼、共進早餐。不過，下榻B&B，也要注意為客之道，例如Check in通常是下午四點到六點，Check out則是上午十點到十一點左右，中午十一點到下午四點這段期間，通常是民宿主人的私人時間，即時您預定連住幾天，除非事先徵得主人同意，否則這段時間住宿旅客必須離開房間外出。基本上，雖然B&B只供應房間和早餐，若有需要，有些B&B也接受預約，提供晚餐。不過，B&B的早餐和晚餐，通常可能會和其他旅客同桌用餐，即使英語不是講得這麼溜，早餐見面時也不要忘了說聲：「Good Morning!」，飯後離席前說聲：「Excuse me!」這些都是最基本的禮節。

　　英國的B&B，主要是騰出自家多餘房間，提供旅客住宿的B&B，這種純粹提供B&B服務的民宿，在英國為數眾多。其中英國最受歡迎的AA（Automobile Association）出版的《The B&B Guide》「民宿導遊指南」，收錄3,000多家B&B，若欲盡情享受田園風情的B&B，不妨下榻聞名全世界的英國庭園B&B，建議兩本英國B&B指南，一為由英國BBGL（Bed & Breakfast Garden Lovers）「庭園愛好者B&B協會」所出版的《美麗庭園B&B指南》，BBGL是卡福夫人於1944年創立的，當時只有25家英國民宿參加聯盟，時至今日，已有103家民宿參加。另外，英國還有一本高級B&B旅遊指南，即《WOLSEY LODGES指南》，登記的都是擁有美麗庭園的B&B。最近臺北麥田出版社亦翻譯一本由日本人所著的英國庭園B&B旅遊指南，書

名為《英國庭園之旅》（土井優子，2001），精選了英國南部，距離倫敦近郊的鄉間地區，共計31家擁有美麗庭園的B&B，該書選擇了一些熱愛園藝的主人所經營的庭園民宿，投宿於此，可一整天欣賞英國細緻美麗、歎為觀止的庭園風景，亦可，再探訪鄰近的明園勝景，品味另一種不同的旅行方式。日本自由撰稿作家——土井優子，延續《英國庭園之旅》的報導風格，又將觸角延伸到英格蘭北部的湖區、北約克夏，以及臺灣人鮮少前往的蘇格蘭和威爾斯地區，又推出《英國庭園之旅2》（土井優子，2001）。英格蘭西北部，擁有500多座大小湖泊的坎布利亞（Cumbria）地區，一直是英國最富盛名的旅遊勝地。由於此一地區具有獨特的自然奇景，自19世紀以來，許多英國作家、詩人特別喜歡移居於此，因而不少知名的庭園B&B應運而生。蘇格蘭格子、威士忌、風笛、高爾夫……等，這些樹立英國印象風格的元素，事實上都源自於蘇格蘭。蘇格蘭南部有一片平坦的綠野丘陵，以及知名的愛丁堡、格拉斯歌等大城市，到處可見思古幽情的舊城古堡；蘇格蘭北部則有尼斯湖，可以體驗雄偉壯麗的大自然景觀。與英格蘭一帶安詳靜謐的田園景觀相比，蘇格蘭則是一片險峻奇峰與深奧峽谷交織而成的荒涼景象。在這種風土氣候孕育而出的庭園，反倒像一座色彩繽紛的世界，可以充分感受耐寒植物的生命力。威爾斯位於英國西部半島，至今仍保留原住民凱爾特人的傳統文化，此一地區也保留相當獨特的語言、食物、工藝品以及民俗風情，加上威爾斯人天性開朗坦率，樂與他人交流，走訪於此，彷彿來到英國境內的異地之旅。因此，在土井優子（2001）所著的《英國庭園之旅2》一書中，即深入介紹了30家頗富農莊或牧場特色的庭園民宿。

究竟是那一類型遊客常來會前往英國的B&B渡假呢？根據Frater（1983）研究指出：1.遊客族群以全家旅遊與夫妻居多；他們大都是來自於中上階層的上班族或是商業人士，年齡都在45歲以上。2.全家旅遊的遊客偏好自助式民宿型態，因為此種渡假方式費用較省，且B&B允許較具彈性的休閒活動。3.最普遍的渡假方式是短期渡假，亦即有60%的遊客是一次停留在B&B一週左右。4.遊客對於B&B的品牌忠誠度非常高，約有一半的遊客表示已經有過2至3次的類似渡假經驗。

（二）法國鄉間民宿

對一向崇尚自由的法國人來說，將自家住宅及莊園，毫無保留地提供給遠來的旅客落腳歇息，並且以接待「自家好友」的心情熱誠款待，是他們無上的光榮與樂趣。這種期待每一個過往旅客都能感受「如自家般的悠閒自在」的民宿，在充滿陽光與浪漫氣息的法國鄉間小鎮，到處可見。例如原本寧靜悠閒的普羅旺斯，長久以來，一直是歐美人士心目中的福地仙鄉，那兒盛產美酒美食，居民熱情樸實，生活舒緩愜意；近年來更因彼得・梅爾《山居歲月》（英文原著1989年出版；尹萍譯，1993）一書的問世，霎時間，普羅旺斯成為風靡全球的渡假勝地。蔚藍的陽光、清香撲鼻的薰衣

草園、葡萄美酒、歡愉的城鄉節慶，都是吸引旅客不遠千里而來的吸引力。然而，普羅旺斯最令人流連忘返的，絕不只是圖像上的視覺美感，而是在與當地人交流互動時所散發的閒適之美。這種深入居民生活的親切美感，才是民宿渡假最令人回味再三的、難以忘懷的生活體驗。

在法國，有一般的農場，提供都市遊客體驗牧場的遼闊風情；也有過氣的貴族，將龐大的莊園、城堡整修開放讓遊客享受精緻的王室生活，過過乾癮；也有民宿主人發揮自己的藝術天分及創作才華，打造一個建築風格、室內裝潢獨特的特色民宿；更有以本身精湛廚藝為號召，讓旅客既能品味當地美食，又能從中學習烹煮方法，寓學於樂，是一種更貼近當地生活的渡假方式。當然，更多的是主人以最平實純樸的自然風貌，提供一般家居生活，體驗最真實的法國生活型態。法國民宿型態十分多元，不管對外行銷名稱為何，自2000年以後，法國政府重新對民宿法加以修訂，限定民宿房間不得多於5間。超過者視為「旅館」，管理法則及稅法亦納入旅館法管理制約，但在2000年以前取得民宿執照者不在此限（廖惠萍，2003）。在法國，住宿以「天」計價者，通常稱為Chamber；若以「週」計價者，則通稱為Gite。一般來說，旅客若住得時間較久，還有議價空間，非常適合家庭或小團體安排定點旅遊。

法國民宿仍沿襲歐洲傳統，採B&B方式經營，早餐以歐式為主，菜色包括法國可頌及內脆外軟的長條法式麵包、手工果醬、新鮮牛奶、香醇巧克力、熱咖啡；若點選紅茶，多半會奉上不同種類的茶包，任君選擇沖泡。夏季時，民宿主人會將客人活動空間延伸到戶外，因此，經常可見他們在美麗庭院中享用早餐、在葡萄藤蔓下細品下午茶，充分地享受夏日陽光。至於晚餐，一般B&B較少提供，但民宿若有附設餐廳，或主人係以Auberge為號召者，住宿客人即可事先預約。例如普羅旺斯有一個小山村叫「蔚藍卡地耶」（La Cadiére D'Azur），一邊面向地中海，另一邊可俯瞰邦多勒（Bandol）的葡萄園。此地有一家附設餐廳的高級渡假民宿——貝哈田園旅館（Hostellerie Berard），民宿主人貝哈（René Berard）是一流的法國大廚師，專門教住宿旅客買菜做菜，向外傳播普羅旺斯的生活美學（李芸玫，2003）；事實上，貝哈主人所教的課程，其實就是如何做一名「普羅旺斯人」，也就是教您買菜、烹調。在五天四夜的研習課程中，第一天是歡迎晚宴；第二天，開始學習用普羅旺斯香料料理肉類；第三天，到港口買魚，中午吃馬賽魚湯，下午到邦多勒品酒，並學習如何吃什麼樣的菜，喝什麼樣的酒；第四天，學做普羅旺斯蔬菜湯和燜菜，下午則到橄欖園學做普羅旺斯橄欖醬泥；第五天，學做麵包和甜點。住宿旅客在學習中慢慢就能體會普羅旺斯的生活情趣，吹吹風，逛逛田園，細品慢酌，充分融入普羅旺斯式的悠閒生活步調，讓您在充滿普羅旺斯田園氣氛的環境中，體驗當地人的生活美學。

法國，對於東方人來說，或許不是一個陌生的國度，法國的流行時尚、田園風

景、藝術文明，再再都令人流連不已！然而，除了巴黎、里昂等大都市外，法國還有大片如詩如畫的田園鄉野，有著傳奇故事的古城煙雲，值得細細品味，有機會到法國一遊，千萬不要錯失鄉間民宿農莊！這些鄉間民宿，有些是擁有百年歷史的莊園，有些是舊修道院改建而成，有些則是有著輝煌過去的古城堡。住宿期間，自有一番古典情懷。例如在一本由日本吉村葉子原著的《法國田舍之旅》一書中，收錄80多家鄉間民宿，在這些民宿當中，有不少是從父母那一代就開始經營，若認真追溯起源，不但有從1663年就開始發跡的望族，也有主人本身已是第五代傳人。有些民宿主人安於現狀，沉穩的勤奮工作；也有主人企圖心旺盛，大肆擴張經營版圖，擁有多家旅館。當然，少數主人還是第一代，身邊充滿了傳奇動人的故事，例如有對夫婦原本只是來此渡假，後來卻被當地風土人情吸引而買下一間鄉間民宿，終於夢想成真！事實上，雖然法國擁有各式各樣的民宿，但這些鄉間民宿農莊，幾乎都是家族型態的經營方式，每一位民宿主人都對民宿全心全力投入，而且每一位都是親切而勤奮的工作者，對他們而言，就算工作再忙，個人時間減少，只要能得到遠方來客的歡愉笑容便是最高的收穫，他們在人與人相逢相聚之間發現了生活喜悅，找到了美滿人生！

(三)奧地利農莊民宿

奧地利（Austria）可以說是全球所有國家中，農莊民宿是發展密度最高的一個國家。根據奧地利農業普查（1970）資料顯示，當時全奧地利362,000個農場中有26,300個農場附設B&B民宿，估計約可提供114,000個客房、230,000張床，換言之，在奧地利的農莊民宿的擺設仍以一房兩床居多。在當時，奧地利全國總計有70,700家B&B，其中30%是農莊民宿型態。如此可見奧地利農莊民宿受歡迎的程度。1980年的調查資料顯示（Dernoi, 1983），全國約有2.9%的家庭附設B&B民宿，但卻有高達9.8%的農家附設B&B民宿，換言之，約十分之一的農家附設B&B。特別是位於奧地利境內的阿爾卑斯山脈一帶，農家附設B&B的比例更高，例如音樂家莫札特的故鄉薩爾斯堡（Salzburg）有20%的農家附設B&B，Tyrol高達28%、Vorarlberg也有15%。對於這些副業經營B&B的奧地利農家而言，全年住宿率約25%，約可增加4%的農家收入，占了將近25%的非農家所得，可謂不無小補。

前往奧地利「農莊民宿」渡假的遊客之中，有76%是外國觀光客，這其中有90%是來自鄰近的德國觀光客（Frater, 1983）。國內遊客之中有三分之二是銀髮族遊客，經常是長時間休閒渡假，亦即一次停留在農莊民宿皆超過四週以上。最普遍的渡假方式是中短期渡假，亦即有90%遊客至少一次停留在農莊民宿三週以上。遊客對於農莊民宿的品牌忠誠度更高，有四分之三的遊客表示曾在農莊民宿渡假，且百分之百的遊客表示願意再前往農莊民宿渡假，而有85%的遊客對於此種渡假方式表示滿意（Frater, 1983）。

㈣義大利農莊民宿

　　羅馬、威尼斯、翡冷翠、米蘭、拿波里、西西里島等都是國人耳熟能詳地名。到義大利旅遊，除了一遊這些知名景點外，住在農莊民宿（agriturismo），細細品味義大利鄉間生活是最迷人的另類旅遊方式，農莊民宿（agriturismo）這個名詞指的是郊區提供住宿的農莊、農場（podere）、或農家（casa colonica）所附設的B&B，甚至大多數的葡萄酒莊或葡萄農場（azienda agricola）亦附設民宿。其中以橫跨佛羅倫斯省和西恩納省之間的奇安蒂地區，多山的路尼佳納和佳芳涅納也有不少的農家提供B&B住宿。

　　在義大利，經營農莊民宿，必須符合兩個基本要件，首先，農業收入為整體收入的50%至60%之間。第二，提供住宿的設施必須是利用農舍改建。換句話說，新蓋的房子是不合民宿要件的。本來義大利政府1960年訂定這項民宿法規時，用意是為了幫助經濟情況長期低迷不振的農家。結果這種收費便宜、又能享受義大利田園生活方式的「農莊民宿」，吸引了許多德國和英國遊客前來，成為代表義大利的經典旅遊方式，目前義大利全國的農莊民宿超過7,000家，單是托斯卡尼一帶就有300多家（邱景一，2002），像托斯卡尼的酒莊大多附設B&B，造訪酒莊時，農莊民宿增加了遊客旅遊的另類選擇，一邊品嚐葡萄美酒，同時盡情享受托斯卡尼自然美景與田園風光，這種旅遊方式有越來越受到歡迎的趨勢。

　　義大利的鄉間民宿除了農莊民宿外，還有利用古老的貴族宅第或城堡改建的民宿，例如莊園（tenuta）、皇室莊院（villa padronale）等亦附設民宿，有些民宿則提供餐飲、狩獵等別具特色的服務。旅遊旺季期間，最好事先預約，正式住宿通常以一星期為單位接受預約，當然，有些地方還可以接受住宿一晚的旅客。在臺北麥田出版的《托斯卡尼酒莊風情》一書即收錄佛羅倫斯、西恩納、阿列佐、葛羅賽特、比薩等地80餘家的農莊民宿或酒莊民宿。有關義大利農莊民宿的最佳指南是《Vacanza e Natura, La Guida a Terranostra》，此本農莊民宿指南收錄的範圍涵蓋整個義大利，且每一年都會修訂一次。同時，大部分地方旅客服務中心有提供當地農莊民宿的名單，自助旅行的遊客亦可透過當地旅客服務中心代訂，不過，建議還是先做好準備，詢問農莊民宿的地點方位、房間數、屋齡、民宿氣氛等細節。

㈤美國的B&B

　　承續英國移民傳統，全美各地到處可看見B&B蹤跡，本文僅以聞名中外的Amish Country B&B和位於美東麻州的樸利茅斯小鎮的B&B為例說明。

1. Amish Country的B&B

　　位於美國北印度安那州，靠近Middlebury的Patch Quilt Country Inn，乃一家僅提供B&B的民宿（Morrison, 1996）。它主要的廣告口號是「讓我們回歸隨興舒適」，

對外則以「來此處享受鄉村生活所帶來的單純喜悅」作為行銷訴求。1980年代初期，Patch Quilt民宿開始提供「探訪Amish之旅」套裝活動，這是讓遊客們搭乘迷你巴士、歷時四小時的旅遊行程，包括參觀風景名勝、拜訪幾家Amish的住家與手工藝商店，直接觀察Amish手工藝品的製作過程與Amish人的生活方式。一般常來Patch Quilt民宿的遊客，主要有兩種類型，即年紀較大且以退休的銀髮族、以及利用週末「逃避塵囂」的年輕夫妻。大部分的客人都擁有較高的社會經濟地位，且有相當高的比例是透過口碑傳播而來此一遊的。

2.樸利茅斯小鎮的B&B

樸利茅斯位於美東的麻州南部，素來有「美國發祥地」之稱，乃為三百年前，有一批逃避宗教迫害的英國清教徒，乘船渡過大西洋，1620年12月20日抵達樸利茅斯；誰也沒有想到，這批人卻奠基了當今世界的第一強權。樸利茅斯移民村是一座誕生於1947年的野外博物館，是當年入住樸利茅斯情形的翻版，以傳達清教徒移民至此後的生活和文化為目的，解說人員身穿1620年代的衣服，說著當時的語言，並以當時歷史為背景，自己耕田、自行飼養家畜、煮菜等，所有人物裝扮以及生活模式悉考據當年一一忠實呈現。樸利茅斯一帶盛產蔓越莓，近年引進臺灣的蔓越莓果汁，其原料蔓越莓，正是麻州的特產，收穫量占全美的50%，當年清教徒學習印地安人如何使用蔓越莓，如今蔓越莓已成為家喻戶曉的東西，不論做成果汁、果醬、糕餅、調味醬料或火雞大餐的填料，均大受歡迎。

來到樸利茅斯這個小鎮，住飯店不如住在B&B來得有趣，尤其當所選擇的民宿是別具特色時，更能豐富旅程。

㈥德國的B&B

德國農業旅遊具有維持願景、以農為服務之主體及資源活化等主要意涵。故將德國之渡假農場視為民宿。而德國民宿起源於高官借用農家房舍避暑，1950年代農村人口外流，勞動力不足，農宅空屋甚多，因而用於提供觀光客住宿，增加收入。期間經過1970年代，歐洲共同體（EC）統合，並實施共同農業政策，及1990年歐盟（EU）形成，導致農業生產過剩明顯化，加速促使採取活化手段，做為改善結構問題之首要。德國民宿之形成與發展背景主要基於1960年～1970年間，開始提供「在農場渡假」的服務，以因應農家所得的低落與農民尋求不同的所得來源。且民眾對於休閒遊憩之偏好趨勢推動了渡假農場之需求，以及經濟不景氣，一般民眾對廉價的農場渡假方式頗為歡迎。

此期間，B&B式的農家民宿，附設廚房、廁所、浴室之鄉村旅舍，近年來品質提升，增加民宿吸引力，倍受歡迎。

德國渡假農場是由農民與旅遊業者自己發展出來的農業觀光事業。而且，在德國

渡假農場中，農家利用剩餘的房間整理得潔淨衛生作為民宿提供遊客住宿。有些農場也供應食物滿足遊客需求，同時也在農場展售生鮮農產品。因此，德國渡假農場（民宿）係自發性發展（self-developed）而成，其促成力量來自農民與社會大眾。此外，德國渡假農場（民宿）大部分係提供家庭遊憩渡假，享受綠色與清靜環境及健康食物為主要目的。

德國民宿以Bayern州為中心，約有2萬戶農家民宿，且大半為酪農農家。休假客多來自企業界，停留期間多為一週，農村住宿型休假在1995年成長率超過10%。並且以「到農村、農家渡個充實的長假」為主題，農家民宿運動設施及農家餐廳等設施齊全。在德國亦制訂齊備的自然保護基本法規：自然及景觀農保護法及農地法，以維護農村景觀。對營農條件不利地區之農業經營者，採取直接所得補償政策（Decoupling）之基本促成制度。其民宿基本上以自然餐飲、酒、文化之親善接觸為主，包含了許多體驗節目，為營造地方一體感，民宿開辦成為主要魅力所在，並須力求以聯網化（Network）來提供多樣化的農村休假體驗。

二、紐澳民宿的發展

紐西蘭、澳洲是世界聞名的畜牧王國，牛、羊加起來的數字比人還多，為了讓旅客體驗牧場文化，發展出獨特的牧場住宿、舉世聞名的「農場住宿」（Farm Stay），房客絕對有機會跟牛羊近距離接觸、打招呼，而且餐桌上的牛奶、羊奶保證新鮮。茲分別詳加介紹如下。

㈠農場附設的B&B

眾所皆知紐西蘭的牛羊口比人口還多，全國總人口約有380萬人，但卻擁有7,000萬頭的綿羊、3,000萬頭的牛。紐西蘭因盛產奇異果（Kiwi Fruit），當地居民熱情風趣，幽默地自我戲稱為「奇異民族」。紐西蘭觀光旅遊業非常發達，觀光旅遊業收入已成為紐西蘭主要的外匯收入。紐西蘭有各種不同特色的大小牧場，許多大型牧場都開放住宿，這些牧場大都是專業級觀光牧場，擁有大規模房舍，並安排各種導覽活動；但是一般家庭式牧場因為子女長大之後獨立在外居住，牧場主人利用空出來房間、多餘房間或倉庫稍加整理而開放經營兼營B&B，設備沒有觀光旅館的豪華，但價格便宜許多，夫妻倆一邊經營牧場一邊兼營副業，讓外國遊客有機會親身體驗真正的紐西蘭牧場生活。上述兩種牧場各有千秋，觀光牧場會安排牧場參觀活動，該看的、該玩的、該抱的、該吃的一項不缺，房間也具有旅館專業住宿水準；家庭牧場屬於Farm Stay，比較類似Home Stay，跟牧場主人住在一起，晚餐吃的是女主人親自下廚料理的，有主人家的生活型態與用心，大家同桌吃飯，感覺像是來紐西蘭牧場作客。

根據1988年估計，紐西蘭有附設B&B的農場超過1,000家，約占全國農場總數的3%，當時紐西蘭的B&B已享有國際知名度，遊客主要以國外觀光客及自助旅行者居多（Pearce, 1990），以遊客國籍分析，美國人最多約占40%，其次是日本人超過20%，澳洲遊客則約占20%左右，其他則是來自北歐與亞洲的遊客。當然「民宿型」的渡假農莊並非紐西蘭獨有，這種民宿發展型態在鄰國澳洲，甚至英國、奧地利、德國、法國以及其他歐洲國家均非常普遍（Frater, 1982）。

（二）渡假莊園

除上述這種傳統的農場住宿外，二十年前紐西蘭觀光局即開始大力推動頂級莊園（Lodge）渡假行程。「Lodge」係沿襲自英國的打獵傳統，屬於大英國協一員的紐西蘭，南島、北島擁有有多家莊園，「Lodge」一詞原是指歐陸地區專供出外打獵或釣魚人士住宿過夜的休憩小木屋，原本就含有「住宿」之意。過去，「Lodge」原本只是提供垂釣與狩獵的活動據點，之後才漸漸演變成為今日所見的莊園。有些人不禁會質疑：「『Lodge』只是部分愛好垂釣與狩獵人士的聚會場所，為什麼至今會演變成為紐西蘭渡假莊園的象徵？」在此必須特別強調，釣魚與狩獵兩種休閒活動過去曾經都是英國王室貴族的主要娛樂活動，即使在中國清朝皇親貴族亦復如此。因此，目前在紐西蘭境內到處可見莊園（Lodge）的招牌，在紐西蘭一談到「Lodge」就意謂一種風格講究、別樹一幟的頂級民宿，多位於林間湖邊，座擁大自然美景。

紐西蘭的「Lodge」大多是私人將自家住宅的一部分開放成民宿，由主人親自接待，有的時候甚至兼任廚師，親自款待訪客，一般的「Lodge」客房不過10幾間，最多20間左右（類似臺灣高級獨棟的別墅型渡假民宿），但它卻遍布紐西蘭全國各地。「Lodge」之所以會成為今日紐西蘭頂級渡假場所的代名詞，其價值並不是因為建築物的外觀或房地產價值，而是它本身所包含的內在意涵，大多數莊園主人之所有願意將家中多餘的房間提供給旅客住宿，對他們而言，「Lodge」並非只是出租房間的商業行為，而是以一家之主的身分，與訪客分享主人心愛的家園，讓來客充分感受賓至如歸，才是他們的初衷與原意。為了讓訪客有家的感覺，莊園主人會把訪客當作「自家客人」看待，和他們同桌共同用餐甚至對待初次來訪的訪客，會事先詢問訪客的飲食偏好，介紹訪客彼此認識、和訪客談天說地話家常，甚至陪伴訪客出外釣魚作樂、打球、踏青。就此而言，莊園主人絕不等同於「旅館服務生」，而是負責接待賓客、盡地主之誼的主人。在紐西蘭，大部分的莊園主人都屬於上流社會階層，他們的一舉一動仍流露出英國王室上流社會的社交禮儀與待客之道，這一點很值得莊園旅客細細品味！

（三）澳洲民宿

澳洲亦是以畜牧業與自然景觀聞名於世的觀光大國。澳洲的觀光旅遊業收入亦占

國民生產毛額的6%（1986年～1987年資料），且亦呈現逐年遞增現象。澳洲的綿羊頭數是人口數的10倍，馬也是該國牧場的主角。

澳洲農莊民宿的發展主要是以畜牧業為骨幹的觀光牧場（Farm Tourism）所附設的民宿。因為這些觀光農場均以農場特色及牲畜飼養過程作為主題訴求重點，呈現給遊客的是鮮明的農場生產、生活與生態以及牧場風光；同時，也由於澳洲的農業觀光組織非常健全，緊密地與觀光旅遊業結合，亦間接促成觀光牧場結合B&B知性之旅的蓬勃發展（湯建廣，1989）。遊客至觀光牧場參觀渡假，可住在養牛或養羊農家兼營的民宿並親身體驗牧場生活，尤其與牧場主人聊天、享受其親切的待客風格和友誼，最能體驗牧場生活的點點滴滴。農莊住宿主要可分為兩種型式：一種是當晚住宿於農莊，與農莊家庭成員共同生活，此即我們所謂的「民宿」；另一種則是和農家分開居住，炊事自理。

在澳洲，B&B等於是借宿家庭熱情歡迎的同義字。住宿在B&B家庭裡，讓您體驗真正的澳洲生活。在澳洲，您可以在各個地方找到各式各樣的B&B，有歷史悠久的古蹟建築、傳統民舍、市中心宅邸以及最受歡迎的農莊民宿。承續英國民宿的遺風，從繁忙的大城市、小鎮，到慵懶的鄉村村落，澳洲各地都有B&B，且許多觀光農莊都附設農莊民宿，例如天堂鄉農莊（Paradise Country Farm），是臺灣旅遊團比較熟悉的一家農莊民宿（廖惠萍，2003），距離黃金海岸車程不過15分鐘，是距離澳洲首府——布里斯本最近的一家觀光農莊，來到天堂鄉農莊，遊客可以近距離觸摸綿羊、餵食袋鼠、親手擠牛奶、抱抱可愛的無尾熊，還可以觀賞輕鬆有趣的剪綿羊毛秀或是親身目睹農莊英挺的牛仔表演回力鏢、馬鞭特技，以及牧羊犬追趕羊群、圈羊的精彩表演。遊客除了可以短暫的在此進行半日遊行程，也可以定點享受一趟農莊B&B之旅，這種農莊渡假方式，是最適合全家親子同遊，共享澳洲特殊的農莊體驗與牧場風情。

三、日本民宿的發展

鄰國日本的民宿係源起於前一世紀60年代，當時由於經濟高度成長，東京、大阪等都市及工商業吸引大量農村青壯人口，使得農村人口外流嚴重，並快速產生高齡化現象。日本民宿的發展首先是從滑雪場附近農家開始，主要服務項目是提供遠道而來的遊客能夠體會傳統的住宿方式，並提供鄉土且較便宜的料理。在這種狀況之下，農村高齡者即肩負家庭經濟重任，他們一方面從事農業生產，另一方面則兼以傳統方式經營農村民俗文化事業，而間接地保存了農村的環境、景觀、產業和文化的風貌和特色，這種結合自然景觀與農村文化的農村旅遊方式，逐漸蔚為風氣，成為都市人休

閒渡假的另類選擇。為了便利前來農村旅遊的都市居民住宿需求，擁有房子的農家將多出的空餘房間提供出租給都市旅客住宿，這種住宿方式有別於一般的觀光飯店。這種早期民宿發展形式在1990年代以前非常盛行，不過，爾後隨著日本國民所得的提高以及歐風民宿的流行，傳統民宿已逐漸式微。

根據林秋雄（2001）指出，2000年時日本共有5,054家民宿，可以提供46,497個房間，同時接待192,557人。每一家民宿平均9.2個房間，可接待38人，但全年平均住宿率僅12.4%，平均每一家民宿一年接待1,729人次，顯然民宿床位使用率偏低。其次，1999年日本全國總住宿次數為34,500萬人次，其中農家民宿住宿次數為873人次，約占全國總住宿次數2.5%。根據本書第六章的資料顯示，2004年臺灣有1,458家民宿，提供14,466個，每一家民宿平均9.9個房間，就每一家民宿平均房間數而言，日本與臺灣的情況是相當的，不過，日本民宿平均住宿率僅12.4%，這種民宿床位使用率偏低的現象，值得目前民宿仍如火如荼在蔓延燃燒的臺灣警惕！

日本的民宿依據建築形式大概可區分為和式民宿（Minshuku）與歐風民宿（pension）兩種。

(一)和式民宿（Minshuku）

簡單地說，和式民宿就是日式家庭旅館，大都是一般家庭將多出來、沒有使用的房間加以整理、裝潢後提供給遊客做為短期住宿之用，因此住宿費均比旅館便宜。住在民宿裡不但能親身體驗日本人的生活型態，藉由和民宿家人的交談亦可進一步了解日本文化特色。大多數日本傳統民宿的室內裝潢都是日本和式房間，房間內鋪著榻榻米、牆上掛著字畫、壁龕上擺設陶瓷器皿、裝飾品以及保險櫃，一張矮桌、幾張坐墊，有的民宿甚至設有景觀陽臺。目前除了位於都市街巷中的日式民宿外，大多數民宿設有「食事處」，亦即住宿客人用餐的地方，提供早、晚餐服務讓遊客親自品嚐日式家常菜，不過記得訂房時要事先預約。標準的日本料理有炸天婦羅、壽司、火鍋、串燒，早餐則是一些醬菜、稀飯、紫菜類的食物。

住在和式民宿可以近距離體驗日本道地的住宿文化，了解農耕生產、體驗農村生活。住宿在和式建築物內，榻榻米疊成住宿空間，深受許多都市居民喜愛。日本政府對民宿的管制規範相當嚴格，除要遵行當地的旅館業法中有關衛生、安全、消防、稅捐相關法令外，民宿的名稱標示要清楚，英文名務必要讓外國人看得懂，客房和客房要有隔間，每一間客房要附鎖，空調設備、衛浴設備、冷熱水供應一應俱全。由於民宿有提供餐飲服務的關係，民宿主人必須具備廚師證照。

日本和式民宿提供的餐宿，有別於一般歐美國家流行的B&B，為了符合日本人的民情文化，日式民宿大都提供所謂的「一泊二食」，指「一夜住宿」加上「晚餐和隔天早餐」，但其餐宿費用亦可分開計價，且標示清楚。一般而言，和式民宿訂價介

於4,000至10,000日幣,許多民宿的早晚餐深具特色,遠近馳名,一些引以為傲的招牌菜、私房菜、佳餚,在一般餐館是吃不到的,特別是日本是一個海島國家,緯度又鄰近北極,許多地方民宿向來以海鮮料理聞名。

(二)歐風民宿(pension)

日本民宿除了Minshuku這類和式民宿外,還有一種名為Pension的歐式民宿。Pension其實是法語,原意是「提供膳宿的公寓」,由於源自於歐洲,對日本人而言是一種展現歐式風格的民宿,故將其翻譯為「歐風民宿」(Western-style Minshuku)亦十分貼切原意。這類民宿的建築風格與和式民宿完全不同,房間的室內裝潢相當歐式風格,比較趨向目前一般頂級飯店的內部裝潢與西式床舖。這種住宿方式除提供基本的B&B、收費合理外,善於模仿且創意十足的日本人,更融入東方文化加以發陽光大,冠上日本特有的「一泊二食」的方式加以包裝。不同於傳統日式民宿,Pension提供的晚餐多以正統法式料理或日本傳統懷石料理為主。目前這樣深具歐風特色的定點渡假方式有如野火一般迅速在日本渡假旅遊市場蔓延開來,已成為許多年輕族群的另類住宿選擇。Pension的價格也因季節、地域不同而異,每晚的價格大約在日幣6,000至12,000元之間。

Pension之所以在日本風行,對經濟日益不景氣、且每下愈況的日本,讓許多厭倦朝九晚五的上班年輕人或亟欲擺脫龐大職場壓力的中年人提供一種新興創業與轉業的良機。對於身處日益繁重壓力的現代人而言,提供擁有自己的一間小木屋,打造一個個性化、精緻化的渡假農莊,提早實現返璞歸真、回歸田園的夢想。目前日本的Pension大致集中在北海道與東京近郊的信州,初步估計Pension間數已超過3,000家。

北海道純樸未經開發的自然景觀,近十年來,已躍升為日本最具人氣的觀光渡假勝地,不但吸引大量的觀光客前往渡假旅遊,同樣地也吸引許多才華洋溢的藝文創作者前往開設個人風格強烈的Pension。在這種流行風潮影響之下,一棟棟歐式風格濃烈的獨棟別墅農莊有如雨後春筍般的出現,再加上羅曼蒂克、溫馨色系的室內陳設,充分展現民宿主人的個人興趣與藝術愛好。許多民宿主人多才多藝及創意豐富的居家擺設,常令住宿旅客看得目不轉睛、讚嘆不已!

四、大陸農家樂的發展

隨著中國大陸旅遊產業的蓬勃發展,近年來「農家樂」項目的推動蔚為風氣,雖未使用「民宿」一詞,倒是「農家樂」一詞已具備民宿的雛形。

農家樂旅遊率先在四川成都、雲南昆明等地打響知名度後,全中國颳起「農家樂」鄉村旅遊之民俗渡假風。1998年,大陸國家旅遊局推出「華夏城鄉遊」,提出

「吃農家飯、住農家院、做農家活、看農家景、享農家樂」的口號，大力推動以農家樂核心的觀光農業與鄉村旅遊項目，根據郭盛暉、張力仁（2000）指出，1996年～1997年間，整個中國大陸從南到北，有關鄉村旅遊的各類項目投資金額即超過人民幣30億元，2004年「五一」黃金週中，大陸旅遊圍繞「百姓生活遊」主題，在全國各地開展了內容豐富、形式多樣，貼近普通百姓生活的活動吸引了客源，滿足了遊客的旅遊消費需求。

對於許多久居城市的大陸居民而言，他們與農村具有濃密的親緣、血緣關係，過去60年代被迫上山下鄉、幹部下放的歷史宿命，內心深處尋根的潛意識驅使城市居民每逢週末假日便往鄉村出遊，因此，當「當一天農民、插隊落戶、擁抱綠野」（孫利秋、徐頌軍，2004）的廣告訴求一推出即產生了強烈的迴響。因此，近十年來中國大陸旅遊業「回歸自然」的概念盛行，廣大遊客對於田園農家、鄉村民俗的方式非常熱絡，致使這種田園渡假式的農家樂旅遊產品成為一股新興旅遊形式，在大陸各地造成流行、蔚為風潮。農家樂最早在四川成都盛行，爾後逐漸在雲南昆明、湖南益陽、安徽黃山、北京密雲縣（遙橋民俗村）、昌平區（長陵鄉碓臼峪、南口鎮虎峪、流村鎮狼兒峪和菩薩鹿、興壽鎮湖門等民俗渡假村）、延慶縣（井庄鎮碓臼石村、舊縣鎮盆窯村、古城村、千家店鎮辛柵子村、下灣村、康庄鎮小豐營村、劉浩營村、張山營鎮下營村、西大庄科村、蘇庄村、大庄科鄉漢家川村、八達嶺鎮里泡村、東溝村、永寧鎮上磨村、珍珠泉鄉珍珠泉村、香營鄉山底下村、四海鎮天門關村、延慶鎮小河屯村、三里河村、大榆樹鎮下辛庄村、劉斌堡鄉小觀頭村、沈家營鎮北樑村）等民俗村興起，在這些民俗村旅遊，除可享農家樂外還可以有機會品嚐山野菜、燒烤、垂釣、民俗娛樂活動、親手採摘新鮮水果，一趟返璞歸真的全新體驗已成為大陸各地城市人休閒旅遊的另類選擇。

大陸的農家樂一般接待農戶稱之為民俗旅遊戶，主要是利用農村特色、地域文化、風俗習慣、民俗活動或民族特色的村莊、或農場開設農家旅社，稱之為「農家樂」，集合整個村落而成為頗具特色的民俗村（民宿村），以體驗民俗、民情為主的農家樂旅遊，強調遊客可以「尋田園趣、品鄉鄉情」，充分體驗農村濃郁的風情民俗，「吃農家飯，住農家院，幹農家活，享農家樂」一已成為「農家樂」的經營宗旨。提供農家樂旅遊的民俗村是以鄉村空間環境和農業資源為素材，以三農「農村、農民、農業」獨特的生產形態、民俗風情、生活形式、鄉村風光、農民居所與農村產業文化為賣點，利用城鄉差異來規劃設計與組合這種新興旅遊產品，可說集觀光、遊覽、娛樂和休閒為一體，具備鄉土性、知識性、娛樂性、參與性、高效益等特點。中國廣大的三農在加入WTO以後，如同臺灣亦復如此，農業面臨產業結構轉型、農村逐漸城市化、許多農民亦身處轉業的挑戰，在這種內憂外患環境，少部分位處熱門旅

遊景點附近農村聚落亦開始嘗試轉型經營農家樂，經過近幾年的開發營運，農家樂已取得良好的經濟效益和社會效益。農家樂已成為目前大陸農民脫貧致富的重要途徑之一。而遊客若至農家樂體驗住宿，一般所支付的費用項目包括一宿（床）約10至20元、晚餐每人20元、早餐每人10元，總計每一人約需支付50塊人民幣，折合臺幣200元，對廣大的大陸人民而言，算是經濟實惠。對民俗旅遊戶而言，更是一筆可觀的財富，因此，目前直接或間接參與農家樂的農民已經開始走上富裕之路。同時，農家樂旅遊在週末假日、特別是「黃金週」期間，在抒解遊客人潮、減輕熱門景點的人潮壓力和提高遊客容許量方面，發揮人潮抒解的功能，有效提升遊客服務品質與接待遊客能力。以農家樂為核心的鄉村旅遊項目，目前深受大陸各省市旅遊局的重視與積極推動，根據國家旅遊局最新統計顯示，全中國的農家樂家數已超過200萬家，仍呈現一片欣欣向榮熱絡景象。

中國幾千年來，以農立國，型塑了農村人口遠高於城鎮人口的格局。2000年底，中國大陸有12.66億人口，其中城鎮人口為4.58億人（36.22%），農村人口為8.07億人（63.78%）。根據天下雜誌（447期，2010年5月19日至6月1日）報導，中國大陸2009年的人口數為13.40億人，若以城鎮和農村人口比為47：53計算，則城鎮人口約6.3億人，農村人口約7.1億人。2010年時，中國大陸的國內旅遊人次達21億人次，城鎮人口每人每年平均出遊1.9次計算，旅遊人次約11.98億人次，農村人口每人每年平均出遊1.4次計算，旅遊人次約9.94億人次。2015年時，中國大陸總人口 13.74 億人，城鎮和農村人口比為56：44計算，城鎮常住人口 7.69 億人，農村常住人口 6.05億人；2015年時，中國大陸的國內旅遊人次突破40億人次，2017年，國內旅遊人次已達到48億人次，估計到了2020年，國內旅遊人次將突破60億人次，中國的經濟起飛，讓全國居民證個富了起來，有錢有閒，造就了全世界最大的國內旅遊市場。

中國大陸的鄉村旅遊興起於1990年代初期，歷經近三十年的推動與發展，以2000年資料估計，當時12.66億人口中約4.58億人口為城鎮人口，若這些人每年至少國內旅遊一次，其中一半至鄉村旅遊，故當時全中國鄉村旅遊人次就超過2億人次；2015年，中國大陸總人口 13.74 億人，城鎮人口達7.69 億人，這些人估計每年會到鄉村旅遊達三次以上，鄉村旅遊人次就超過23億人次以上。若再盱衡目前大陸的經濟快速發展、人均所得的提升與旅遊業熱絡景象，全中國鄉村旅遊的人次勢將不斷持續倍增，可見這種以「農家樂」為主軸的鄉村旅遊發展前景將更為可觀！

五、臺灣民宿的發展

臺灣早期民宿的發展，也就是在「民宿管理辦法」未通過之前，「民宿」給國

人的印象是低價、低品質，正反評價皆有。即使民國85年以後，有雲山水、庄腳所在、玉蟾園、阿嬤ㄟㄅㄨㄚ、逢春園等新興民宿的陸續出現，不過在無「法」可以申請取得營業許可之下，這些民宿先驅面對法令對民宿的種種約束仍毫不氣餒，除要求大家做好民宿品質，相信就會獲得民眾的支持，那個時候的民宿可以說是國民旅遊市場的模糊地帶。同時，雲山水民宿主人吳乾正結合將近40位民宿先驅同好，組成「臺灣鄉村民宿聯誼會」，除例行相互觀摩聯誼之外，也積極推動臺灣民宿發展、提升民宿服務品質，以及進一步催促後來「民宿管理辦法」的誕生。

　　民宿管理辦法正式通過之後，以人情味吸引人的渡假民宿，儼然已成為觀光旅遊界的凸起異軍，民宿像潮水一般在各個風景區迅速蔓開，始於墾丁，長於宜蘭，卻在清境茁壯，並且形成一股圓夢創業風潮。民宿的特色固然是由在地人經營，地方人情味濃可以深度旅遊鄉間，更難得的是國內民宿的後起之秀，卻是開始強調民宿的建築特色，融入當地自然人文景觀，與臺灣傳統農村的農舍迥然不同，置身清境，彷彿到訪歐洲德國、奧地利、瑞士的感覺，充分感受濃郁歐風的視覺享受。

　　自2001年12月交通部公布實施《民宿管理辦法》後，全臺民宿如雨後春筍般開放營業，近十年來，臺灣民宿發展呈現兩大發展趨勢（表7-1）：

表7-1　《民宿管理辦法》實施後民宿登記狀況

年別	合法民宿		未合法民宿		小計	
	家數	房間數	家數	房間數	家數	房間數
2002.12*	40	162	-	-	40	162
2003.12	309	1,342	208	-	517	
2005.12	1,194	4,830	153	817	1,347	5,647
2007.12	2,301	9,192	499	2,840	2,800	12,032
2010.12	3,158	12,554	390	2,298	3,548	14,852
2013.12	4,355	17,359	437	2,629	4,792	19,988
2016.12	7,047	28,474	439	2,508	7,086	30,982
2017.12	7,793	31,581	593	3,287	8,386	34,868

資料來源：交通部觀光局（2017，12）；*臺北戶外生活圖書公司，2002&2003。

(一)全臺民宿蓬勃發展，數量成長驚人。

　　從臺北戶外生活圖書公司出版的《臺灣民宿全集》上下兩集來分析，分別於2002年12月與2003年1月出版，根據此一文獻推斷《民宿管理辦法》實施之前，亦即在2001年12月以前全臺至少有988家民宿。就交通部觀光局統計資料顯示，2003年12

月份民宿家數為1,297家，至2005年12月民宿已成長至1,851家，到了2017年12月，交通部觀光局登記有案的民宿增加至8,386家，近二十年的發展全臺民宿呈倍數成長。

㈡合法民宿比例正呈現逐年提高趨勢。

　　從2001年12月《民宿管理辦法》實施後，各縣市政府即開放民眾申請合法民宿登記，至2003年12計320家民宿取得合法登記，至2010年12月合法家數成長至3,158家，至2017年12月全臺共計有7,793家民宿完成合法化登記，換言之，依據交通部觀光局登記有案的民宿家數統計，全臺90%以上的民宿合法化，這種發展趨勢對臺灣民宿整體發展是可喜現象。

第四節　民宿的產業特性

一、先進國家民宿的產業特性

　　許多歐、美、紐、澳等國的「渡假農莊」（vacation farms or holiday farms），除提供B&B服務、感受農場主人親切的招待外，亦可盡情徜徉田園風光、體驗農莊生活、親身參與農場生產活動、以享受另類的渡假生活，每年均吸引無數遊客前往休閒渡假。仔細分析歐洲或紐澳等國「渡假農莊」的發展型態，具有以下兩大特產業特性：

㈠·基於提供「另類旅遊」（alternative tourism）的理念

　　在這個步調緊湊的工商社會，許多人會利用週末與假期來逃避日常生活中的壓力與緊張，他們有一種放鬆情緒的需求，即改變生活型態步調的需求。因此，提供B&B的民宿式假期及農莊式渡假方式有日漸流行趨勢。歐洲或紐、澳等國民宿農莊的發展理念，有別於一般走馬看花式的觀光旅遊活動，它強調市場區隔的觀念吸引遊客前往農莊休閒渡假，並與農場主人一起生活，住在農家。使遊客在觀光渡假之餘亦能盡情徜徉田園風光，親身參與農場生產活動，享受農莊渡假生活。因此，「民宿農莊」的推出與一般觀光飯店、旅館具有替代性，可吸引一部分喜愛農莊田園生活的遊客前來農場休閒渡假。

　　上述這種與一般觀光旅館具有一定替代性的「民宿型」農場，在歐洲的奧地利、英國、芬蘭（Åland）、挪威、瑞典以及大洋洲的紐西蘭均已呈現高度發展（表7-2），十分普及。

表7-2 歐洲各國與紐西蘭觀光農場提供民宿情形

國別	年別	農場數	提供民宿的農場比率	農場民宿床位數占全國比率
奧地利	1979-81	26,300	9.8%（有些地區高達15-28%）	51%
英國	1974	30,000	12.0%（有些地區高達25-30%）	-
芬蘭	1979-81	2,000	1.3%（Aland:32%）	-
法國	1980	22,000	3.0%	-
西德	1979-81	25,000	4.0%	7%（1974）
挪威	1979-81	-	2.9%（有些都會地區達40%）	-
瑞典	1979-81	-	20.0%	-
蘇格蘭	1979-81	-	5.8%（山區及離島高達16%）	-
紐西蘭	1980	1,000以上	3.0%	

資料來源：整理自Frater（1983），Dernoi（1983），Pearce（1990）。

㈡採取「副業經營」民宿，以增加農場額外收入

　　當一般農場轉向觀光農場經營時，除維持原有的農業生產活動外，並以副業經營的型態提供民宿服務，一方面可直接增加農場額外的收入，另一方面亦間接地促進當地社區的發展。歐洲與紐、澳觀光農場提供的民宿型態，大都是農場利用空出來的房間或農舍稍加改建整理而開放經營，主要是以農場「副業」型態呈現，設備沒有旅館或觀光大飯店的豪華，價格便宜許多。

二、日本民宿的產業特性

㈠許可制

　　日本重視法治，安全風險及環境維護，因此即使偏遠地區的簡易民宿都採取許可制，營業須先取得執照，禁止非法經營，故都有各種立法條款來規範。

㈡體驗型

　　為吸集顧客，創造或提供各種特定體驗「菜單」，體驗項目均係以特定農作業或地方生活技術及資源為設計主題，如：農業體驗、林業體驗採摘、加工、工藝體驗等。

三、臺灣民宿的產業特性

㈠規模小，財務力不足，無競爭力。

　　臺灣一般民宿的規模較小，房間數不多，不像一般飯店旅館業者規模龐大，需要的資金也較少，但也因此在資本準備上相對於少，較為短缺，財物力比起住宿業為較低者。

（二）人力不足，無法留住年青人力。

　　民宿常面臨的問題為淡旺季明顯，且民宿通常都是坐落在山區或鄉村中，年輕人力較不願意留在農村與偏遠的鄉村地區民宿工作，大部分於民宿工作者多為短期工作者、工讀生、實習生，或是高年齡層、外籍的人口。

（三）民宿經營特色風格、資源需突破。

　　民宿的經營已經走向渡假民宿、特色民宿，各民宿皆將其民宿提升為風格化，若無持續提升與突破，僅以副業經營的民宿容易失去產業的吸引力，恐將面臨經營上困難。

（四）須與社區資源融合，協同運作。

　　民宿非一般旅館、飯店業規模龐大，需結合社區資源互相融合，與社區的活動遊憩資源、產業文化等相互結合，發揮民宿村的概念。

（五）結合整合行銷力，達到有效包裝產品，提升價值。

　　透過整體的社區、村落進行整合行銷，如九份、金瓜石，行銷為一整個社區、部落、地區的概念，單一行銷民宿較無法將民宿的知名度行銷出去。

關鍵詞彙

民宿	綠色旅遊	Home stay
B&B	Inn	農莊民宿（Accommodation in the Farm）
農莊住宿（Farm Stay）	Minshuku	pension
農家樂	另類旅遊	副業經營

自我評量題目

1. 請說明民宿的緣起為何？如何於臺灣市場興起？

2. 試述民宿的定義與內涵。

3. 試比較各國民宿的發展有何不同？

4. 試述先進國家民宿的產業特性。

5. 大陸地區旅遊產業中類似民宿雛形的產業稱之為？其如何發展？

6. 日本民宿依何區分為Minshuku與pension兩種。其各代表的特色為何？

第八章

民宿、社區總體營造與地方休閒產業之關係

學習目標

在研讀本章內容之後，學習者應能達成下列目標：

1. 了解民宿的特質。
2. 了解社區總體營造的內容。
3. 民宿與社區總體營造、地方休閒產業之影響關係。
4. 學習如何評估社區營造永續觀光之潛力。
5. 學習民宿、社區總體營造與地方休閒產業整合發展實務。
6. 學習如何成功整合民宿、社區總體營造與地方休閒產業之發展。

摘　要

　　都市發展，社區凋零，如何再展現社區風華，是社區發展所需面對的重要課題。本章主要內容首先說明民宿的特質，民宿發展對社區總體營造與地方休閒產業有何影響。其次說明社區營造永續觀光的構成要素，包括社區營造之內涵，永續觀光之發展，社區營造資源整合的重要性，並建立社區營造永續觀光潛力評估模式。最後說明民宿、社區總體營造與產業發展循環系統，並以珍珠社區為案例，說明民宿、社區總體營造與地方休閒產業整合發展過程，社區營造內容、地方休閒產業之發展、民宿社區的形成及社區營造觀光發展成功的關鍵因素。

135

　　社區總體營造在於建造美好家園，而相關資源的永續投入是社區營造成功與否的關鍵成功因素之一，休閒、民宿與特色產業發展可為社區帶來相關資源的投入，為社區創造經濟價值，顯示民宿、社區總體營造與產業等三方面的良性發展，有利於社區整體發展。本章共分為三節，第一節是民宿產業社區發展，探討民宿對產業及社區總體營造的影響。第二節是社區營造永續觀光，說明社區營造與永續觀光的意涵，並說明社區營造永續觀光發展潛力評估模式的組成要素。第三節為民宿、社區總體營造與

地方休閒產業之關係，以珍珠社區為案例說明民宿、社區總體營造與地方休閒產業整合發展過程，及其成功的關鍵因素。

第一節 民宿產業社區發展

在全球化經濟時代，全球經濟型態已然轉變為著重於創新之知識經濟型態，「全球思考、在地行動」與「本土扎根，國際拓伸」，已成為未來全球發展之主流思維。政府因應在地國際化的思維，推動「挑戰二○○八：國家發展重點計畫」，其中包含「文化創意產業發展計畫」，期待藉由結合藝術創作和商業機制，以創造具本土文化特色之產品，藉以增強人民的文化認同與增加產業的附加價值，而休閒農業正是在此種時代氛圍下的產物。

一、民宿提升在地產業價值

由於休閒旅遊型態趨向多樣化及個性化發展，住宿體驗亦成為旅遊體驗中相當重要的一部分。過去國人旅遊時一向習慣住宿旅館，而民宿之興起正為國人旅遊提供另一種住宿之選擇，以及另一種不同之體驗。由於民宿主人對於當地民俗風情文物有著相當程度的了解，可為遊客提供解說、導覽及提供農村生態、生活及生產的最佳體驗，民宿成了另一種探索深度旅遊的方式與體驗。顯示民宿的發展傾向於結合農、林、漁、牧產業觀光性質之各項資源，以提供旅客不一樣的住宿體驗為主要吸引力。

民宿主要的目的在於以農村之閒置人力，配合多餘的住家空間提供住宿來增加收入以改善生活。同時民宿也提供住宿者認識體驗當地生活，了解當地農漁產業文化及學習經驗當地的生活。《民宿管理條例》第3條指出民宿是利用自用住宅空閒房間，結合當地人文、自然景觀、生態、環境資源及農村漁牧生產活動，以家庭副業方式經營，提供旅客鄉野生活之住宿場所。

民宿除具有提供旅客住宿之功能外，對整體環境、文化保存等都有其貢獻。對經營者貢獻包括：

1. 增加收入：充分利用自家剩餘的房屋以增加收入，尤其是農村人口外流及老化，觀光收入可改善其生活品質並吸引青年人口留在農村。
2. 人文及自然環境的保存：民宿的發展讓居民對自有的古式建築、自然環境的清潔維護及當地文化的保存與復興更為用心。
3. 解決農業生產及運銷之問題：農村所生產之農特產品可透過旅客之到訪而直接銷售，一方面可節省運銷成本，另一方面可提高農業生產之利潤。

4. 提升產業發展：以民宿的發展為基礎，投入相關的餐飲服務、特產製作販售，其他休閒體驗種類的結合，可由原來一級產業的農業生產提升到三、四級產業的服務及體驗。

　　民宿對消費者貢獻包括：

1. 選擇的多樣性：就旅客而言，民宿除解決其住宿問題外，亦可選擇位於山中、海濱、農村等各類型的民宿，對價格的選擇亦具多樣性，不用將就於高價位之旅館。
2. 融入當地生活：投宿民宿可體驗當地不同的生活方式，如農家日出而作日落而息的生活型態及耕種的體驗，並可品嘗當地的農特產品及風味餐。
3. 學習與體驗：透過民宿主人的解說可對當地自然資源、文化特色、歷史背景，有更深入的了解與體驗。

二、民宿社區的發展

　　臺灣加入世界貿易組織（WTO）後，使得農業產銷面臨極大的困境。農業轉型休閒農業之發展，開啟鄉村民宿發展與鄉村產業發展之契機。未來民宿產業與社區發展，是否能配合國家整體發展政策而加以妥善規劃，使鄉村民宿與社區總體營造工程能帶動鄉村在地產業發展，促進城鄉均衡發展，已成為建設臺灣鄉村新風貌之重要成功關鍵所在。

　　由於鄉村利用現有設施所提供的住宿，較屬於一般的簡易民宿，旅遊資源、活動舉辦與顧客服務能力較為缺乏。由於國人對於旅遊品質、服務與活動要求提高，民宿業者除了提供更加清潔衛生的住宿產品外，還加入豐富的體驗活動，提供在地產業與文化的體驗。因此民宿周邊環境品質的提升，相關旅遊資源的形塑，產業文化的整合發展，便成民宿發展能否成功的關鍵因素。而民宿的發展對社區的影響包括如下：

1. 凝聚居民間感情及人情味。
2. 增加地方人力的資源運用。
3. 帶動對地方公共服務意願。
4. 增加離鄉居民返鄉的意願。
5. 重視生態保育，維護自然景致。
6. 綠美化及衛生條件提升，改善環境。
7. 建立民宿周邊人情網絡。
8. 提升地方產業經濟發展機會。
9. 增加社區產業發展之創新與行銷機會。

10.提升社區整體經營效益。

第二節　社區營造永續觀光

社區總體營造在1994年文建會於立法院施政報告時提出「社區總體營造」時開始，臺灣各地形成一股社區營造的風潮。社區總體營造的理念和施政方針，目標在喚起「社區共同體」意識，經由社區的自主能力，共同經營「產業文化化，文化產業化」、「文化事務發展」、「地方文化團體與社區組織運作」、「整體文化空間及重要公共建設的整合」，及其他相關文化活動，倡導社區凝聚力及提振地方產業（黃煌雄等，2001）。社區總體營造藉由居民參與，由下而上培力造人的方式與理念，共同經營與創造，營造一個好的社區環境，以提升居民生活品質（本節整理自沈進成、林聖芬，陳美靖、陳福祥，2006；沈進成、林玉婷，2002）。

一、社區營造的意義

社區營造之意涵，不只是一個地緣社群而已，更代表著社區的生活方式及生活價值觀念，同時也是人性化的追求及創造性的理念，使社區裡面的每一個居民都提供其創意與意見，並且營造出由當地生活者立場出發的思考模式，創造出一個永續經營的生活家園。社區營造根據社區本身所具有的特色，從不同角度去切入，最後再帶動其他相關議程的開發與發展，逐漸整合成一個總體的營造計畫。顯示社區總體營造，以「人」為基礎之社區中心，由社區內開始凝聚人的思維，逐漸產生社區意識，進而達成共識，透過不斷的思考、溝通、學習及活動，建立社區社群良好互動關係，進而達成造人、造景、造產等社區總體營造的總體目標。

社區營造特色將包括：1.以社區為主要運作對象與範圍。2.強調社區生命共同體的存在與意識。3.社區居民的主動參與，由下而上創造屬於自己的生活文化及環境。4.社區全面性發展，包括有形的建設及無形的文化、精神層面之發展。5.著重社區內外有形及無形資源的有效利用。6.社區居民共同營造「產業文化化、文化產業化」。7.社區目標的達成，凝聚社區共同意識，增進社區自覺能力，建立更美好的居住環境。

二、社區營造永續觀光發展

資源為前人所用，也為我們一代所用，更為後續子孫所用，資源生生不息，持續地產生生活效用。永續觀光強調以公平分配資源，平衡觀光衝擊、公開參與觀光發

展及系統整合等原則，循「永續的環境」、「永續的社會」、「永續的經濟」三大目標發展觀光。所以以社區為基礎來發展永續觀光，是一種具有平衡、價值導向、系統整合和以政策為導向，並且可融入以強調環境，社會及經濟情況的旅遊發展模式。因此，永續觀光概念要意識到資源保護及觀光價值的相互關係——即經濟、個人及社區的價值提升。

Fennell & Eagles（1990）建構資源維護及遊客使用的概念圖如圖8-1所示，顯示資源保育與遊客所需服務區域之發展做緊密結合。觀光的運作者必須知道其旅遊運作、資源管理及社區發展動向，在規劃上面必須考量遊客市場、管理及態度的變化，其中也再次強調生態旅遊之成功在於公、私部門的合作與溝通，最後才能使永續發展得以進行。

圖8-1　永續旅遊概念圖
資料來源：Fennell & Eagles（1991）

三、社區營造各部門資源之整合

社區內涵的五個要素包括居民、地區、共同的關係、社會的組織，與社區的意識。社會組織解釋為社區居民間的關係，可能是正式的或非正式的，以解決共同問題，達成共同目標的管道。在許多國家中，我們可以看見政府部門及非營利組織乃提供許多的歷史及自然資源，因而扮演著相當重要的角色。許多觀光規劃案常常因為缺乏取得觀光據點或相關公、私部的支持，致使方案無法施展並落實，這也充分說明社區營造時，政府、非營利性組織及私人企業等相關單位的連結溝通之重要性。

社區營造工作在未來所有發展獨立運作的政策將逐漸會被各個部門間之合作方式所漸漸取代，其相互支持的政策將會取代過去敵對的角色。我們可以了解社區發展之領導者與資源可來自於不同的地方，如政府、商業、規劃師，環保人士及教育家等，他們所扮演的角色不是強迫式的控制而是指引與協助的作用，所以說當領導階層與

一個全方位的組織合作的時候，將可以導致社區的規劃方案能獲致最大成果與發展效益。社區營造永續觀光資源整合示意圖如圖8-2所示。

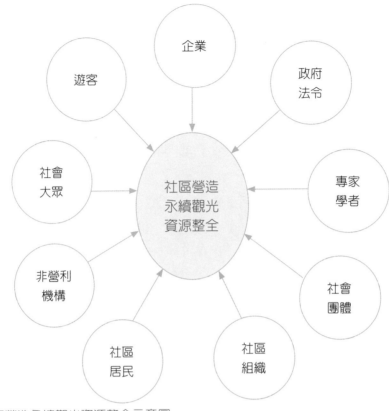

圖8-2　社區營造永續觀光資源整合示意圖

四、社區總體營造發展生態旅遊之潛力評估模式

　　以社區發展永續旅遊時，是否具有觀光發展潛力，是值得重視的課題。以生態旅遊為例，可從社區總體營造發展旅遊之潛力評估模式來加以評估之，模式可從社區生態環境資源、周邊環境資源配套、社區總體營造機能、生態旅遊市場潛力、社區總體營造主題及生態旅遊發展機制等六項構面，建立社區總體營造發展生態旅遊之潛力評估模式，如圖8-3所示。將各指標涉涵義相近的準則整理歸納，於六大準則中概分為28項次要構面，各準則構面定義如表8-1所示。

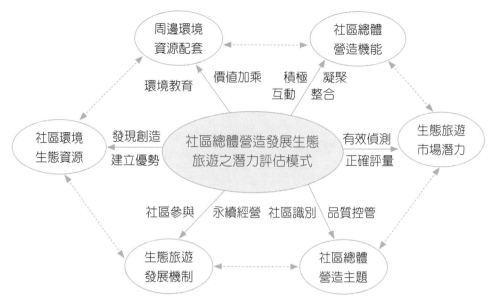

圖8-3　社區總體營造發展生態旅遊潛力評估模式

表8-1　社區總體營造發展生態旅遊潛力評估模式準則說明表

主準則	定義	次準則	定義
社區環境生態資源	總體營造社區內，能吸引遊客進行生態旅遊所具備相關特質。	自然景觀資源	該地地形、既有能源、水資源與土地，森林等空間資源。
		人文設施資源	指當地文化的體驗，含硬體建設與融入當地文化的特色。
		生物的多樣性	指生物多樣性高並有特有種等生態因素。
		環境生態保育	指當地居民支持自然與生態保育教育。
周邊環境資源配合	社區推動生態旅遊所需周邊的環境資源的配套措施。	公共設施服務範圍	含旅客服務與資訊中心、接待設施交通接駁系統等的便利性。
		鄰近各遊憩點互補	與鄰近旅遊遊憩點發展各具特色且可互補的觀光服務網絡。
		兼顧生態套裝遊程	發展兼顧社區自然與文化生態體驗的套裝遊程設計。
		健全社區互助系統	含社區涉入公共事務程度、社區服務團體數量、社區福利制度、社區環境教育與社區環境健康的互助與關聯。
		社區外部環境配合	含政府與非營利單位的政策與經費支援、學者專家的研究與提供諮詢程度。

表8-1（續）

主準則	定義	次準則	定義
社區總體營造機能	社區總體營造所能整合多樣因素，成功發展生態旅遊的能力	觀光特色營造力	能因地制宜營造在地觀光特色的能力。
		公私組織協調力	政府與社區發展組織的協調程度。
		居民共識凝聚力	凝聚居民對於發展生態旅遊觀念與共識的能力。
		品質自我提升力	對所提供服務的旅遊產品品質是否有精益求精的學習動力。
		共同願景規劃力	對於發展生態旅遊有中、長期的計畫。
		總體經營永續力	強調居民與社區組織對生態、經濟、社會，能兼顧永續經營的認知與服務品質。
生態旅遊市場潛力	評量社區從事生態旅遊可能的市場機會因素	交通之可及性	指交通可到達的程度。
		目標市場範圍	指接待目標旅客數量多寡與可控管範圍。
		顧客價值創造	指旅遊接待之交易過程中，使旅客產生價值感及再遊意願之相關特性。
		多元產業發展	指當地居民在生態保育、環境維護、交通接駁、民宿服務、導覽解說及農特產品等相關產業能配合發展生態旅遊。
		社區營造面積	指社區內足供生態旅遊活動面積的大小。
社區總體營造主題	社區總體營造生態旅遊的作為與內涵	社區識別特點	指建立社區識別系統，塑造文化意象。
		傳統文化	強調精神倫理建設與傳統的民俗技藝與舞蹈等文化。
		園區規劃重整	強調社區發展委員會對生態保育公園的整體規劃與管理。
		遊憩深度體驗	指社區文化藝術的創作與深度環境教育的體驗。
生態旅遊發展機制	社區發展生態旅遊應秉承永續觀光的精神，建立搭配機制	設置單一窗口	統籌辦理遊客接洽預定、社區內部資源的調配運用，並安排成套的食、住、行及解說等行程。
		建公基金制度	從餐飲、住宿、接駁、導覽解說等費用提撥一定比例作為回饋社區公益公基金，以利環境監測，生態保育與控管。
		重點行銷管理	舉辦具特色活動時，邀請媒體、旅遊業者及保育團體參加，以有效行銷與管理。
		設計套裝行程	套裝生態旅遊包含餐飲、住宿、導覽解說、交通接駁、晚會及體驗DIY等活動。

關鍵詞彙

社區總題營造	永續觀光	民宿
社區營造機能	民宿社區	社區營造目標

自我評量題目

1. 試說明民宿對在地休閒產業的影響關係？
2. 試說明民宿對社區總體營造的影響關係？
3. 試說明社區總體營造的內容？
4. 試說明社區總體營造對在地休閒產業的影響關係？
5. 試說明社區總體營造永續觀光的重要性？
6. 試說明社區總體營造永續觀光評估模式的組成要素？

第九章

民宿的功能、類型及投資可行性

學習目標

1.學習民宿提供的功能為何
2.了解民宿的類型如何區分
3.了解民宿投資可行性
4.了解撰寫可行性計畫的目的以及民宿投資計畫的可行性分析

摘　要

以往民宿的功能除了能與旅客交流認識外，旅客更能享受經營者所提供之當地鄉土味覺及有如在家的感覺的住宿設施。可活化鄉村，促進城鄉交流。而今日民宿經營者的新定義：民宿是營造生活空間樂趣的專家，其具「民宿風格」，民宿產品進化到高階競爭的「差異化」、「精緻化」、「概念化」的市場區隔與定位經營經營策略理念，了解不同層次的遊客會到不同層次的民宿居住，來規劃制定自己的民宿經營要接納那類型民宿。另外，本章依據學理基礎，提出依據資源基礎觀點及依據當初投入民宿經營的動機兩種方式分類，並依民宿扮演旅遊供應者的角色，提出民宿可進行的投資可行性分析。

145

第一節　民宿的功能

楊永盛（2003）認為民宿的功能除了能與旅客交流認識外，旅客更能享受經營者所提供之當地鄉土味覺及有如在家的感覺的住宿設施。

吳乾正亦提到，民宿的功能，在於創造讓更多的人有更多幸福的角落，進而可以活化鄉村促進城鄉交流。

臺灣各區域民宿隨著當地產業、景觀的不同，有著多元化的發展，其於當地所扮演的功能性也就不同，本文分就各地區民宿之功能分述如下：

一、傳統民俗的展現

苗栗地區以客家風情及花園民宿為主要經營型態,花東地區則結合海岸資源及原住民的傳統民俗為主要訴求。

二、策略聯盟的功能

近年來,花蓮民宿業是全臺灣成長迅速的地區,主要是因當地空屋過多,無法順利出售或出租、民宿申設條件寬鬆、工作不好找等,因此,許多民眾把空屋簡單整理後即經營民宿,不少較具專業能力的民宿業者,為區隔市場,朝大型專業化的特色民宿發展。特色民宿的房間數可達十五間,如果數家特色民宿業者採取策略聯盟的方式經營,所提供的房間數已與一般中小型旅館相當。特色民宿不僅採取專業化經營,所使用的衛浴設備、裝潢材料、餐飲、料理,不輸五星級飯店,且建築物外觀頗具有特色。今日的民宿,如果只是設備、裝潢簡單的無特色的透天厝,遊客似乎已經沒有興趣,民宿的水準和品質要往上提升,遊客才肯來。但站在主管機關交通部觀光局的立場,為促使特色民宿與一般旅館有所區分,建議各地方政府嚴格審核特色民宿的申請案。

三、社區營造及社區整合的功能

在臺灣,非常具有知名度的清境民宿強調以歐式農莊、結合原住民文化的村落民宿為特色。除此以外,南投地區許多農村社區亦朝社區總體營造發展,推廣社區民宿,提供遊客結合社區資源發展深度旅遊,如:澀水社區及桃米社區等。

四、策略行銷

南投小半天因半天之上人間仙境而以其山勢而得名,結合和雅、竹林、竹豐三個村落,以竹、茶、樂、石等四個主題發展民宿。其聯盟方式的經營型態能夠凝聚力量、分散經營負擔,同時嚴格控管業者的品質與價格,進而整體行銷,為民宿發展注入活水。

臺中市的民宿發展主要位於新社、和平等山區,淡旺季和一般飯店差不多,週末假日住房率較高,但平常卻門可羅雀,民宿最重要就要經營出自己的特色。

五、誠信的功能

「訂房誠信很重要,民眾若訂不到房間就會對業者的評價大打折扣」。因此臺中

市政府輔導業者成立臺中民宿促進協會，業者彼此交流經營經驗，參與策略聯盟，對內規劃經營管理，對外進行整體行銷。

今日現代民宿經營者的新定義：民宿經營者是營造生活空間樂趣的專家，其具「民宿風格」是民宿產品進化到高階競爭的「差異化」、「精緻化」、「概念化」的市場區隔與定位經營經營策略理念，了解不同層次的遊客會到不同層次的民宿居住，來規劃制定自己的民宿經營要接納哪類型民宿。

民宿最終產品趨勢，販賣的是人類生命與生活哲學，它不是比豪華比奢侈比價錢，民宿空間最後的競爭將會落在「文化美感」、「生活哲學」、「生命意境」等等的經營內涵層次。

生活美感的最後關鍵在於民宿主人的經營策略、民宿創意與生活文化品味；民宿旅遊的美感是從生活空間體會人類生命的創作意境。

第二節 民宿的類型

一、歐洲各國民宿類型

綜觀世界各國民宿的發展，以歐洲國家最為普遍，連美國、加拿大、日本、紐西蘭、澳洲等先進國家亦十分發達。其中更以源起於英國的B&B、歐洲各國的「農莊民宿」，以及紐西蘭、澳洲的「農莊住宿」、鄰國日本的民宿舉世聞名。

二、紐、澳民宿類型

紐、澳的農場渡假主要亦可分為兩種型式：一種是住宿於農家，與農家成員共同生活；另一種則是自助式民宿，和農家分開居住，炊事自理。

三、日本的民宿類型

日本的民宿依據建築形式大概可區分為和式民宿（Minshuku）與歐風民宿（Pension）兩種。簡單地說，和式民宿就是日式家庭旅館，為一般家庭將多出來、沒有使用的房間加以整理、裝潢後，提供給遊客做為短期住宿之用；還有一種名為Pension的歐式民宿，意思是「提供膳宿的公寓」，對日本人而言是一種展現歐式風格的民宿。

四、中國大陸的民宿類型

中國大陸鄉村旅遊的發展，是以「農家樂」為發展主軸，也可以說是大陸民宿的雛形。但是在北京，一般農家樂接待農戶稱之為民俗旅遊戶，主要是利用農村特色、地域文化、風俗習慣、民俗活動或民族特色的村莊或農場開設農家旅社，稱之為「農家樂」，集合整個村落而成為頗具特色的民俗村（民宿村），以體驗民俗、民情為主的農家樂旅遊，充分體驗農村濃郁的風情民俗，「吃農家飯，住農家院，幹農家活，享農家樂」一已成為「農家樂」的經營宗旨。

五、臺灣的民宿類型

臺灣的民宿類型很多，最早期由政府輔導的民宿在山區部落，如苗栗縣南庄的八卦力民宿、屏東縣霧臺原住民部落民宿等，1990年代起，隨著政府開始輔導推動發展休閒農業計畫，以及當時臺灣省山胞行政局開始推動在山村輔導設置民宿計畫，從此許多農村或原住民部落陸續出現民宿。不過那時民宿的發展型態只是提供最基本的住宿空間而已，住宿的產品層級只算是基本產品而已。除原住民民宿可以提供山地原味的餐飲住宿外，一些新興「山居型」民宿正在各個風景區外圍陸續發展，較早的如東北角風景區外圍民宿，金瓜石礦區則有緩慢民宿，宜蘭風景區民宿，最近十多年來亦呈現大量成長趨勢。有些民宿簡陋，有些則是頗具主人風格，張彩芸（2002）依據民宿主題特色將民宿分為原住民部落民宿、農特產品及產區民宿、自然生態體驗民宿、藝術文化民宿、景觀特色民宿等五類。嚴如鈺（2003）依照民宿所在地理條件與特色將民宿分為景觀民宿、原住民部落民宿、農園民宿、溫泉民宿、傳統建築民宿、藝術文化民宿等六類。李亞珍（2004）依照民宿土地分區將民宿分為觀光風景區民宿、原住民山村民宿、休閒農業區民宿等三類。臺東民宿業者江冠明（2006）則依據民宿建築外觀將民宿分為另類空間的營造、地方人文空間的美感、原住民文化意象空間建築、臺灣老建築風格、現代別墅風、現代農村別墅風、閩東砌石建築群、金門閩南古厝民宿等類型。

依據民宿主人投入民宿生活的動機（鄭健雄，2006）將臺灣民宿分為移居鄉間型、投資創業型、農民轉業型等以下三類：

1. 移居鄉間型：此一類型民宿主人大多屬於理想性格，天真、浪漫，多在民國90年底《民宿管理辦法》公布實施之前，甚至更早，早在九二一大地震之前即移居鄉間擁有自己的民宿，為第一代民宿，可說是的一位成功的美學CEO，他們必須對自己的居家生活美感極度挑剔、講究，鍥而不捨的追求美學，具備濃烈的藝匠精

神。他們之所以會選擇民宿，重要的特徵之一是民宿是他們生活的全部，原本他們的初衷並非想藉民宿賺錢，他們一心只想歸隱山林、移居鄉間，實現內心深處的夢想世界、返璞歸真，過著閒適悠然的田園生活而移居鄉間或返回自己「少小離家」的家鄉定居。沒有想到這個時候臺灣剛好邁向一個有錢有閒的休閒社會，許多事業有成的都市人「英雄所見略同」，開始一窩風跟進下鄉找地、買地、蓋別墅、渡假，一圓移居鄉間田園生活的民宿夢。起先他們只是單純地當作別墅，僅週末假日才來此聚會渡假，或者當作自己歸隱山林的居家之所，就在上述兩種內外助力的交會而引爆臺灣民宿渡假的風氣。商機乍現，進而帶動後兩類民宿主人的進入市場。

2. 投資創業型：就像臺灣許多一窩風流行的現象，短短十幾年光景讓古坑咖啡店從原先4家快速成長為現在的40家；讓原本沒有一家簡餐店的新社成長為今日20幾家特色簡餐店；讓烏來的溫泉旅館從原本的4家變成現在的68餘家；讓南庄的民宿從原本的3家成長為今日的50多家；讓清境的民宿原本只有16家民宿快速成到100多家。在臺灣，咖啡、香草、溫泉都是流行的指標商品，在臺灣，民宿更是流行中的熱賣商品，正當民國90年10月底《商業周刊》「移民合歡山」專題報導一刊出，封面聳動文字：「工程顧問公司總經理拋棄燈紅酒綠的生活，28歲的軍人花三年一釘一槌蓋民宿，紐西蘭老外遠渡重洋當起牧羊人，白領階級上山種菜、打獵、觀雲瀑。這裡，離都市很遠，離文明很近……」，合歡山上這一群移民遠離塵囂的生活新主張，說出許多現代人內心深處的嚮往，進而引爆臺灣民宿流行的風潮。許多都市人、年輕人從此摩拳擦掌積極蒐集民宿相關資料，準備上山下鄉開始創業投資民宿。如果有一天您到民宿作客，發現招呼您的不是民宿主人而是某某經理，也就不足為奇了。

3. 農民轉業型：有些民宿的出現主要是因臺灣加入WTO以後，農業、農村遭受衝擊，甚至看到全臺各地流行的民宿風，甚至自己住家附近民宿一家一家的出籠，而引發部分農民轉型、轉業投資民宿。事實上，只有此一類型民宿可以有機會親身體驗臺灣原汁原味的「農家樂」。2001年12月，《民宿管理辦法》開始實施之後，許多民眾看到媒體的民宿報導，在農業界產生另一波民宿效應，許多農民紛紛放下鋤頭，開始整修房舍、家園，改當農庄民宿主人。

總地來說，上述分類僅依據民宿建築外觀或所在土地分區作為分類依據，比較缺乏學理依據、分類周延性不足，且這種分類型態（typology）亦缺乏未來民宿經營方向的指引作用。以下，本章依據學理基礎，提出兩種分類方式，提供參考。

1. 依據資源基礎觀點：依據鄭健雄（1998）所提出的資源基礎觀點，可以將民宿區分為生態型民宿、農場型民宿、渡假型民宿、文化型民宿等四類（見圖9-1）。民

自然資源為基礎	農場型民宿	生態型民宿
	休閒農場 農莊民宿	綠色民宿 生態民宿
人為資源為基礎	渡假型民宿	文化型民宿
	民宿 景觀民宿	農家民宿 歐風民宿 原住民民宿
	資源利用導向	資源保護導向

圖9-1　資源基礎觀點的民宿類型
資料來源：鄭健雄（1998）。

宿主人可以依據本身擁有的資源基礎發展不同主題類型的民宿，並採取適切的行銷訴求以吸引遊客上門消費。

2. 依據當初投入民宿經營的動機： Cheng et al.（2006）依據民宿主人最初投入民宿的經營動機及在地身分作為分類準據，可以將民宿區分為事業轉型、副業經營、企業投資、移居鄉間等四類（見表9-1）。經營一段時間之後，民宿主人可能發現民宿經營有獲利機會，會從副業經營轉型為主業經營，原本移居鄉間的民宿主人也可能逐漸轉型為專業投資型民宿。

表9-1　民宿主人的企業投入類型

經營動機 （Operational motives）	在地身分（Local identities）	
	在地人（Locals）	非在地人（Non-locals）
副業（Auxiliary operation）	1.副業經營 （Auxiliary operation）	3.移居鄉間 （Countryside immigration）
主業（Main occupation）	2.事業轉型 （Business switching）	4.專業投資 （Investment venture）

資料來源：Cheng et al., 2006.

第三節 民宿的投資可行性

　　若要靠經營民宿而獲取利潤，對原本從事農業經營的農民而言可不是一件易事。因為經營民宿的獲利來源已經不是原本賴以維生的農產品或加工製品的販賣上面，而是維繫在經營一個小型的、迷你的，甚至是量身打造的餐旅服務業的收入上面，這種餐旅服務業的經營範疇實已超越傳統農業生產的產業範疇，對初次創業或有意從事休閒民宿的人而言，可能是一件生疏且困難度極高的挑戰。各位非常清楚，民宿是休閒農業發展計畫中非常重要的一環，因為遊客前往鄉村旅遊地或休閒農漁園區旅遊時，民宿可以扮演旅遊供應者的角色，解決遊客在旅遊目的地期間吃（餐）、住（旅）的生活大事，對有意從農民轉型為迷你型的餐旅業者來說，必須同時兼備企業投資與企業化經營之道才可能賺取利潤、獲致成功。因此，對一位想以「民宿」開創自己新事業的創業者而言，欲有效跨出成功創業的第一步，關鍵在於是否具備完善的民宿投資計畫，亦即在創業時要有可行性計畫，在經營既有事業時要有企業計畫，在擴展事業時要設計出營運計畫。投資民宿的可行性分析重點，必須強調創業者的「民宿創業構想」，首要之務必須進行投資可行性分析。

一、創業構想與可行性分析

　　通常業者在創業時需要的第一份文件就是可行性計畫。依此來判斷是否要繼續進行投資的依據。許多創業者共同的迷思就是認為寫企業投資計畫是為了籌措資金給銀行人士看看罷了。創業者常不了解為何要規劃構想，或是如何準備好企業營運成功的可行性計畫與企業投資計畫。太多業者在創業初期總是在腦海中想著、縈繞著一些關鍵性的規劃構想，卻從來沒有把這些構想寫下來，焦急的創業者幾乎不經深思熟慮、沒有徹底研究創業構想的可行性，也沒有評估潛在的風險和利潤就一頭熱地栽進創業美夢，急急忙忙地創業。他們通常缺乏從創業階段到新事業發展階段所需的企劃能力，常以嘗試錯誤的方法來經營新事業，等到他們投入大筆資金與所有家當時，這些創業者才恍然大悟，雖然創業構想不錯，可是市場已經飽和、產品缺乏特色、利潤實在太少、經營資金短缺又沒有堅強的經營團隊，或是一堆其他理由，導致新企業走入關閉一途。如果業者能在創業前，即徹底研究過創業構想，寫出可行性計畫，不但可以省下嘗試錯誤的寶貴時間，許多企業就可避免錯誤，而迎向創業成功的第一步。

Price & Allen（1998）認為一份完整的可行性計畫應包括（陳秀玲譯，1999）：

1. 實施摘要：是創業構想的簡要說明，並解釋可行性計畫各部分的重點所在。
2. 產品或服務描述：包含產品或服務發展階段、限制、義務、所有權、生產、相關

服務與附加價值。

3. 市場狀況：包括評估市場大小、市場成長潛力、產業趨勢、顧客分析、顧客利益、目標市場、競爭和市場滲透方法等。

4. 定價與利潤評估：評量顧客願意花多少錢購買產品或服務，也要審視產品或服務的成本、銷售額預估、扣除營運費用後的利潤、創業成本等。對企業來說，維持不錯的毛利支付營運費用後，仍有不錯的獲利是創業成功的指標。

5. 未來進展規劃：這部分的可行性重點放在未來找出可能的經營盲點、企業優勢所在、所需營運資金、企業執照許可的機率、可能的企業夥伴、同業會員、企業角色等，藉此考慮是否繼續落實此規劃構想、是否要撰寫企業投資計畫的依據。

　　撰寫可行性計畫的主要目的，是要測試創業構想，判斷是否要進一步地發展或投資此一創業構想。如果結論是可行的話就可開始撰寫詳細的企業投資計畫，以便進行投資創業。企業投資計畫應包括那些項目呢？並無定論，例如Price & Allen（1998）認為企業投資計畫通常應包括以下15部分（陳秀玲譯，1999）：

　　⑴摘要與實施綱要。

　　⑵構想。

　　⑶管理與組織。

　　⑷產品與服務計畫。

　　⑸生產計畫。

　　⑹競爭對手分析。

　　⑺定價策略。

　　⑻行銷計畫。

　　⑼財務計畫。

　　⑽營運及控制體系。

　　⑾預定時程表。

　　⑿企業成長計畫。

　　⒀偶發事件處理計畫。

　　⒁交易約定。

　　⒂附錄。

　　實際在撰寫投資計畫時，可以根據企業性質來選擇所要的部分。這15項大綱主要是提供您了解您的投資計畫應放哪些資訊，例如如果您欲投資的新企業是民宿的話就不必將生產計畫納入。同樣地，雖然這15項大綱的順序在企業界中常被使用，但您亦可依您的民宿特性與想法做適當調整，重點是您的投資計畫必須是具有邏輯性的。

二、民宿投資計畫的可行性分析

對於新籌設的民宿業者來說，新事業的投資計畫（亦可稱之為創業計畫或企業計畫，本書概稱為投資計畫）內容可以參照上述企業計畫的15項大綱加以撰寫，唯所謂的新事業投資計畫分析可以概分為市場分析與可行性分析兩種（見圖9-2）。缺乏徹底的市場分析與可行性分析，就不應該著手進行任何新的事業投資。

可行性分析

市場分析

1. 環境分析

2. 市場潛力分析

3. 主要競爭者分析

4. 地點與社區分析

5. 服務分析

6. 行銷定位與計畫分析

7. 定價分析

8. 收入與支出分析

9. 發展成本分析

10. 投資報酬率與經濟可行性分析

圖9-2　投資計畫應包括市場分析與可行性分析

何謂市場分析與可行性分析？「市場分析」（market analysis）是針對新的企業（例如餐旅服務業、民宿）的潛在需求所做的一項調查研究，藉以判定市場的需求是否夠大。而「可行性分析」（feasibility analysis）則是指針對某個新企業或其他同類型企業之潛在需求及經濟可行性所做的一項調查研究，它包括上述的市場分析及一些經濟可行性的分析，它可以檢視新企業開始時所需要的總投資額及財務的預期報酬率（Morrison，1996）。這兩者都是針對開始著手的新企業而進行的企劃方案，事實上，市場分析與可行性分析乃是提供新企業投資計畫發展所採取的兩種分析工具，茲

分述如下：

(一) 環境分析：係指民宿的外部環境（諸如經濟、社會、文化、政府、科技及人口的趨勢）、企業與產業環境以及內部環境等將如何影響企業的走向與成敗？

(二) 市場潛力分析：主要在了解潛在市場的規模是否夠大？就潛在顧客進行市場調查研究時，必須掌握以下資訊：

1. 何人（WHO）？哪些人是潛在顧客？

2. 何事（What）？這些潛在顧客試圖滿足的需求有哪些？

3. 何地（Where）？這些潛在顧客居住與工作地點位於何處？

4. 何時（When）？這些潛在顧客於何時購買？

5. 如何（How）？這些潛在顧客如何購買？

6. 有多少（How many）？總共有多少潛在顧客？

7. 何種感覺（How do）？這些潛在顧客對於我們的企業及主要競爭者的感覺如何？

(三) 主要競爭者分析：各個主要競爭者的優勢與劣勢分別有哪些？

(四) 地點與社區分析：正確地點是決定擁有固定不動產的民宿經營成敗的一項關鍵要素。周圍社區是其業務的主要來源，而該社區未來的發展也將影響這個新企業的成敗。住宿業、餐廳、旅行社、觀光旅遊勝地、購物中心或其他休閒服務業的市場分析中，地點與位置的分析相當重要。民宿設置的地點應靠近各種主要娛樂設施或觀光旅遊勝地。

(五) 服務分析：民宿可以提供哪些服務，以滿足潛在顧客的需求？

(六) 行銷定位與計畫分析：民宿的產品「定位」究竟鎖定哪些市場活動範圍？它又將如何爭取到這項定位？

(七) 定價分析：謹慎考量各主要競爭者的價格，以及市場潛力分析中潛在顧客對於價格有關問題所做出的答覆。

(八) 收入與支出分析：預估新企業的收益、營運費用及利潤。

(九) 發展成本分析：發展一個全新或改建的民宿需要花費的成本多少？意即民宿預期的資本投資。

(十) 投資報酬率與經濟可行性分析：即計算民宿的投資報酬率以及依此數值而得的經濟可行性，然後再比較淨收入、現金金額及資本預算。

三、民宿的產業特性

為了提供有意投資經營民宿的農民朋友，事先對民宿的產業特性有一個基本的認識，本章根據詹益政（1991）的基本架構，參酌民宿的經營特性略舉應列入基本分

析的要項，提供有意以「民宿」圓夢，開創另一個新事業時的參考。

(一)經營的基本考慮

1. 先確定經營的目的與動機
   - (1)想當作正業經營。
   - (2)想好好利用自己的土地或建築物。
   - (3)想運用現有的資金。
   - (4)想當作副業經營。
   - (5)想當作全年性的副業。
2. 經營型態
   - (1)想以大眾化的價格，提供較多房間數的家庭式民宿。
   - (2)想以大眾化的價格，提供小規模的簡易型民宿，但要提高住用率。
   - (3)想以高價格，提供較有特色、較為精緻的特色民宿，類似日本的Pension。
3. 資本
   - (1)自己的資本占多少？
   - (2)想借款多少？
   - (3)想向誰借款？
   - (4)借款的利息如何？
   - (5)償還期間多少？

(二)立地條件

1. 地點：先檢討地點是否適當。
2. 立地分類與內容：慎重考慮地點的將來性及民宿類型，包括別墅、農莊、海濱、溫泉、運動、料理或簡易型。
3. 競爭者：附近的競爭者有多少？生意又如何？

(三)顧客對象

1. 性別：以男性或女性為主，或兩性兼收。
2. 職別：學生、上班族、家庭、銀髮族或其他。
3. 團體或個人：個人、2至4人、5至9人、10人以上。

(四)經營方針

先考慮經營和立地條件再決定營業方針，並調查遊客的旅遊目的和動機：

1. 旅遊目的
   - (1)觀光旅遊。
   - (2)美食（為民宿主人提供的山珍海味而來）。
   - (3)各種活動（如旅遊地舉辦慶典活動）。

(4)海水浴、登山。

(5)其他。

2.營業天數

(1)全年性開放。

(2)季節性開放。

3.行銷訴求

(1)強調住宿設施。

(2)強調渡假氣氛。

(3)強調特色餐飲。

(4)強調低價格、大眾化。

(5)其他特色。

4.傳播管道

(1)報章雜誌。

(2)親友口碑。

(3)網路。

(4)利用看板。

(5)參加民宿協會或連鎖。

(6)其他方法。

㈤設備

考慮利用顧客對象、營運期間、銷售方式後，再決定規模大小。

1.規模大小

(1)房間數。

(2)廚房、浴室、洗手間等設備也應重視。

2.設備：先考慮投資回收期間，再決定設備大小。

(1)高級民宿（大概回收期間5年）。

(2)中級民宿（大概回收期間2至3年）。

(3)平價民宿（大概回收期間2至3年）。

㈥員工對策

如果是簡易型民宿當作副業或兼業由家族成員經營，就不必考慮員工計畫或勞動條件等因素。

㈦收支計畫

應考慮投資民宿基本的經營收支平衡：

1.每天的銷售額有多少？

2. 在銷售額當中，材料費占多少比率？

3. 在銷售額當中，用人費占多少比率？

4. 其他各項經費比率又占多少？

5. 對於投下資本額，銷售額占多少？

(八) 經營成果

1. 收益性：要看經營後，生產多少利益或虧損多少。

2. 安定性：資金是否健全、目前是否安定、有無問題、如何對策。

3. 成長性：每年收益性是否繼續增加、是否成長順利？一般而言，頭三年，每年若有10%的成長率才可以維持一家民宿的基本客層。

最後，再次檢討投資計畫，如果發現計畫內容的回收期間太長，不符合創業者的願望時應重新檢討計畫，尤其是收支計畫中各項經費的開支比率是否妥當，必須使計畫容易執行而獲得應有的成果，才是經營的最後目的。

在訂定計畫時首先檢討做什麼（目標項目）、做多少（目標水準）、怎麼做（方針、策略），並要求達成方法是很重要的。「他山之石，可以攻錯」，過去經營旅館失敗的原因大概可以歸納為：

(1) 設計不當。

(2) 管理不善。

(3) 業務不振。

(4) 組織混亂。

(5) 保養不良。

(6) 財務不佳。

因此，計畫訂出後，為了提升效果應該採取「計畫」、「實施」、「反省」的循環，不斷地計畫、不停地實施、不停地反省，才能發揮經營的整理績效，而事先預防重蹈上述經營旅館失敗的覆徹。

(九) 民宿基本特色

1. 地點與環境：應選擇景觀優美、環境幽靜，適合休閒及各種遊樂活動的地方。

2. 建築設計：為維護旅遊地的自然景觀，建築物應盡量利用地形並以當地建材興建，同時外觀與色彩應力求與自然景觀互相配合才有特色。

3. 設備：重視舒適方便，清潔衛生與安全並具家庭氣氛。

(十) 經營的特性

1. 餐旅服務業的一種

(1) 商品是無形的：看消費者的感覺決定好壞。所以要處處考慮旅客的需要，要以創造性的行銷活動來吸引消費者。

(2)生產與消費同時進行：要消費者來到現場，生產者才能進出生產。

(3)商品的腐爛性高：消費者減少時，剩下的商品無法出售，沒有辦法存庫等於腐爛。

(4)商品的異質性：同樣的服務會有不同的結果，很難保證每次服務都能達到規格的要求。

2.供應彈性小

(1)投資大：固定資產占百分之八十以上，所以投資報酬率不高。

(2)季節性：有淡旺季的不同，無法連續生產。

(3)量的限制：房間數固定後，無法臨時變動增減。

(4)場所的限制：地點決定後，不能隨便轉移。

3.地點：好的地點比高明的經營更重要。

(1)家庭功能：因為是提供住宿與飯食，具有家庭的功能，要使旅客有「賓至如歸」的感受，必須重視顧客服務，提供旅客有如「在自己家裡的感覺」。

(2)全天後的生意：整天待命，服務旅客。

五、民宿投資計畫的用途

企業投資計畫應該是作為創業者用來管理創業營運的指南。對創業者來說，撰寫投資計畫主要用意是讓創業構想更加充實、創業目標更加清楚，釐清創業目標能幫助業者更胸有成竹、事半功倍地進行創業，而不只是更努力地工作。在設定目標的過程能讓您了解並釐清風險，藉以創造出目標管理、降低風險的方法。同時，設定目標也可以幫助您的新事業經營著重在市場導向，時時留意市場新趨勢與新方法。當然，目標設定也能有效發展出策略，並測試投資計畫中各種預估的可行性。

過去人們常認為投資計畫是為了籌募資金，但事實正好相反，新事業投資計畫主要目的是要幫助創業者規劃創業並更妥善管理新企業。同時，在撰寫投資計畫的過程中，因為您的專心投入與認真思考，迫使您以客觀、嚴謹和理性的觀點去研究您的創業構想，透過這個過程可以讓創業者達到以下好處：

1.突顯企業的優勢。

2.找出企業主要的劣勢，並發現目前及潛在問題。

3.消除盲點。

4.讓您更簡易地向他人表達您的創業構想。

5.提供他人所需的必要資訊，特別是評估您計畫的潛在投資者與融資機構。

6.讓您發現隱藏的機會。

7.提供您營運的方法，幫助您管理新企業並達成計畫。

8.幫助您找出新企業發展與茁壯的方法。

9.作為吸引籌募創業資金的說明書。

10.清楚說明創業必須的財務條件。

11.讓創業者評估並監督企業與其經理人的表現。

　　雖然在撰寫新事業投資計畫時，創業者常為了要寫出完善的新事業投資計畫，以作為自己創業營運的指南以及籌募與吸引創業資金而倍感心力交瘁，甚至不知該如何下筆撰寫，不知如何準備成功企業營運的必備文件而心生放棄。事實上，只要不斷努力嘗試去撰寫投資計畫，並準備資產負債表、損益平衡表和現金流量預估等必備的財務報表，將來在撰寫新事業投資計畫時便能獲得事半功倍之效。

　　最後要強調的是，撰寫民宿投資計畫的訓練是一種相當可貴的學習經驗，千萬不要花錢叫人幫您寫計畫書，如此一來，在撰寫計畫過程中許多對您有益之處就泡湯了！因為對於每一位自己撰寫投資計畫的農民或創業者來說，投資計畫能迫使您不得不重新對創業的各個層面做思考，也更慎重地設定目標。另外，對於農民而言，沒有必要多花額外的負擔委託他人撰寫投資計畫的費用，記住！沒有人比您更了解您夢想中的民宿，所以自己撰寫計畫是很重要的事。當自己撰寫投資計畫時就會花時間心力做許多研究，透過這個過程可以幫助您發現投資計畫的瑕疵與缺點，每一個您找到的瑕疵都會增加一些新企業未來達到成功的機會。同時，投資計畫可以把企業目前和未來的成長和擴張行動規劃出來，也就等於把未來幾年的營運和策略規劃臚列出來，更明瞭下一步該如何走，且知道欲往何處。

關鍵詞彙

生態型民宿	農場型民宿	渡假型民宿
文化型民宿	事業轉型	副業經營
企業投資	移居鄉間	可行性分析

自我評量題目

1.試述民宿的功能有哪些？

2.試述本章提出以學理基礎為依據，民宿的分類方式為何？其類型各為何？

3.試述各國民宿的類型。

4.Price & Allen（1998）認為一份完整的可行性計畫應包括哪些要素？

5.依據民宿的產業特性及經營特性，略舉應列入基本可行性分析的要項。

第十章

民宿的特色營造與環境規劃設計

學習目標

在研讀本章內容之後，學習者應能達成下列目標：

1. 了解民宿特色的內容。
2. 了解風格設計的內容。
3. 學習如何設定民宿特色主題。
4. 學習風格設計實務。
5. 學習民宿特色主題營造的主題要素。
6. 學習如何對民宿特色營造與環境規劃設計實務進行案例分析。

摘　要

　　民宿獨特形象吸引遊客注目與喜歡，也是遊客美好體驗之所在。本章主要在強調民宿特色始於規劃階段的市場定位，透過設計呈現主體特色，終於呈獻給遊客體驗之特色營造，爲一整體營造的統合過程。本章之內容，首先說明民宿特色營造大致可分爲規劃、設計及特色展現等三個階段，並說明每個階段之內容。其次說明特色營造與環境規劃設計包括民宿主題、風格意象、空間組成及細部設計，並以實際案例說明之。最後以「老五民宿」及「眞情民宿」爲實務案例之探討，說明民宿特色營造與環境規劃設計之實務內容。

　　特色意謂著獨特形象，以吸引注目與喜歡。吸引力是來自動機的推力，以及目的地特色與意象的拉力，使遊客對其發生興趣，吸引遊客前往的力量。民宿特色經由民宿的特質，使遊客認爲獨特性，造成遊客前往之吸引力。民宿特色營造主要在於統合民宿資源與能力，展現獨特的主題與風格，吸引遊客前來體驗，創造遊客心中的美好感受與體驗。本章內容分爲三節，第一節說明民宿特色營造之內容及程序。第二節說明民宿的特色營造與環境規劃設計。第三節以「老五民宿」及「真情民宿」作爲民宿的特色營造與環境規劃設計實務之探討。

第一節　民宿的特色營造規劃

一、民宿動機

　　動機是引起個人的活動而維持已引起的活動，並導使該種活動朝向某一目標的意識、內在歷程與驅力。遊客民宿動機可從生理需求、心理需求、社會需求、知識需求、自我實現與感性需求來加以分類，民宿動機如表10-1所示。

表10-1　民宿動機分類表

休閒動機	項次
生理需求	紓解壓力、品嘗特色餐飲、優美自然景色、遠離都市與人群、促進健康。
心理需求	民宿友善氣氛、嘗試性、生活體驗。
社會需求	社交追尋、增進親友感情、認識新朋友、人際交流。
知識需求	體驗當地文化與民俗活動、民宿建築與裝潢、產業活動、導覽解說服務、主題民宿、啟發心思智慧。
自我實現	肯定自我能力、滿足自我實現。
感性需求	寧靜、自然、樸實、家的氣氛、享受生活。

二、民宿偏好

　　民宿偏好是指個人對不同民宿活動所表現出的喜歡程度，其所持態度的強度是能夠明顯的反映出個人對某一民宿的偏愛傾向。民宿偏好可分為實體設施、服務品質、景觀環境、經營管理與遊憩體驗等因素。民宿偏好因素如表10-2所示。

表10-2　民宿偏好因素表

民宿偏好	因素
設施設施	基礎設施、建築、客房設施、餐廳、遊憩設施、清潔衛生、安全。
服務品質	服務親切、服務態度、專業度、體貼、人情味、餐點、解說、套裝行程、交通接駁。
景觀環境	自然景觀、優美景觀、鄉居氣氛、室內外美綠化造景，庭園環境景觀特色景觀。
經營管理	價格、口碑、便利性、媒體報導、舒適情境。
遊憩體驗	生產資源體驗活動，生態資源體驗活動，生活資源體驗活動。

三、顧客價值

　　顧客價值是顧客對於民宿產品及服務、屬性與利益的偏好與評價，和使用民宿產品與服務以促進其目標與目的之達成所產生效益與體驗結果的認知。顧客價值來自顧客效用價值與顧客體驗價值，包括如下：

1. 知識價值：顧客追求新事物、新經驗與新知識，新知、藝術內涵。
2. 功能性價值：產品或服務所具有的實體或功能價值，顧客在功能性、實用性與使用績效等各方面的認知，來衡量其功能價值。
3. 社會價值：當產品能使消費者與其他社會群體連結而提供效用，如自尊、成就感、社會肯定、自我實現、符號價值、參考團體。
4. 體驗價值：感官與情感的體驗，如服務優越性、美感、趣味性。
5. 情感價值：當產品具有改變消費者情感上狀態的效用，如享樂、與他人溫暖的關係、心靈平靜、心胸開闊。
6. 情境性價值：在不同消費情境下，顧客對產品或服務的價值認知上會有所異，如異國文化體驗。

　　顧客總價值也可以是顧客期望從一產品或服務所能得到的所有利益；包括顧客總成本與總價值。顧客總成本是顧客在評估、取得及使用產品或服務後而產生的所有成本，包含了：金錢成本、時間成本、精力成本與心理成本等。而顧客價值是指「顧客從產品或服務中所得到的總價值」。這其中包含了產品價值、服務價值、個人價值和形象價值等。顧客價值也可從生理效益、心理效益、社交效益、放鬆效益、教育效益與美學效益等六種。

四、民宿資源

　　資源會影響市場選擇與市場定位，以及競爭能力。民宿除了本身資源外，周邊環境的資源也非常重要。民宿資源可包括：1.人：民宿主人的風格、親切接待服務。2.服務能力：接待能力、解說能力、套裝旅遊、氣氛營造力。3.區位：鄉村地區、風景區、都市地區或民宿社區。4.環境：自然與人文環境。5.產業：農村漁牧等生產、生態、生活等資源。6.周邊景點：周邊相關著名旅遊景點。7.實體設施：建築與設施。8.財力：民宿建設與經營都需要有財力支援。9.專業能力：經營管理能力、民宿經營的經驗與專業。10.行銷能力：產品設計、定位與定價、宣傳、通路、異業結盟。

五、競爭能力

競爭能力是比競爭者有更高獲取顧客、服務顧客及維繫顧客的能力。競爭能力考量的因素包如下：1.要了解顧客市場特性與偏好；2.如何為遊客創造價值；3.競爭對手行銷能力；4.關鍵的競爭因素為何；5.本身的競爭能力；6.關鍵競爭能力。

六、市場區隔

由於市場上消費者之需求因人而異，無法將有限的行銷活動用來涵蓋市場所有消費者，應針對消費者之特性選擇目標市場，以求深入目標市場結構並選擇市場區隔的變數。區隔變數可從地理變數、人口統計變數、心理統計變數及行為變數等來了解，進一步擬定產品行銷策略。

七、市場選擇與定位

定位可以定義成一種產品或服務在消費者心中的地位或形象。定位的目的也在於幫助經營者了解競爭產品之間的實質差異。定位的重點應在於認清可能競爭者的優勢，擬定正確的定位策略，掌握消費者的內心世界並試圖與行銷產品的企劃相結合。定位可分為：

1. 產品定位：是指產品在消費者心目中相對於競爭者產品的地位。
2. 品牌定位：主要目的在於區隔市場，形塑遊客心中獨特的地位，建立企業優勢。
3. 體驗定位：在於提供獨特的體驗，創造遊客心中美好的回憶。
4. 價值定位：在於提供遊客的獨特價值屬性與利益。
5. 情境定位：在於提供特殊的住宿情境。

八、民宿特色

民宿特色在於形塑民宿獨特形象，增加競爭者的差異性，吸引遊客來住宿，提供獨特的住宿體驗。特色的形塑可來自於：

1. 自然環境：自然環境特色、景觀特色及生態特色。
2. 人文環境：文化特色、產業特色、生活體驗及地方美食。
3. 經營特色：建築特色、異國風情、特殊體驗、經營者特色及服務特色。

相關特色因素整理如表10-3所示。

表10-3　民宿特色屬性表

民宿特色	屬性
自然環境特色	遠離都會鬧區、視野遼闊、寧靜偏僻、氣候怡人、原始自然、空氣清新、清幽雅緻、陽光充足、日出、落日、雲彩、彩虹、星象、蟲鳴鳥叫、寧靜清幽。
景觀特色	鄰近觀光景點、風景秀麗、庭園造景、鄰近山區、鄰近海濱、鄰近河湖、花木扶疏、田園環繞、地質景觀、平原、步道、嶺頂、懸崖、峽谷、河灘、曲流、峭壁、環流丘。
生態特色	植物生態，花、果、葉。 稀有動物生態，如蝶類、鳥類、魚類、禽類、獸類。
文化特色	歷史、懷舊、文化、文化遺址、農村風情、漁村風情、老街。
產業特色	休閒農業、觀光工廠、菇菌採拾、捏陶、捏壽司、標本製作、昆蟲採集等體驗活動。
生活體驗	溫馨舒適、簡樸雅緻、居家的感覺、社交聯誼、享受生活、聚落活動。
地方美食	客家美食、原住民美食、特殊食材、小吃
建築特色	歐式建築、日式建築、南洋風格、中國式建築、原住民風格、巴洛克式建築、傳統農舍、三合院、美學、知識、藝術。
異國風情	夢幻、浪漫氣氛、華麗尊貴。
設施特色	房間、空間、餐廳、停車場。
特殊體驗	風格獨特、具隱私感、重視個人、安靜。
經營者特色	熱情好客、幽默風趣、耐心體貼、與他人交際互動機會。
服務特色	套裝行程、解說導覽、體驗活動、諮詢服務。

九、發展主題

根據民宿特色發展民宿主題，如表10-4所示。

表10-4　民宿特色與民宿主題表

民宿特色	發展主題
自然特色	海濱民宿。
景觀特色	賞景渡假型民宿、景觀特色民宿。
生態特色	教育民宿、自然生態體驗民宿。
產業特色	產業民宿、農特產品及產區民宿、農場民宿。
生活體驗	漁村民宿、農村民宿。
地方美食	美食民宿。
文化特色	文化民宿、部落民宿、懷舊民宿、藝術文化民宿。

表10-4（續）

民宿特色	發展主題
建築特色	傳統建築民宿、復古經營型民宿、地方人文空間。
異國風情	異國風情民宿。
設施特色	另類空間民宿。
特殊體驗	運動民宿、溫泉民宿。
經營者特色	活動民宿、農村別墅風、現代別墅風。
服務特色	都市民宿。

十、風格設計

風格的設計主要在於呈現主題特色，風格而呈現標的包括：1.地點與環境：應該選擇景觀優美，環境幽靜，適合休閒及各種遊樂活動的地方。2.建築設計：為維護風景地區的自然景觀，建築物應盡量利用地形以當地的建材興建，同時外觀與色彩應力求與自然景觀互相配合，才有特色。3.設備：重視舒適方便，清潔衛生與安全並具家庭氣氛。風格設計內容包括1.主題特色。2.風格意象。3.空間組成。4.細部設計。

十一、經營管理

民宿的經營管理中，「人」是很重要的關鍵因素，民宿主人要營造出讓遊客有家的感覺之住宿體驗環境，並且要讓遊客能充分體驗民宿主人與民宿本身所擁有的特色與獨特性。經營管理大致可分為：1.民宿主人：風格、品味、魅力空間營造及經營管理能力。2.體驗活動：區域資源整合、活動安排、解說服務、民宿之美觀與設計。3.顧客服務：個人化服務、接待服務流程、餐食料理、套裝行程設計。4.業務與行銷：媒體報導、通路能力、異業結盟、社區連結。5.財務管理。

十二、體驗營造與顧客體驗

Schmitt（1999）以個別消費者的心理學理論，以及消費者社會行為理論作為行銷策略基礎，整合提出體驗行銷的概念架構，提出五大體驗模組包含：

1.感官（Sense）體驗是透過感官提供愉悅、興奮與滿足的情緒，為產品增添附加價值。2.情感（Feel）體驗是觸動消費者內在的情感和情緒，以促使消費者自動參與。3.思考（Think）體驗是利用創意，引發消費者創造認知與解決問題，企圖造成典範移轉。4.行動（Act）體驗是藉由身體體驗，尋找替代方法，替代的生活型態與互動，並豐富消費者的生活。5.關聯（Relate）體驗是讓人和一個較廣泛的社會系統

產生連結,建立強而有力的品牌關係與品牌社群。

　　體驗可以精彩的演出、夢幻的故事、安全的承諾、滿意的服務及新奇的體驗加以包裝,透過溝通、視覺口語識別、產品呈現、共同建立品牌、空間環境、網站、電子媒體、活動、周邊旅遊資源及人來提供給遊客深刻的感受。

十三、民宿的特色營造規劃流程

　　民宿的特色營造規劃流程如圖10-1所示。

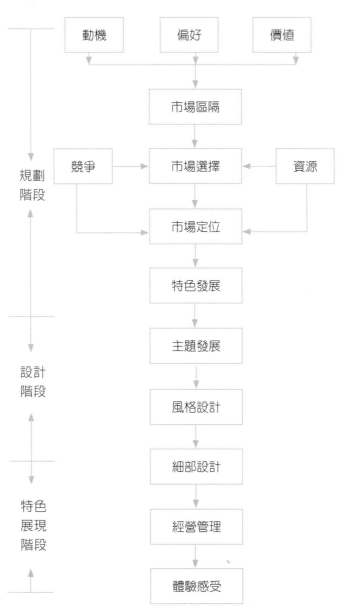

圖10-1　民宿的特色營造規劃流程

第二節　民宿特色環境規劃與設計

本節首先說明民宿特色環境規劃與設計內容，並以實際案例來說明設計實務。

一、環境規劃與設計內容

1. 民宿主題：根據遊客的偏好、市場競爭、資源能力及民宿主人的想法，歸納前節所說明的民宿特色，進而發展民宿主題。民宿主題需具有獨特性、魅力性、故事性、產品發展性、服務性、設計性及體驗性，方能整合民宿的發展方向，傳達給顧客一致的民宿意象，散發出吸引遊客的獨特魅力。譬如是峇里島、日式禪風、中國古典、歐洲風華等。

2. 風格意象：根據民宿主題發展出風格意象，代表該主題的人、事、物、景、色、意等風格意象，作為設計元素。

3. 空間組成：根據主題意象、設計機能及空間，發展出空間組合配置，作為設計的基礎。譬如入口特色、戶外走道、會客廳、吧檯、洗手間、廚房、餐廳、雙人房（單人床×2）、雙用衛浴、生態池、戶外亭園、游泳池、體驗設施及環境景觀。

4. 細部設計：將空間組成結合風格意象，發展出實體細部設計，以呈現其整體特色感覺。

二、實際設計案例：峇里島休閒風

(一)主題意象

高質感峇里島風休閒民宿villa，如圖10-2所示。

(二)風格意象

水池、雞蛋花、燭光、發呆亭、大面開窗、斜屋頂、慢活、婚禮白、宗教圖騰、與自然融合等設計元素，如圖10-3所示。

(三)空間組成

入口特色、戶外走道、會客廳、吧檯、洗手間、廚房、餐廳、雙人房（單人床×2）、雙用衛浴、戶外亭園、生態游泳池等空間組成，如圖10-4所示。

(四)細部設計

1. 入口意象：入口處即把橋面抬高，讓其下方可有生態水域，廊道部分就像圖片中的木製地板，旁邊還搭配些燈臺，在入口進入的正前方種植了一棵樹，可當端景也順便遮擋後方的SPA區。如圖10-5所示。

圖10-2　峇里島休閒主題意象

圖10-3　峇里島風格意象

2. 戶外發呆SPA亭：為開放式設計，設有布簾，如在進行全身SPA時能夠有效的遮蔽。衛浴為共用設計，能提供外面SPA區使用與雙人房使用，備有兩道出入口設計。如圖10-6所示。

3. 生態游泳池：由室內往戶外看的景觀，在生態池旁種植大量的樹木，隔絕與外界最直接的視線，讓泳池擁有比較私密性的空間。如圖10-7所示。

特色入口

吧檯

會客廳

戶外走道

廚房

餐廳

生態游泳池

圖10-4　空間組成

圖10-5　入口意象圖　　　　圖10-6　戶外發呆SPA亭

圖10-7　生態游泳池

三、設計物件案例

(一)迎賓大道及四季綠色隧道

1.使用對象：遊客、來賓、社區居民。

2.使用機能：入口處聯外人行步道。

3.鋪面材質：連鎖磚鋪面乾式施工（透水）。

4.主題植栽：

　(1)迎賓大道：桃花心木（綠蔭、遮蔽）。

　(2)綠色隧道：依四季不同變化交互搭配（風鈴木、阿勃勒、楓樹、樺木、櫻花、桂花、苦楝、烏桕）。

　　如圖10-8所示。

(二)景觀散步道

1.對象：遊園遊客。

2.機能：散步、小區域串連。

3.材質：飛石、石板、碎石。

　　如圖10-9所示。

(三)活動草坪與緩衝植栽

1.機能：戶外休憩活動、主題區域分隔。

2.構想：

　(1)活動草坪：耐踐踏草坪（斗六草、奧古斯丁、蜈蚣草……等）。

　(2)緩衝植栽：常綠喬木、灌木、地被（以原生種為主）。

　　如圖10-10所示。

㈣夜間照明

1.構想：配合園區生態環保概設計──太陽能。

2.機能：

 ⑴路燈：園道照明（高燈）。

 ⑵庭園燈：庭院及散步道照明（矮燈）。

 ⑶主景燈：景觀雕塑效果（投射燈）。

  如圖10-11所示。

圖10-8　迎賓大道及四季綠色隧道　　　　　圖10-9　景觀散步道

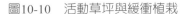

圖10-10　活動草坪與緩衝植栽　　　　　圖10-11　夜間照明

第三節　個案分析

以自然風民宿與異國風情民宿兩個不同型態之民宿，進行案例分析如下：

一、自然風民宿

1. 遊客市場：嚮往鄉村旅遊，忘卻都市紅塵，尋求心靈靜謐的遊客。
2. 資源：擁有大量的自然環境、環境景觀、生態資源、產業資源、生活體驗及民宿主人等資源，如表10-5所示。

表10-5　資源表

資源	項目
自然環境	玉山山脈、自然環境、聽鳥語輕碎、枝芽光燦閃耀。
景觀資源	溪、自然庭園、植青松水柳、水楊、五葉松。
生態資源	螢火蟲、溪魚滿水塘、荷花、紅冠水雞、白頭翁、翠鳥、白鷺鷥、白腹秧雞、竹雞、黑冠麻鷺、大花園、魚蝦、燭臺草、傘草、野薑花、蛙、蟲斯。
美食	機野菜田、農村式手工精緻料理、健康的飲食、健康醋飲。
產業資源	蜜桃、青梅與葡萄、自然農法、有機栽培、香菇農場、力陶莊、沐陶窯、九莒坪民宿、坪頂山莊共有16戶透天別墅。
生活體驗	農村體驗、山居生活、純淨的生活空間。
民宿主人	熱愛鄉土、追求自然。

3. 民宿特色：樸實、寧靜、健康、陽光、自然、閒適、美景、生態、空間。
4. 設計主題：鄉居生活環境體驗。
5. 設計要素：自然生態、開放空間、陽光、綠意、視覺景觀、燈光、花、草、樹、木。
6. 設計物件與空間分布：民宿建築、房間、餐廳、庭園、環境生態、牧場、有機農作物栽培、夜景。
7. 風格
   (1) 簡樸鄉居生活：自然、健康、鄉野而優閒。
   (2) 顏色：綠、木頭色、土灰色。
8. 主題呈現
   (1) 自然環境：綠意盎然，群山環抱，樹木扶疏、視野廣闊，日式禪風。
   (2) 房間：簡單，連結窗外美景，遠眺山巒。

(3)生態溪流：引溪形塑自然生態，生意盎然。

(4)庭園餐廳：鄉村餐飲，健康飲食。

有機農業栽植：農業體驗，健康意象。

9.話題性

(1)九二一地震：請人協助蓋屋，工資折抵未來住宿之費用。

(2)生態溪流。

(3)有機農業。

10.體驗營造

(1)套裝行程：引領遊客從事生態旅遊與鄉村旅遊。

(2)解說活動：引領遊客走出戶外。

(3)簡樸房間設備：體驗鄉居野趣。

(4)夜間生態旅遊：享受山居生活。

(5)健康餐飲：高纖低糖、低鹽健康饅頭與有機梅醋，創造健康價值。

(6)有機農業：推廣健康農業。

11.體驗主題

(1)農村體驗：一群耕土、耕田、耕心的友善環境的農民，耕種出自然無毒的健康
蔬果。

(2)健康體驗：純淨的生活空間、健康的飲食、自然的農產品、生態豐富的庭園、
會呼吸的綠建築。

(3)山居生活：單車、跑步、瑜伽、音樂、閱讀充盈我們自在的山居。

(4)生態體驗：知性自然。

12.感受：自在、優閒、淳樸、健康的山居生活。

二、異國風情民宿

1.遊客市場：遠離繁囂，盡情放鬆，尋求不同生活體驗的遊客。

2.資源：擁有大量的自然環境、景觀資源、產業資源、生態資源、生活體驗、特殊
體驗及活動體驗等資源，如表10-6所示。

3.民宿特色：夢幻、浪漫氣氛、華麗尊貴、陽光、自然、閒適、放鬆、隱密。

4.設計主題：異國風情體驗。

5.設計要素：海洋、陽光、視覺景觀、享樂、閒逸。

6.設計物件與空間分布：民宿建築、房間、餐廳、庭園。

7.風格：不同生活情境、優閒、明亮色彩。

表10-6 資源表

資源	項目
自然環境	海洋、陽光、沙灘、白雲。
景觀資源	龜山島、龜山旭日、北關觀潮公園。
產業資源	鯗仔魚博物館、梗枋標魚體驗。
生態體驗	賞鯨。
生活體驗	異國風情體驗、異國料理體驗。
特殊體驗	礁溪日式泡湯。
活動體驗	沙灘車、飛行傘、衝浪。

8.主題呈現

　　(1)民宿風格：浪漫。

　　(2)民宿遠眺海洋：海邊美景。

　　(3)客房：華麗、龜山旭日。

　　(4)庭園小憩：海邊閒適。

　　(5)情境餐廳。

　　(6)沙灘閒情。

9.話題性：龜山旭日；愛琴海民宿。

10.體驗營造：民宿形塑浪漫氣氛；閒適渡假空間；連結海邊視覺美感；沙灘閒情。

11.體驗主題：浪漫體驗；享樂渡假體驗；異國風情體驗。

12.感受：浪漫、享樂、閒適的海邊渡假生活體驗。

關 鍵 詞 彙

民宿特色	風格意象	民宿主題
民宿特色營造	風格設計	民宿特色體驗

自 我 評 量 題 目

1.試說明民宿業特色營造規劃之內容為何？

2.試說明民宿業特色的組成為何？

3.試說明民宿特色環境規劃與設計的內涵為何？

4.試說明如何營造民宿特色體驗？

第十一章

民宿業經營管理

學習目標

1. 了解民宿業經營管理的主要概念
2. 藉由服務業行銷探討民宿的經營管理之道
3. 民宿該如何塑造主題特色

摘要

　　民宿經營之成敗，經營理念是最重要的一環。本文擬從服務業行銷的觀點切入，探討民宿產品特色之塑造以及提出民宿的行銷策略方向。另外，並以民宿主人的角度提出經營民宿須具備的民宿主人特質與顧客間的互動關係。

　　在經營型態方面，鄭健雄（2001）在「民宿經營之道」論述中，以餐旅服務業（hospitality industry）的概念，認為民宿的經營必須植基本身的實體特色（建築風格、料理、區位、優勢地位、品牌形象、市場區隔及產品地位）。而吳乾正（2001）在「農園的民宿經營」一文中亦提出民宿的經營條件應該：1.豐富的區域資源。2.舒適溫馨的住宿空間。3.認真用心的主人。

　　因此，民宿經營之成敗，經營理念是最重要的一環。民宿經營者必須具備良好的理念和態度才能將民宿經營得有魅力而且有內容、有特色、有價值，好的經營理念是成就優質民宿的基本條件。另外，經營者對於地方必須有明確的願景，因為地方資源須永續的經營，兼顧生態保育、資源的保護、文化的保存才能讓地方得以永續發展。

　　民宿主人在思考民宿經營之道時，除應吸取先進國家民宿發展的經驗外，亦應掌握服務業行銷的概念、民宿特色的塑造以及目標顧客群的鎖定，以提升民宿服務品質與市場競爭力。基於此，擬從服務業行銷的觀點切入（鄭健雄，1998b），探討民宿產品特色之塑造以及提出民宿的行銷策略。

第一節　服務業行銷的概念

　　Kotler（1991）則認為「所謂服務是指一個組織提供給另一個群體的任何活動或利益，其基本上是無形的，且無法產生事物的所有權。」行銷學者Buell（1984）引用美國行銷學會（American Marketing Association, AMA）對服務的定義，認為「服務純為銷售或配合一般商品銷售，而連帶提供的各種活動（activities）、利益（benefits）或滿足感（satisfactions）。」由上述定義顯示，本書認為「服務是一個組織為滿足顧客需求以及企業目的，而提供與銷售產品有關的各種活動、利益或滿足感。」一般產品可分為製造業的實體產品（physical product）與服務業的服務兩種，而服務業的特性和製造業不同，綜合學者（Parasuraman, Zeithaml, & Berry, 1985；Kotler, 1991）的定義，認為服務業的服務具有無形性、異質性、不可分割性、易逝性等四種特性，這些特性對行銷計畫具有決定性的影響。茲將服務的特性及其可能產生的行銷問題略述如下：

一、無形性（intangibility）

　　任何產品都具有無形和有形的特性，服務所銷售的是無形的產品，消費者在購買一項服務之前，通常比較無法看到、品嚐、摸到、聽到或嗅到，這是服務與實體產品的一大差異。因此，消費者很難在購買前感覺到服務的產出或結果，也缺乏客觀具體的標準判斷服務的內容與價值。換句話說，消費者購買「服務」後，並沒有因此而取得任何實體的持有物，頂多取得一種憑證或一種象徵而已。正因這種特性，產生了一些行銷難題：

1. 服務的無形性，產生向消費者溝通展示的困難性。
2. 服務成本因無形性而計算不易。
3. 無法利用專利權來保護該項服務產品。
4. 消費者無法預知服務的結果，將使消費者在購買時缺乏信心。

二、異質性（heterogeneity）

　　隨著服務提供者的不同，或是提供服務的時間、地點與對象的不同，都會造成服務效果的差異，即使是同一位服務的提供者提供相同的服務，服務品質也會因當時的精神或情緒而有差異。服務的異質性使得品質的標準化難以達成，尤其當服務業傾向使用大量人力時，服務品質的控制更是一大挑戰。由於服務者的個別差異，使得服務品質不容易維持一定水準，也就是說，服務品質之一致性相當低。

三、不可分割性（inseparability）

此一特性又稱同時性（simultaneity），是指服務的生產與消費通常是同時進行的，服務在進行時，通常服務者與被服務者必須同時在場。這與一般實體產品必須經由生產、銷售、配送，最後才消費的程序是不同的，產品可以事先生產再進行消費，其生產與消費之間通常具有時間差。易言之，服務常是一種活動過程，在此過程中，服務的提供與消費是同時發生的，無法分割。因此在交易時，買方對賣方依賴性極大，而且大部分的服務行為都必須要有買方的參與，這使得提供服務者與消費者雙方間的互動關係相當頻繁，這樣的互動常影響服務的品質。也就是服務的不可分割性使得生產與消費間具有高度的互動性，造成服務要集中大量生產的困難。

四、易逝性（perishability）

服務因具有不可分割性，造成服務無法儲存的特性，其產能缺乏彈性，對於需求變動無法透過存貨以調節產能。一般的實體產品可以生產相當的數量之後加以儲存，或消費者可以考慮本身的使用狀況，採購時可以多買一些以備不時之需。儘管服務業可在需求產生前準備好各項服務設施與人員，但其所產出的服務卻具有時間效用，必須及時使用，否則即將形成浪費。換言之，當需求變動很大時，要使服務的供給與需求能相互配合是相當困難的。因此，產能規劃與成本的取捨即成為影響服務品質的一大關鍵因素。

以下即針對服務業特性所引發的行銷問題加以探討可行的行銷策略。

(一)克服服務的無形性問題

Kotler（1991）認為可以提高服務的可接觸性與強調服務的利益，來增加顧客的購買信心，可將服務給予品牌或透過知名人士的背書推薦來增加顧客購買信心與品質的保證。George & Berry則重視「口碑效果」，由於服務品質的好壞只有接受過的顧客最了解，透過口碑，藉由滿意的顧客將經驗介紹他人或利用意見領袖做廣告，使其發揮引導效果，並持續地做廣告來創造服務的差異性，建立企業的特定形象增加顧客的購買信心。Deardon（1978）認為利用成本會計的技術來分析服務的成本，除了可協助公司定價，也可對服務的成本做有效的控制。

為了降低顧客對無形服務消費的不確定性，消費者通常會要求服務品質的保證或具體事實。他會從看得見的地點、人員、設備、符號象徵或價格來推斷服務的品質。所以，服務提供者的任務就在於如何讓「無形的事務具體呈現」（tanglibilize the intangible），讓無形化為有形，讓看不見的服務可以看得見、感覺得到。

(二)克服服務的異質性問題

　　Kotler認為在首先要在人員甄選與訓練上投資，其次是將服務績效評核制度給予標準化，然後再建立完善的顧客反應追蹤系統，可以及早發現錯誤並糾正，以提高品質的一致性。George認為服務的自動化可以降低人為的誤差，以提高服務的一致性並可大量生產來降低成本。由此可知，若要求服務品質的穩定性就要重視員工的素質，要鼓勵員工、激勵員工，如此服務品質才易於保持一定性。

(三)克服服務的不可分割性問題

　　Upah認為將顧客予以區隔化，可以提高服務的效率，再從改進生產的程序、發展聯合服務以提高產量、降低成本。雖然服務有不可分割的限制，也可以採用多設分店或機構的方式或是縮短服務的時間，以提供更便利的服務機會。

(四)克服服務的易逝性問題

　　因為服務具有易逝性，不能儲藏，而產生需求的不穩定性，會使得供給很難配合，因此為改善服務的供需狀況，建議採取下列策略：

1.改善需求

　(1)採取差別定價：對尖峰時段與離峰時段的需求，採取不同的價格，離峰時段以低價或折扣消費者，藉此改善不規則需求。

　(2)加強離峰時段的促銷：促銷離峰時段的需求，以充分利用資源。

　(3)給予補充性的服務：在尖峰時段，針對等候顧客提供額外的服務。

　(4)實施預約制度：是一種管理需求水準的方式，便於事前估計需求量。

2.改善供給

　(1)雇用「臨時人員」，以解決尖峰時段的服務需求問題。

　(2)尖峰時段採取更有效率、更便捷服務方式處理，避免壅塞，以提高供給量。

　(3)提高消費者的參與，將簡單或不重要的工作由消費者自己親自動手。

　(4)發展聯合服務，與同業共同採購設備或共同行銷，例如民航機之聯合定位服務，以增加服務的供給。

　(5)有計畫的購置設備，以供未來發展之用。

　　凡是符合上述無形性、異質性、不可分割性以及易逝性等服務特性的產業，均屬於服務業的範疇（翁崇雄，1991）。服務特性所引發的行銷問題，也必須要能在行銷策略中加以解決，因為民宿亦屬於餐旅服務業的產業範疇，有關的行銷問題亦可參考服務業行銷的理念與策略。

第二節　民宿產品特色的塑造

　　民宿的經營若欲與一般旅館業有所區隔，必須掌握所謂「餐旅服務業」（hospitality industry）的產業概念（Powers, 1992）。就hospitality的字面意義，係指以經營餐廳與旅館為主之服務業。但根據牛津大字典的解釋，這個字具有更廣泛的意涵，hospitality係指以和藹、親切的態度來接待與取悅客人、遊客或陌生人之意，由此引伸，凡是從事類似以主人和藹、親切的態度來接待顧客的行業皆可稱之為餐旅服務業（hospitality industry）。因此，民宿的經營理念應可充分運用餐旅服務業的產業概念加以轉換使用。在轉換使用餐旅服務業的產業概念時，應同時掌握民宿經營利基的來源與產品特色之塑造。

一、民宿的經營利基

　　過去企業界常運用實體特色、科技特色、名字認同、主導地位、進入障礙、品牌形象以及市場區隔等方法，來建立競爭優勢或價值壟斷（De Bono, 1992），這些方法有些至今仍很重要，有些則已如昨日黃花。事實上，民宿的經營必須值基於民宿本身的實體特色、先占的優勢地位、優質的品牌形象、精準的市場區隔以及成功的產品定位，若能掌握上述經營利基，民宿經營才具有市場競爭優勢。茲分述如下：

1. 實體特色：指利用民宿獨特的建築風格、料理或地理區位的優勢，皆可創造市場上獨特的實體特色，例如觀光飯店最重要的三個要素是地點、地點以及地點。只要位居觀光樞紐地段，就有了地理優勢。

2. 優勢地位：有時候，一個公司在市場上的主導到了某一程度以後，他的主導地位就形成一種難以抗衡、競爭的態勢。例如在民宿同業中以具有良好口碑的金瓜石的緩慢民宿、宜蘭的逢春園、庄腳所在、臺東池上的玉蟾園、南投水里的老五茶館、清境的老英格蘭、見晴山莊等知名民宿，由於經營主體明顯，加上善於經營顧客，各自擁有為數不少的顧客群，在同業中已明顯具有先占優勢。

3. 品牌形象：想要取得競爭優勢，最傳統的方法就是透過品牌形象。例如宜蘭的逢春園、宜蘭庄腳所在等先占民宿，在民宿市場中已具有品牌優勢，雖然面臨許多新競爭者的競爭，卻仍一直表現相當出色。

4. 市場區隔：民宿的核心產品應具有非常清楚的市場區隔與主題特色，才能在利基市場產生競爭優勢，至少這種作法能讓民宿的經營有一個不錯的起步與明顯的市場區隔。

5. 產品定位：就民宿的產品定位而言，若能在區隔好的市場中，針對民宿形象和提

供衍生產品的附加價值活動，讓特定消費族群了解，並喜歡民宿的主題訴求與主人親切的服務，相信已跨出成功的第一步。

二、民宿的主力產品塑造

從策略管理的觀點，低成本與差異化策略乃代表企業取得競爭優勢的兩個基本方法，較佳的品質、較佳的效率、較佳的顧客回應、較佳的創新則是民宿掌握競爭優勢的四大基石（Hill & Jones, 1998）。任何民宿，不論行銷訴求主題是農莊體驗、海濱民宿、溫泉民宿、歐風民宿、養生民宿或民宿，必須與同業競爭者比較之下具有較佳的品質、較佳的效率、較佳的顧客回應、較佳的創新，才能產生低成本與差異化的競爭優勢（鄭健雄，1998a）。但是要如何創造民宿特色呢？本書認為要先從民宿本身擁有的資源特色（核心資源）出發，發展出具有獨特競爭能力的商品（核心產品）以吸引遊客前來消費。Kotler（2000: 394-396）認為行銷人員為了進行有效的市場規劃，必須審慎思考產品的五個層級（見圖11-1）。民宿主人若能透過Kotler的產品層級概念加以轉化運用與設計，有助於民宿主人培植、塑造與強化主題特色。以下即以民宿最主要的兩項的核心產品——「住宿」與「餐飲」為例，說明民宿如何規劃與設計產品，以建構民宿的主題特色與獨特競爭能力。

圖11-1　產品設計的五個層次
資料來源：Kotler, 2000: 395.

1. 核心利益（core benefit）：以民宿所提供的住宿服務為例，本質上，「住宿」最基本的產品層次為民宿的「核心利益」，亦即遊客真正想要從住宿中獲得的基本利益是什麼？此一層次所稱「核心利益」係指民宿遊客在購買住宿時，真正想要購買的核心利益是可以獲得「休憩和睡覺」的私密空間，而客人至餐廳用餐真正購買的是「填飽肚子」。

2. 基本產品（generic product）：規劃產品的第二個步驟必須將核心利益轉換成基本產品，亦即提供住宿產品的基本事物。例如民宿或旅館經營是由可出租的建築物或房間所提供；餐飲經營則可由顧客享用餐飲服務的建築空間或餐館所提供。

3. 期望產品（expected product）：此即購買者通常所期望的一組屬性與狀態，且在購買時能符合他原先的期望。例如住進某一家民宿或旅館的遊客所期望的是看到一張乾淨的床、完善的衛浴設備、必要的家具及水電設施以及相當程度的寧靜。再如到一家餐館用餐的顧客所期望的是乾淨衛生的料理、安全寧靜的空間、親切和藹的服務。

4. 衍生產品（augmented product）：亦即提供顧客額外的服務與利益，已超出同業所能提供的服務水準，讓顧客感到驚訝與非常滿意！唯有如此，才能與同業競爭者所提供的產品有所區隔。今日商場競爭成敗的關鍵或是取得競爭優勢的來源大都發生在「衍生產品」的層次，也是任何一家企業產生經營利基的關鍵層次。例如某一家民宿將其產品或服務延伸至提供額外的服務，包括民宿主人親自導覽解說、下次再來享受特別優惠折扣、附贈精緻晚餐與早餐、賓至如歸的客房服務、以及提供遊客「家」的感覺與氣氛等衍生產品；一家餐館的服務可衍生至聘請名廚掌廚（如臺北曾風行一時的葡式蛋塔）、發給貴賓卡、專人廂房服務、鄉土料理、外送服務、生機飲食、享用美食的氣氛等。因此，產品衍生的概念促使民宿經營者必須注意顧客整體消費系統的提供，藉由附屬於核心產品上的包裝、服務、廣告、顧客諮詢、融資、運送、倉儲以及其他消費者所重視的消費趨勢衍生出更多的附加價值，以獲得顧客高度口碑。例如最近全套式休閒旅館或家庭式民宿的流行，這種包括有起居室、客廳、餐廳、廚房的渡假空間，讓遊客如同住在「家」的感覺一樣，這種轉變乃民宿產品的「衍生產品」。

5. 潛在產品（potential product）：指所有可能成為衍生產品及其各種轉換的形式，而在將來可能大行其道的產品，這種產品的主要特色不只是為了被動地滿足顧客需求，而且亦為了主動地「取悅」顧客，在此所使用「取悅」一詞，乃強調所附加的利益並非顧客原先所期望的，但會讓顧客感到驚喜與高度滿意。前述「衍生產品」係指今日顧客所重視的產品附加價值，而「潛在產品」則指隨著產品可能的演進而附加上去的利益，簡單地說，潛在產品也就是明日的「衍生產品」。

從上述產品的五種層次來看，民宿所提供的產品，在前三個產品層級與一般旅館產品大同小異，民宿若想在競爭激烈的住宿市場分一杯羹，並與一般旅館有所區隔，必須在第四個層級「衍生產品」取得獨特競爭力（見表11-1），此乃意謂著民宿必須尋求更進一步的附加服務或利益以增加民宿產品的附加價值。因此，一家民宿能否藉由「衍生產品」衍生出更多的附加利益以獲得顧客高度青睞與口碑，這時「衍生產品」才能成為民宿經營利基與獨特競爭力所在。

表11-1　民宿主題特色之塑造

產品層級	住宿	餐飲
核心利益	睡覺或休息。	填飽肚子。
基本產品	可出租的建築物或房間。	可供餐飲的建築物或餐館。
期望產品	乾淨的床、精美衛浴、家具、寧靜。	衛生料理、親切服務。
衍生產品	導覽、特別優惠、家的感覺。	精湛廚藝、親自下廚、有機。
家庭式民宿	料理、私房菜、量身訂做。	
潛在產品	指隨著產品可能的演進而附加的利益，也就是明日的「衍生產品」。	

資料來源：本書。

第三節　民宿行銷的策略方向

從上述分析顯示，民宿最重要的核心競爭力（core competence）在於透過「衍生產品」提供遊客另外一個「家」的感覺，民宿主人若能將顧客當成自己的「家人」、「朋友」款待，與顧客建立一種類似家人或好朋友關係，這種顧客關係網絡的建立可視為塑造民宿的核心利基。最近一項有關民宿顧客滿意度之實證研究（鄭健雄等，2001）指出，民宿的行銷通路以親友、同事介紹最多，其次是報紙，對民宿而言，口碑及大眾傳播媒體顯然是非常重要的行銷管道。因此，「如何與遊客建立持久顧客關係」即成為民宿塑造經營利基的最高指導原則，也是民宿行銷策略的關照重點。就此觀點，民宿強調的行銷不只要外部行銷，更要重視內部行銷與互動行銷（見圖11-2）。「外部行銷」（External Marketing）是指公司提供產品、定價、配送、及促銷服務給顧客的各種經常性工作，即一般所指的4P's行銷（Product, Price, Place, Promotion）。「內部行銷」（Internal Marketing）是指公司提供員工訓練與激勵工作，以使員工提供更佳的服務給顧客；「互動行銷」（Interactive Marketing）則是有關員工服務顧客的技術，藉以建立良好的顧客關係與高度滿意，故互動行銷

亦可稱之為「關係行銷」（Relationship Marketing），因此，不論是「互動行銷」或是「關係行銷」，其主要任務是創造、維繫、強化與顧客之間的強勢關係（Kotler & Armstrong, 1998），以獲得顧客的高度滿意與忠誠。由此可見，民宿的行銷策略重心在於「如何與遊客建立持久顧客關係」。

　　民宿在建構行銷策略時，應致力於「如何與遊客建立持久顧客關係」，發掘目標顧客最看重的產品特點，以及找出哪些是受重視的產品與服務。要使民宿能在觀光餐旅市場分一杯羹，必須集中一切資源致力於創造「顧客至上」的競爭優勢，必須清楚了解自己哪一點勝過競爭者，然後毫不保留地鎖定經營焦點，並排除其他業務把焦點放在您這家民宿最擅長的工作，以及顧客最重視的優勢產品或服務上面。當然，決心把一件事情做好並不困難，難的是要找出什麼才是經營焦點、要做到何種程度才能贏得顧客心。

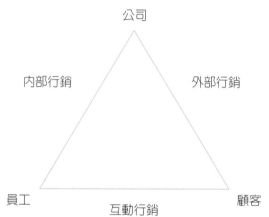

圖11-2　服務業行銷的三大類型
資料來源：Kotler et al., 1999: 500.

　　本書依據民宿欲建立競爭優勢的關鍵在於「如何與遊客建立持久顧客關係」。因此，民宿行銷策略的建構必須致力於創造、維繫、強化與顧客之間的關係行銷，本書參考關係行銷的重要理念以及如何贏得顧客心的觀點（Whiteley & Hessan, 1997），提出以下四個建立關係行銷的具體作法：

一、確認民宿真正想要的目標顧客

　　民宿主人必須認清哪些人是民宿真正想要的顧客，首先應對整個顧客群有清楚的認識，尤其是那些最能讓您這家民宿賺錢的顧客。但誰是讓我們最賺錢的顧客？過去行銷學總是認為所有人都是您的顧客，這種想法也對，但僅適用於大眾市場。在一個強調小而美的利基市場，民宿主人應把目標對準民宿可以提供最佳服務的顧客，然後

摒除其他市場，以設法找出經營焦點，找到民宿的經營方向。因此，民宿主人一開始便問自己：誰是最能讓我這家民宿獲利的顧客？這個問題可提供線索，找到最適合民宿的目標顧客群。這種利基行銷（Niche Marketing）是定義較狹窄的顧客群，尋求一特定的產品利益的組合。這種行銷方式雖不可能討好所有的顧客，卻可能成為某些重要顧客心目中的獨特渡假場所。

二、發掘目標顧客最重視的產品與服務

　　民宿主人要了解的是顧客購買東西（喜歡民宿）的動機，而不是只關心您想賣的東西。了解能讓民宿贏得口碑的顧客真正看重、在乎的事物，往往會讓民宿主人熱切地想達成顧客心中的理想，而不再那麼在乎眼前的瑣事（例如計較導覽解說多少錢、紀念品多少錢）當顧客經營的方向是由顧客的觀點來著眼時，就表示您已找到明確的經營焦點，可以開始致力於發掘目標顧客極度重視的事物，這時您就會問：您真正在賣的是什麼東西？顧客實際買的又是什麼？

三、發掘明確的經營焦點

　　將民宿未來的發展方向建立在顧客最重視的關鍵與自己（指這家民宿）最擅長、最具特色的專長的交集部分。現在，您對顧客群已經有了清楚的認識，也知道以哪些人為目標顧客，以及他們極度看重的關鍵事物，再來就要調整民宿的經營焦點，塑造民宿特色，開創卓越表現。民宿業者若能衡盱本身競爭力強弱與顧客反應作為策略決策依據（見圖11-3），將可有效掌握經營焦點與未來經營方向。茲分述如下：

1. 客不重視／核心競爭力弱時，必須立即採取「收割策略」：若對顧客有意義，就去做；如果這項新產品或服務不會增加民宿經營的利益，就應停止投資。

2. 顧客不重視／核心競爭力強時，必須考慮「轉投資策略」：即使這項產品或服務很好，也具有很強的競爭力，但顧客不認同，您亦必須立刻踩剎車，另謀他途，開闢新的途徑。如果您把某項顧客不需要的事情做得很好，您也必須要暫停腳步，然後另外尋找真正喜歡您產品或服務的目標顧客群，要不然就要調整您的產品與服務品質。切記如果這件事不值得做，也就不值得白費心力去做了。

3. 顧客極重視／核心競爭力弱時，採取「聯盟策略」：當越來越多的企業將經營焦點集中在如何努力讓顧客更重視他們的產品或服務以滿足顧客需要時，他們會採取與其他公司策略聯盟方式以彌補自己的短處。不過這種借重外力的前提是，為使民宿經營的焦點放在最擅長的工作，必須將本身「做不好的事情」採取策略聯盟，好讓自己將焦點致力於創新。這裡所謂「做不好的事情」，指將那些並非最

	顧客不重視	顧客很重視
核心競爭力強	2 轉投資策略	4 集中化策略
核心競爭力弱	1 收割策略	3 聯盟策略

圖11-3　民宿經營方向之調整
資料來源：本書。

要緊的工作，留給在此一方面可以做很好的公司。

4. 顧客極重視／核心競爭力強時，採取「集中化策略」：當找到顧客重視的事物與民宿本身核心競爭力強時，也就等於找到獨特的經營利基以及明確的經營焦點。換言之，當民宿找到明確的經營焦點，就像一匹賽馬只須在跑道上集中火力，專心向前衝刺，其他一概視而不見！

四、全家人致力於營造顧客「渡假的家」的氣氛

　　要貫徹並實踐經營焦點，就必須讓全家大小都熱衷於創造「渡假的家」軟硬體搭配。當然要讓全家上下推行這股風潮，就要明確指出民宿經營與其他旅館業不同之處？事實上，顧客並非一直在買您以為您在賣的東西。您可先詢問家人：「我們在賣什麼東西？」再問您的顧客：「您們來民宿渡假真正想買的又是什麼？」過去我們總是認為我們賣的是產品和服務，但顧客買的卻是他們從使用這些產品和服務當中所得到的利益，例如主人的親切和藹、另一個家的感覺、信譽、社會地位的象徵等這些東西，也就是前述產品的五種層次中的第四層——衍生產品（Augmented Product），提供顧客額外的渡假利益，以超出同業競爭者所能提供的服務水準，讓顧客感到驚訝與高度滿意，唯有如此，顧客才會產生口碑！

第四節　民宿的行銷策略

　　在競爭日益激烈的國內住宿市場，若想讓民宿成為國人渡假旅遊的另類選擇，民宿主人必須設法提升服務品質方能吸引顧客上門。本書為協助國內民宿主人提升

民宿服務品質與市場競爭力，擬從服務業行銷的觀點切入，探討民宿的行銷策略。從Kotler（2000）所提出來的五個產品層級概念來看，民宿所提供的產品，在核心利益、基本產品與期望產品等前三個層級與一般旅館產品大同小異，民宿若想在競爭激烈的住宿市場分一杯羹並與一般旅館有所區隔，必須在第四個層級「衍生產品」取得獨特競爭力，此乃意謂著民宿主人必須尋求更進一步的附加服務或利益以增加民宿產品的附加價值，藉此構築民宿的產品特色與經營利基。事實上，民宿最獨特的核心競爭力（Core Competence）在於可以提供遊客另外一個「家」的感覺，民宿主人應與顧客建立一種類似家人或朋友的親密關係。簡言之，民宿的行銷策略重心在於「關係行銷」，亦即強調「如何與遊客建立持久的顧客關係」。本書認為欲與顧客維持密切的關係，必須確認民宿真正想要的目標顧客、發掘目標顧客最重視的產品與服務、發掘明確的經營焦點、以及全家人致力於營造顧客「渡假的家」的氣氛。

為增進民宿的獨特競爭優勢，本書建議民宿主人必須針對以下三個行銷策略加以具體落實。

㈠善用顧客關係管理，以贏得顧客忠誠與高度口碑

現代經營管理科學對「顧客優先」的詮釋，已經從「如何獲得顧客的滿意」逐漸進化為「如何保有顧客的忠誠」。Whiteley（1991）指出論壇公司（The Forum Corporation）針對加州一家銀行進行市場調查時發現，在該行服務的服務等級評定為「差不多」、「不怎麼樣」的受測者中，有40%的人表示「很滿意」，但「我很滿意」的意思是指「我可以接受」，絕非是建立顧客忠誠度的基石。在這個個性化時代，顧客對個性化的需求日益殷切，企業若能快速掌握顧客的個性化需求，提供個別化服務，才有機會贏得顧客的忠誠與高度口碑。

㈡發揮以客為尊的接待精神，提供個別化的VIP服務

Kotler等人（1999: 48）認為要滿足顧客特定需求，必須建立顧客快速反應系統（Quick Response System），或採取類似Toyota、McDonald's、Levi's Stores所實施的「及時供貨系統」（Just-in-time delivery system）。畢竟「商品是由需求拉動，而非預測推動。」例如李維牛仔服飾公司（Levi's Stores）為了提供顧客完全合身的牛仔褲，售貨員會幫顧客量身打造，然後把尺寸、挑選的式樣、顏色等輸入電腦，資料會馬上傳輸到田納西州李維牛仔服飾的工廠，牛仔褲經過縫紉、洗滌、烘乾、包裝後就直接送到府上。同樣地，顧客在出外渡假旅遊時，越來越希望獲得主人獨一無二的招待與VIP的服務；就民宿的行銷策略而言，「以客為尊」、「顧客至上」乃是民宿經營的最高指導原則。

㈢ 建立完善的顧客資料庫，以提供顧客一個「渡假的家」的感覺成功經營的民宿都能傾聽顧客的聲音與意見，他們經由顧客的電話詢問、互動關係、抱怨項目以及

聊天內容等途徑，取得精確的顧客資料再分析偏好，然後確實運用這些顧客資料量身打造個別化服務，以贏得顧客的高度忠誠。今天，民宿顧客的忠誠已不再出於某種機械式的反應，而是一種熱情相約，民宿主人必須具備良好的顧客關係，把客戶關係管理做好，好得幾乎讓顧客覺得尷尬，讓顧客覺得不只是您的忠實愛護者，而是徹頭徹尾變成是您的信徒。經營顧客心不只讓他滿意而已，還要非常滿意！民宿的經營焦點若能鎖定個別化的顧客服務，針對每一個顧客或家庭的需求，以最好的朋友或家人的關係量身訂做特定的接待方式，塑造自己的民宿成為顧客「渡假的家」，才能在競爭日益激烈的休閒渡假市場異軍突起、建立品牌，塑造民宿風格與特色。

第五節　與顧客間的互動

　　好的民宿像是當地的接待家庭，除了住宿之外，餐飲也十分重要。另外，導覽解說也是民宿主人必須具備的能力。有得住、有得吃、有得玩，是民宿提供的基本服務。另外，對於空間的規劃、環境的設計以及對生活的品味和用心，更是民宿主人必須努力學習追求的。小而美是民宿經營的基本觀念，精緻而有特色更是民宿生存的不二法門。

　　設定經營的客群和風格，經營民宿必須以高滿意度為經營目標，良好的滿意度和口碑，其實才是經營民宿最重要的部分。

　　並且建築風格和特色是民宿經營的主體，打造溫馨舒適的渡假空間，絕對不能忽視環境中任何的細節，更重要的是必須將客人當成朋友。除了以上條件以及行銷外，在經營管理上還有很重要的一環即是與顧客間的互動，由於民宿的經營不像一般的飯店旅館業，有固定的SOP流程與服務，許多顧客就是衝著民宿主人的個人特質、熱情、互動所以選擇居住民宿，因此，經營民宿仍須具備以下特質：

1. 扮演好民宿主人的角色：角色的扮演是經營上最重要的基礎，扮演好主人的角色將能促使經營的品質更為提高。而主客之間的互動，主人扮演的是相當關鍵性的角色，出色的經營者一定是一位可以和顧客產生良好互動的主人。因為主人的熱情拉近了和顧客間的距離，也因為主人的用心而使客人感動，更因為主人的真誠讓主客間的關係變得自然而和諧，一個好的主人是可以讓顧客放心而且安心的人，扮演好主人的角色才能有好的互動關係。

2. 用分享的心情，把顧客當朋友：非商業化也是另外一種經營的潮流。工商發達的時代，人與人之間的關係總是較為冷漠與疏離，過度的商業亦是現代人不喜歡的

感受。由主人自己經營，直接面對顧客的小而美經營模式，是現今許多消費大眾的新寵，究其因，主要是一種與商業、空間不同的感覺，主客之間的關係像是朋友，可以放開心胸、拉近距離，不但建立了良性的互動模式，也讓老主顧成為好朋友，對經營者而言，客層會更加穩定，對顧客而言將可滿足其更豐富消費內涵，把顧客當朋友將是一種互動最好的模式。

3. 誠實和信用是互動的基礎：服務和經營最重要的是誠實和守信用，有了誠信的基礎才會有良好的互動結果。以顧客而言最不能接受的是一種受騙的感覺，不論是產品或是無形的服務，最重要的是讓人感受物超所值。讓顧客滿意就是最好的互動，讓顧客有一種超乎期待的感受，一旦相信了主人和產品才能有好的互動結果。相信是主客之間最難建立的基礎，好的經營者必須具備良好的品德基礎，以誠實的態度和守信用精神才能贏得更多顧客的愛護和支持。

4. 察言觀色、將心比心：優秀的民宿主人必須具備高度的感受能力，而且很清楚顧客的需要。所以必須在很短的時間內讓顧客滿意，而溝通是最重要的方法，經由良好的溝通才能讓主客之間產生良好的互動。而溝通最重要的是必須細心的了解顧客，除了聽其言更要觀其行，若能將心比心更能發揮良善的互動效果。人與人之間，主客之間若能持將心比心的信念，將是和顧客之間產生互動最快的方式。

5. 用良好的理念：良好的理念是民宿主人和顧客之間最佳的橋梁，唯有透過好的經營理念才能讓顧客感受經營的用心和對客人的尊重和努力。經營理念如同企業文化的根基，經營者的風格乃延伸於自身的經營理念，包括對於產品、服務的堅持，對於員工的照顧、社會責任以及和社區的關係都會影響經營的本質，當主人有良好的經營理念，顧客其實很容易感受得到，良好的經營理念是讓顧客支持的最好的原則，更是和顧客互動的根本。

6. 打造優質的環境與空間：環境和空間將影響主客間的互動，一個舒適美好的空間和環境可以讓彼此間的互動更為加分。而打造一個優質的空間和環境是一個經營者必須掌握的基礎，任何的顧客都希望可以在美好的環境中消費。一個優美舒適的空間將可提高互動的價值，空間是會說話的，主人的用心將可在空間和環境中呈現，當顧客覺得被尊重的時候，互動的基礎不但是穩固的，而且將事半功倍。只要你用心打造，顧客一定可以感受得到，打造會說話的空間將使主客間的互動更自然，更容易令人滿意。

7. 以創意塑造更美好的感受：讓顧客有更美好的感受，就是一種最直接的互動，而美好的感受又往往來自於特別的創意。當經營者用創意經營時，顧客其實可以很快速的享受到，包括產品、服務或是環境和空間上的創意。美好又特別的創意其實和顧客之間的互動關係是很微妙的，經由創意可以傳達很多的想法，很多的觀

念和經營者的內涵，有了好的創意，主客之間的互動將更容易，也容易讓顧客接受。

8. 透過導覽解說強化主客互動：解說是主人傳達訊息的最佳模式。經由主人的解說和介紹，不但可以有學習的效果，也將經營者的想法很清楚完整地傳達出去，不但是省時省事，更是一種和顧客互動的好方法。透過導覽解說可以增進顧客的認知，包括對產品、環境以及一切相關的知識和訊息，讓顧客很方便地了解、很快地進入狀況，了解經營者想法和經營內容，也讓主客之間的互動更快進入狀況。

9. 創造高附加價值的產品與服務：不論和顧客有多麼好的互動，最重要的仍是產品和服務，優質的產品和服務才是與顧客互動的最佳利器。經營者必須努力創造高附加價值的產品和服務才能贏得顧客的支持和愛護。產品的好壞和服務優劣其實是和顧客互動的關鍵，好的產品和服務才能促進和顧客之間的互動關係，唯有好的品質才能創造主客之間更長久的互動關係。

10. 設計特別的體驗活動：接觸和體驗可以有更好的互動效果。體驗往往可以創造意想不到的互動效果，經由活動真實地去感受，讓顧客親身體驗之後的感受，一定比其他的方法來得更強而有力，創造美好而特別的體驗是經營者必須努力的方向。當設計出好的活動體驗將能滿足顧客更直接的需求，體驗將是其他方法無法取代的互動模式，會讓互動關係有意想不到的效果。

11. 貼心的服務是最佳的互動：用心和細心是關心顧客的不二法門，用貼心的服務將能感動顧客的心。

12. 懷著一顆熱情積極快樂的心：經營者必須常保一顆熱情積極和快樂的心，才能讓顧客樂於和你互動。

關鍵詞彙

服務業行銷	餐旅服務業	hospitality
核心利益（core benefit）	基本產品（generic product）	期望產品（expected product）
衍生產品（augmented product）	潛在產品（potential product）	顧客快速反應系統（Quick Response System）
及時供貨系統（Just-in-time delivery system）	SOP流程	民宿主人特質

自我評量題目

1. 試述美國行銷學會（American Marketing Association, AMA）對服務的定義。

2. 試述服務業的特性及其可能產生的行銷問題。

3.民宿的經營利基有哪些？

4.依據Kotler的產品層級概念，敘述民宿產品的設計規劃與區分。

5.試述民宿主人應具備哪些行銷策略。

6.試述經營民宿，民宿主人應具備的特質。

第十二章

我國民宿的設立申請、行政管理與未來發展問題

學習目標

在研讀本章內容之後，學習者應能達成下列目標：

1. 了解民宿的定義。
2. 了解民宿的法源，專用標識與主管機關。
3. 了解民宿設置地區、經營規模、建築物及設施、消防設備基準、經營設備基準等。
4. 了解民宿的申請登記、發照、變更登記、暫停營業與登記證遺失或毀損之處理程序。
5. 了解民宿的強制投保責任保險之規定、房間之定價及標誌、禁止行為與應遵守事項、報警處理事項、督導檢查及獎懲事項。
6. 了解《民宿管理辦法》實施後面臨的相關問題與未來發展之問題。

摘　要

　　民宿之發展在歐美及日本已有數十年之歷史，唯我國尚屬新興的旅遊事業。回顧臺灣地區二、三十年前，各地風景區的旅館飯店等住宿設施，每逢星期假日，總是一宿難求，很多山區或風景區的民眾就自行豎起了民宿的招牌，開始接受訂不到房間的遊客，當時的民宿是以副業方式經營，平時並不掛招牌，亦未辦理合法登記。

　　到了民國80年代開始，隨著政府開始輔導推動發展休閒農業計畫，以及當時的臺灣省政府山胞行政局開始推動在山區輔導設置民宿計畫，從此之後，臺灣地區的農村或原住民部落陸續出現了民宿，不過那時的民宿發展型態，乃是因假日觀光地區住宿設施不足而出現，民宿業者只是提供最基本的住宿空間而已。如今，民宿的經營型態亦有別於以往，除了提供潔淨的住宿環境，還可營造一種溫馨家園的感覺，很多民宿的主人還會主動與客人話家常、泡茶，客

193

人亦可與民宿主人一起用餐，要求提供在地的服務。

　　那麼何謂「民宿」呢？依據民國106年11月14日由交通部發布的《民宿管理辦法》第2條規定：係「指一種利用自用住宅空閒房間，結合當地人文，自然景觀、生態、環境資源及農林漁牧生產活動，以家庭副業方式經營，提供旅客鄉野生活之住宿處所。」

　　民宿是就一個人的住宅，將其一部分房間以「副業方式」所經營的一種住宿設施，它必須是屋主自行經營，房間數不得超過8間，特殊民宿則不超過15間，其性質與一般的旅館業不同。

　　唯因民宿之設置地區，除風景特定區及觀光地區以外，尚包括非都市土地、國家公園區、原住民族地區、偏遠地區、離島地區、休閒農業區。依文化資產保存法指定或登錄之古蹟、歷史建築、紀念建築、聚落建築群、史蹟及文化景觀、已擬具相關管理維護或保存計畫之區域，及具人文或歷史風貌之相關區域。因此所涉及的機關除觀光單位外，更包括營建、消防、地政、農林、警政、衛生等單位之管理職掌。

　　民宿的申請登記應符合下列之規定：1.建築物使用用途以住宅為限，但民宿管理辦法第4條第1項但書規定地區，其經營者為農舍及其座落用地之所有權人者，得以農舍供作民宿使用。2.由建築物實際使用人自行經營，但離島地區經當地政府或中央相關管理機關委託經營，且同一人之經營客房總數十五間以下者，不在此限。3.不得設於集合住宅。4.不得設於地下樓層。5.不得與其他民宿或營業之住宿場所，共同使用直通樓梯、走道及出入口。

　　民宿應遵守事項：依《民宿管理辦法》第31條規定，民宿經營者應遵守下列事項：1.確保飲食衛生安全。2.維護民宿場所與四週環境整潔及安寧。3.供旅客使用之寢具，應於每位客人使用後換洗，並保持清潔。4.辦理鄉土文化認識活動時，應注重自然生態保護、環境清潔、安寧及公共安全。5.以廣告物、出版品、廣播、電視、電子訊號、電腦網路或其他媒體者，刊登之住宿廣告，應載明民宿登記證編號。

　　民宿未來發展問題經整理，較重要者如下：1.我國未來的民宿發展宜朝向具有臺灣風土旅遊的特色。2.研擬前瞻性的民宿發展政策。3.修正《民宿管理辦法》不合時宜之相關規定：包括：(1)放寬民宿業的土地使用管制標準；(2)「偏遠地區」之認定寬嚴不一；(3)將管理辦法中以「家庭副業方式經營」修正為以「鄉村微型企業方式經營」；(4)儘速辦理民宿普查與認證；(5)個別房間數規模小，胃納率低，無法發揮規模經濟之效果。

民宿之發展在歐美及日本等先進國家已有數十年的歷史，唯在我國尚屬新興的旅遊事業，回顧臺灣地區二、三十年前，各地風景區的旅館飯店等住宿設施，每逢星期假日，總是一宿難求，很多山區或風景區的民眾就自行掛起了民宿的招牌，開始接受訂不到房間的遊客。臺灣地區的民宿型態很多，最早期出現的民宿就在墾丁，由於墾丁地區是熱門的風景區，一年四季旅客絡繹於途，尤其是到了暑假旅遊旺季，當地的旅館房間根本無法容納大量湧入的遊客，因此早在二十多年前，在船帆石附近就陸續出現了民宿。當時的民宿是以副業方式經營，平時並不掛招牌，亦未辦理合法登記，民宿業者只是到車站或大飯店門前攬客，以較低的價格提供家中空餘的房間給旅客住宿，以增加一點家庭的收入，對旅客的權益而言，亦較無保障。

　　到了民國80年代開始，隨著政府開始輔導推動發展休閒農業計畫，以及當時的臺灣省政府山胞行政局開始推動在山區輔導設置民宿計畫，從此之後，臺灣地區的農村或原住民部落陸續出現了民宿。不過那時的民宿發展型態乃是因假日觀光地區住宿設施不足而出現，民宿業者只是提供最基本的住宿空間而已。如今民宿的經營型態亦有別於以往，除了提供潔淨的住宿環境，還可營造一種溫馨家園的感覺，很多民宿的主人還會主動與客人話家常、泡茶，客人亦可與民宿主人一起用餐，要求提供在地的旅遊服務。

　　近年來因休閒渡假風氣盛行，國人的旅遊習慣亦正在改變，越來越多的人喜愛鄉村旅遊，民宿渡假形成一種風潮，亦逐漸成為一種新興的旅遊型態，「民宿」這個名詞，在一般人看來就是給人一種平民化、平價化，大眾化的感覺。根據民國106年11月14日由民宿的中央主管機關交通部訂定發布的《民宿管理辦法》第2條規定，所稱民宿是指一種「利用自用住宅空閒房間，結合當地人文、自然景觀、生態、環境資源及農村漁牧生產活動，以家庭副業方式經營，提供旅客鄉野生活之住宿處所。」

　　它是就一般個人住宅將其一部分房間，以「副業方式」所經營的一種住宿設施，它必須是屋主自行經營，房間數不得超過8間，特殊民宿則不超過15間，其性質與一般的旅館業不同，民宿屋主可與遊客交流聊天，遊客可享受到在「家」的感覺，深受遊客喜愛。尤其是自從我國《民宿管理辦法》公布之後，我國的民宿業者更是有如雨後春筍般的出現，根據交通部觀光局民國107年7月的統計資料顯示，截至107年7月底止，我國民宿共有8,819家，房間數達37,028間，經營人數有10,870人，其中合法登記的民宿共有8,193家，房間計33,669間，經營人數為10,278人，未合法民宿仍高達626家，房間數亦達3,359間，經營人數為592人（詳如表12-1）。由上面的資料顯示，在政府的積極輔導之下，我國合法登記的民宿業比例已有顯著的成長，這種發展的趨勢，對我國消費者權益的保障及民宿整體發展具有極為重要的意義。

　　在上一章民宿的經營與管理內容中，曾就民宿的行銷策略、主力產品的塑造與經營

特質等問題作了初步的探討。為了讓學習者對於我國民宿業的經營與管理事宜有更進一步的認識，本章將就我國民宿行政管理辦法的法源專用標識、主管機關、設立條件、申請登記、發照、審核、經營管理、面臨的問題以及未來之發展分別加以說明如下：

第一節　民宿的法源、專用標識與主管機關

一、法源依據

根據民國106年01月11日重新修訂之《發展觀光條例》第25條第1項之規定：主管機關應依據各地區人文自然景觀、生態、環境資源及農村漁牧生產活動，輔導管理民宿之設置。該條第3項又進一步規定：民宿設置地區、經營規模、建築、消防、經營設備基準、申請登記要件、經營者資格、管理監督及其他應遵行事項之管理辦法，由中央主管機關會商有關機關定之。中央主管機關交通部遂於同年11月14日訂定發布《民宿管理辦法》，就該辦法明確表示法源之依據。

表12-1　2018年7月民宿家數、房間數、經營人數統計表

縣市別	合法民宿			末合法民宿			小計		
	家數	房間數	經營人數	家數	房間數	經營人數	家數	房間數	經營人數
新北市	239	805	324	25	148	56	264	953	380
臺北市	1	5	1	3	3	3	4	8	4
桃園市	44	186	78	26	110	34	70	296	112
臺中市	91	344	127	13	97	9	104	441	136
臺南市	218	780	311	1	10	1	219	790	312
高雄市	61	250	73	5	23	4	66	273	77
宜蘭縣	1,404	5,435	1,806	67	371	48	1,471	5,806	1,854
新竹縣	72	277	89	13	66	13	85	343	102
苗栗縣	286	1,024	364	1	4	1	287	1,028	365
彰化縣	53	215	81	11	43	10	64	258	91
南投縣	650	3,131	812	135	697	124	785	3,828	936
雲林縣	66	300	71	8	24	7	74	324	78
嘉義縣	192	659	344	43	187	44	235	846	388
屏東縣	724	3,038	935	172	1,065	155	896	4,103	1,090
臺東縣	1,216	5,228	1,610	41	166	33	1,257	5,394	1,643
花蓮縣	1,798	7,014	1,879	28	118	15	1,826	7,132	1,894

表12-1（續）

縣市別	合法民宿			未合法民宿			小計		
	家數	房間數	經營人數	家數	房間數	經營人數	家數	房間數	經營人數
澎湖縣	656	3,101	742	28	204	26	684	3,305	768
基隆市	1	5	1	0	0	0	1	5	1
新竹市	0	0	0	1	0	0	1	0	0
金門縣	293	1,390	465	0	0	0	293	1,390	465
連江市縣	128	482	165	5	23	9	133	505	174
總計	8,193	33,669	10,278	626	3,359	592	8,819	37,028	10,870

資料來源：交通部觀光局，2010年5月6日，網路資料。

二、專用標識

　　為了彰顯與觀光旅館業與旅館業之區別，凡合法經營之民宿，由主管機關頒發「民宿專用標識」如圖12-1。

圖12-1　民宿專用標識
（說明：上圖為黃色底、橢圓形內為藍天，兩條路及房子為白色、路的左邊為綠地）

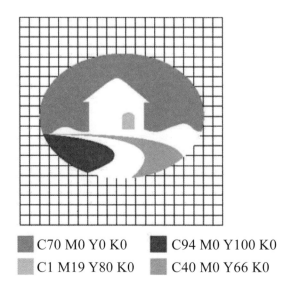

C70 M0 Y0 K0　　C94 M0 Y100 K0
C1 M19 Y80 K0　　C40 M0 Y66 K0

說明：

顏色

黃色：C–1　M–19　Y–80　K–0

藍色：C–70　M–0　Y–0　K–0

淺綠色：C–80　M–0　Y–66　K–0

深綠色：C–90　M–0　Y–100　K–0

黑色：C–0　M–0　Y–0　K–100

設計理念：

以藍天綠地的色彩意象及造型，選用綠色是以其帶有自然、平靜、舒適的色彩感覺來強調自然、舒適、清新且親和感。使整體形象呈現民宿給人親切，與環境緊密而自然結合的意象，如此絕妙之境，有如至身於原野中，實為悠閒休憩之最佳處所。

三、主管機關

依《發展觀光條例》第25條第1項之規定：主管機關應依據各地區人文自然景觀、生態、環境資源及農林漁牧生產活動、輔導管理民宿之設置。因此，民宿的主管機關，依該條例第3條之規定：本條例所稱主管機關：在中央為交通部、在直轄市為直轄市政府；在縣（市）為縣（市）政府。唯因民宿之設置地區，除風景特定區及觀光地區以外，尚包括國家公園區、原住民地區、偏遠地區、離島地區、休閒農業、及非都市土地，因此所涉及的機關除觀光單位外，更包括營建、消防、地政、農村、文化、古蹟、聚落文化景觀、警政、衛生……等單位之管理職掌。

第二節　民宿之設置條件

一、設置地區

為了凸顯民宿與一般旅館業之設置地點有所區別，並彰顯其特色，依據《民宿管理辦法》第3條之規定，民宿之設置，以下列地區為限，並需符合相關土地使用管制法令之規定：

(一)非都市土地。

(二)都市計畫範圍內，且位於下列地區者：

　1.風景特定區。

　2.觀光地區。

3. 原住民族地區。

4. 偏遠地區。

5. 離島地區。

6. 經農業主管機關核發經營許可登記證之休閒農場或經農業主管機關劃定之休閒農業區。

7. 依文化資產保存法指定或登錄之古蹟、歷史建築、紀念建築、聚落建築群、史蹟及文化景觀，已擬具相關管理維護或保存計畫之區域。

8. 具人文或歷史風貌之相關區域。

㈢ 國家公園區。

上述「風景特定區」係指依《發展觀光條例》第2條第4項所規定之「依規定程序劃定之風景或名勝地區」；「觀光地區」係指依《發展觀光條例》第2條第3項規定之「可供觀光之地區」；「國家公園」係依我國《國家公園法》第6條選定標準之地區，這些地區由國家公園主管機關認定；「原住民族地區」由原住民主管機關認定；「偏遠地區」係指依內政部認定之鄉鎮或行政區。「離島地區」指依《離島建設條例》第2條規定，與臺灣本島隔離屬我國管轄之島嶼；經農業主管機關核發許可登記證之休閒農場或由農業主管機關劃定之休閒農業區由農業主管機關認定。

二、經營規模

民宿之經營規模，依據《民宿管理辦法》第4條之規定，以客房數8間以下，且客房總樓地板面積240平方公尺以下為原則。但位於原住民保留地，經農業主管機關核發經營許可登記證之休閒農場，經農業主管機關劃定之休閒農業區、觀光地區、偏遠地區及離島地區之特色民宿，得以客房數15間以下，且客房總樓地板面積400平方公尺以下之規模經營之。前項偏遠地區由地方主管機關認定，報請交通部備查後實施，並得視實際需要予以調整。

三、建築物及設施

民宿建築物的設施，依該辦法第5條之規定，應符合下列規定：

1. 內部牆面及天花板應以耐燃材料裝修。非防火區劃分間牆依現行規定應具一小時防火時效者，得以不燃材料裝修其牆面替代之。

2. 地面層以上每層之居室樓地板面積超過200平方公尺或地下層面積超過200平方公尺者，其直通樓梯及平臺淨寬為1.2公尺以上。未達上開面積者，不得小於75公分，樓地板面積在避難層與上層超過400平方公尺。其他任一層超過

240平方公尺者，應自各該層設置2座以上之直通樓梯。應符合下列規定：

　　(1)各樓層應設置一座以上直通樓梯通達避難層或地面。

　　(2)步行距離不得超過50公尺。

　　(3)直通樓梯應為防火構造，內部並以不燃材料裝修。

　　(4)增設直通樓梯，應為安全梯，且寬度應為90公分以上。

　　地方主管機關未制定第一項規定所稱自治法規，且客房數達9間以上者，其建築物設施，請參照本辦法第5條相關規定辦理。

　　前條第一項但書規定地區之民宿，其建築特設施基準，不適用前二項規定。

四、消防設備基準

　　民宿之消防安全設備，依該管理辦法第6條之規定，應符合下列規定：

1. 每間客房及樓梯間，走廊應裝置緊急照明設備。

2. 設置火警自動警報設備，或於每間客房內設置住宅用火災警報器。

3. 配置滅火器兩具以上，分別固定放置於取用方便之明顯處所；有樓層建築物者，每層應至少配置一具以上。

五、經營設備基準

　　民宿之經營設備，依該管理辦法第7條之規定，應符合下列規定：

　　民宿之熱水器具設備應放置於室外，但電能熱水器不在此限。

第三節　民宿的申請登記、發照、變更登記、暫停營業與登記證遺失或毀損之處理

　　根據《發展觀光條例》第25條第2項之規定：民宿經營者，應向地方主管機關申請登記，領取登記證及專用標識後，始得經營。此外，《民宿管理辦法》第10至18條中更有進一步之規定，茲分述如下：

一、申請登記要件

　　依據《民宿管理辦法》第8條之規定，民宿之申請登記應符合下列之規定：

1.建築物使用用途以住宅為限。但第4條第1項但書規定地區，其經營者為農舍及其座落用地之所有權人者，得以農舍供作民宿使用。

2.由建築物實際使用人自行經營。但離島地區經當地政府或中央相關管理機關委託

休閒農業與民宿管理

經營，且同一人之經營客房總數15間以下者，不在此限。

3. 不得設於集合住宅。但以集合住宅社區內整棟建築物申請，且申請人取得區分所有權人會議同意者，地方主管機關得為保留民宿登記廢止權之附款，核准其申請。

4. 客房不得設於地下樓層。但有下列情形之一，經地方主管機關會同當地建築主管機關認定不違反建築相關法令規定者，不在此限：

　(1)當地原住民族主管機關認定具有原住民族傳統建築特色者。

　(2)因周邊地形高低差造成之地下樓層且有對外窗者。

5. 不得與其他民宿或營業之住宿場所，共同使用直通樓梯、走道及出入口。

二、經營者限制

依該辦法第9條之規定，有下列情形之一者，不得經營民宿：

1. 無行為能力人或限制行為能力人。

2. 曾犯《組織犯罪防制條例》、《毒品危害防制條例》或《槍砲彈藥刀械管制條例》規定之罪，經有罪判決確定者。

3. 曾犯《兒童及少年性交易防制條例》第22條至第31條、《兒童及少年性剝削防制條例》第31條至42條，《刑法》第16章妨害性自主罪、第231條至第235條、第240條至第243條或第298條之罪，經有罪判決確定者。

4. 曾經判處有期徒刑5年以上之刑確定，經執行完畢或赦免後未滿5年者。

5. 經地方主管機關依第18條規定撤銷或依本條例規定廢止其民宿登記證處分確定未滿三年。

三、申請登記所需文件

經營民宿者，依該辦法第11條規定應先檢附下列文件，向地方主管機關申請登記，並繳交規費，領取民宿登記證及專用標識牌後，始得開始經營。（詳如表12-2）

1. 申請書。

2. 土地使用分區證明文件影本（申請之土地為都市土地時檢附）。

3. 土地同意使用之證明文件（申請人為土地所有權人時免附）。

4. 建築物同意使用之證明文件（申請人為建築物所有權人時免附）。

5. 建築物使用執照影本或實施建築管理前合法房屋證明文件。

6. 責任保險契約影本。

7. 民宿外觀、內部、客房、浴室及其他相關經營設施照片。

表12-2　民宿登記申請書

民宿登記申請書

一、受文者：＿＿＿＿＿＿＿＿政府（觀光主管機關）

二、主旨：謹依《發展觀光條例》暨《民宿管理辦法》規定，向　貴府申請民宿登記，茲檢附相關資料如下，敬請惠予核准。

三、申請人：

　　姓名：＿＿＿＿　　性別：□男　□女　　　　生日：□□年□□月□□日

　　身分證統一編號：□□□□□□□□□□　　現職：＿＿＿＿

　　電話：住家＿＿＿＿＿＿＿　辦公室＿＿＿＿＿＿＿　行動電話：＿＿＿＿＿＿

　　郵遞區號：□□□

　　地址：　　縣　　　鄉市　　　村　　　　　　　路
　　　　　　　市　　　鎮　　　里　　鄰　　　　街　　段　巷　弄　路

四、民宿基本資料：【如附表】

五、檢附文件：【依《民宿管理辦法》第11條規定應提出之文件】

　　1□土地使用分區證明文件影本（申請之土地為都市土地時檢附，正本繳驗後發還）

　　2□土地同意使用之證明文件（申請人為土地所有權人時免附）

　　3□建築物同意使用之證明文件（申請人為建築物所有權人時免附）

　　4□建築物使用執照影本或□實施建築管理前合法房屋證明文件

　　5□責任保險契約影本（正本繳驗後發還）

　　6□民宿外觀□內部□客房□浴室及□其他相關經營設施照片（以A4紙張黏貼加注說明）

　　7□其他經地方主管機關指定之文件（參考備注）＿＿＿＿＿＿＿＿＿＿＿＿＿＿＿＿

　　　＿＿＿＿＿＿＿＿＿＿＿＿＿＿＿＿＿＿＿＿＿＿＿＿＿＿＿＿＿＿＿＿＿＿＿＿＿

　　　＿＿＿＿＿＿＿＿＿＿＿＿＿＿＿＿＿＿＿＿＿＿＿＿＿＿＿＿＿＿＿＿＿＿＿＿＿

　　　　　　　　　　　　申請人：＿＿＿＿＿＿簽章（檢附身分證件影本，正本繳驗後發還）

　　　　　　　　　　　　代理人：＿＿＿＿＿＿簽章（檢時委託書）

　　　　　　　　　　　　聯絡電話：＿＿＿＿＿＿＿＿＿＿

　　　　　　　　　　　　申請日期：＿＿＿＿年＿＿＿＿月＿＿＿＿日＿＿＿＿

備注：

　⑴位於實施都市計畫範圍內（都市土地）之民宿，需提出係位於風景特定區、觀光地區、原住民族地區、偏遠地區、離島地區、經農業主管機關核發經營許可登記證之休閒農場、經農業主管機關劃定之休閒農業區、依文資法擬具管理維護或保存計畫之區域、具人文或歷史風貌之相關區域之說明資料或證明文件。

　⑵以農舍供作民宿使用者，需提出係位於原住民族保留地、經農業主管機關核發經營許可登記證之休閒農場，經農業主管機關劃定之休閒農業區、觀光地區、偏遠地區或離島地區之說明資料或證明文件。

　⑶客房數9至15間之民宿，申請人亦須提出備註⑵之資料。

　⑷縣（市）政府得視實際需要要求檢附客房平面圖。

資料來源：交通部觀光局，民宿申請表格。

8.其他經地方主管機關指定之文件。

四、民宿登記證應記載事項

　　民宿登記證依該辦法第14條規定，應記載下列事項：
1.民宿名稱。
2.民宿地址。
3.經營者姓名。
4.核准登記日期、文號及登記證編號。
5.其他經主管機關指定事項。

　　民宿登記證之格式，由交通部規定，地方主管機關自行印製。有關民宿登記基本資料詳如表12-3。此外，依該辦法第10條規定，民宿之名稱不得使用與同一直轄市，縣（市）內其他民宿、觀光旅館業或旅館業相同之名稱。

五、申請民宿登記案件之審查、補正與駁回事由

1.地方主管機關審查申請民宿登記案件，依該辦法第15條規定，得邀集衛生、消防、建管、農業等相關權責單位實地勘查。有關民宿登記申請案件之審查內容詳如表12-4。
2.申請民宿登記案件，有應補正事項，依該辦法第16條規定，由地方主管機關以書面通知申請人限期補正。
3.申請登記案件之駁回事由：依該辦法第17條規定，申請民宿登記案件，有下列情形之一者，由地方主管機關敘明理由，以書面駁回其申請：
　⑴經通知限期補正，逾期仍未辦理。
　⑵不符《發展觀光條例》或本辦法相關規定。
　⑶經其他權責單位審查不符相關法令規定。

六、民宿辦理變更登記之事項及程序

1.依據該辦法第21條之規定，民宿登記證登記事項變更者，民宿經營者應於事實發生後15日內，備具申請書及相關文件，向地方主管機關辦理變更登記。
2.此外，依同條之規定，地方主管機關應將民宿設立及變更登記資料，於次月10日前，向交通部陳報。

表12-3

民宿基本資料表　　申請：□新設（○新蓋建物　○舊建物（原不是民宿）○原是民宿）
（縣市政府參考範本）　　　　□變更＿＿＿＿＿＿＿＿＿　申請日期：＿＿＿＿＿＿＿

<table>
<tr><td rowspan="3">登記情形</td><td colspan="2">登記證核准日期：＿＿＿＿　文號：＿＿＿＿＿＿　編號：＿＿＿＿　專用標識編號：＿＿＿＿
最近變更登記證日期：＿＿＿＿　文號：＿＿＿＿＿　編號：＿＿＿＿
統一編號：＿＿＿＿＿　□國民旅遊卡特約商店：行業別＿＿＿＿＿
□溫泉標章（縣市政府核發日期＿＿＿＿＿　廢止日期＿＿＿＿＿）</td></tr>
</table>

登記情形	登記證核准日期：＿＿＿＿ 文號：＿＿＿＿＿＿ 編號：＿＿＿＿ 專用標識編號：＿＿＿＿ 最近變更登記證日期：＿＿＿＿ 文號：＿＿＿＿＿ 編號：＿＿＿＿ 統一編號：＿＿＿＿＿ □國民旅遊卡特約商店：行業別＿＿＿＿＿ □溫泉標章（縣市政府核發日期＿＿＿＿＿ 廢止日期＿＿＿＿＿）
現狀	最早經營日期：＿＿＿＿＿＿（□未取得登記證經營日期　或□合法取得登記證日期）
民宿名稱	中文：＿＿＿＿＿＿＿＿＿　英文：＿＿＿＿＿＿＿＿　日文：＿＿＿＿＿＿＿＿
聯絡資訊	電話：＿＿＿＿＿＿＿＿＿　手機：＿＿＿＿＿＿＿＿　傳真：＿＿＿＿＿＿＿ 網址：＿＿＿＿＿＿＿＿＿＿＿＿＿＿＿　E-mail：＿＿＿＿＿＿＿＿＿＿
地區	代碼（北，中，南，東，離島）區域碼（大臺北，桃竹苗，大臺中，大高雄，宜花東， 風景區，其他地區）（請圈選）
民宿地址	＿＿＿＿＿＿＿＿＿＿＿＿＿＿＿＿＿＿＿＿＿＿＿＿＿＿＿＿＿＿＿＿＿ 緯度，經度：＿＿＿＿＿＿＿＿＿＿＿＿＿＿＿＿
英文地址	＿＿＿＿＿＿＿＿＿＿＿＿＿＿＿＿＿＿＿＿＿＿＿＿＿＿（中華郵政漢語拼音）
日文地址	＿＿＿＿＿＿＿＿＿＿＿＿＿＿＿＿＿＿＿＿＿＿＿＿＿＿（県、区、郷、号）
經營特色	□鄉村體驗　□生態景觀　□地方文史　□農林漁業　□原住民特色 □溫泉泡湯　其他：＿＿＿＿＿＿＿＿＿＿＿＿
經營者	姓名：＿＿＿＿＿　□原住民 □ 男 □女　身分證字號：＿＿＿＿＿　生日：＿＿＿＿ 聯絡電話：＿＿＿＿＿＿＿＿＿　通訊地址：＿＿＿＿＿＿＿＿＿＿＿
警察機關	＿＿＿＿＿＿＿分局　＿＿＿＿＿＿分駐（派出）所　　用水來源：＿＿＿＿＿
地區	□觀光地區　□風景特定區　□國家公園區　□原住民族地區　□偏遠地區　□離島地區 □休閒農場　□休閒農業區　□文資保存區（依文資法擬具管理維護或保存計畫之區域） □人文歷史風貌區（具人文或歷史風貌之相關區域）　其他：＿＿＿＿＿＿＿＿＿＿
區位	分區：＿＿＿＿＿＿＿＿＿＿＿　□非都市土地　□＿＿＿＿＿＿＿＿＿之都市土地 建物用途：□住宅　　□農舍　　□集合住宅　　□其他：＿＿＿＿＿＿＿＿＿＿ 外觀形式：＿＿＿＿＿＿＿＿
用地類別	□甲種建地　□乙種建地　□丙種建地　□農牧林業用地　□機關用地 □原住民保留地　其他：＿＿＿＿＿＿＿＿＿＿＿＿＿＿＿＿＿＿＿＿ 使用執照號碼：＿＿＿＿＿＿＿＿＿＿＿＿　建號：＿＿＿＿＿＿＿＿＿＿＿＿＿ 地號：＿＿＿＿＿＿＿＿＿＿＿＿＿＿＿＿＿＿＿＿＿＿＿＿＿＿＿ 各樓層房間數：＿＿＿＿＿＿＿＿＿＿＿＿＿＿＿＿＿＿
公共意外責任險	投保總金額：＿＿＿＿＿＿萬元　　保單日期：＿＿＿＿＿＿至＿＿＿＿＿止 ＿＿＿＿＿＿產險公司　保單號碼：＿＿＿＿＿＿＿＿＿＿＿＿＿＿ （最低投保總金額，依各縣市政府規定）
建筑物公共安全申報	申報日期：＿＿＿＿＿　下次申報截止日：＿＿＿＿＿　□不用申報
消防安全設備檢修申報	申報日期：＿＿＿＿＿　下次申報截止日：＿＿＿＿＿　□不用申報

表12-3（續）

<table>
<tr><td rowspan="5">經營
服務
人數</td><td colspan="2">總服務人數：男＿＿＿人　女＿＿＿人　共＿＿＿人</td></tr>
<tr><td>客房服務：男＿＿＿人　女＿＿＿人　共＿＿＿人　主管姓名：＿＿＿＿　職稱：＿＿＿</td></tr>
<tr><td>餐飲服務：男＿＿＿人　女＿＿＿人　共＿＿＿人　主管姓名：＿＿＿＿　職稱：＿＿＿</td></tr>
<tr><td>管理服務：男＿＿＿人　女＿＿＿人　共＿＿＿人　主管姓名：＿＿＿＿　職稱：＿＿＿</td></tr>
<tr><td>其他服務：男＿＿＿人　女＿＿＿人　共＿＿＿人　主管姓名：＿＿＿＿　職稱：＿＿＿</td></tr>
</table>

定價	最低＿＿＿元　到　最高＿＿＿元　　投資（興建、整修、併購等）金額：＿＿＿＿＿

登記客房資料

登記客房數＿＿＿間　　總容納人數：＿＿＿人

客房總樓地板面積＿＿＿＿＿平方公尺（≦240 或 ≦400，或農舍≦300）

樓層	房型（請圈選） 單人房（住1-2人） 雙人房（住3-4人） 套房（有客廳，陽臺，廚房等） 其他（住5人以上，通鋪等）	客房名稱	面積 平方公尺 （m²）	容納人數 （人）	定價（取最高） （新臺幣元）
1. 第＿＿層	單　雙　套　其	＿＿＿＿	＿＿＿	＿＿＿	＿＿＿＿＿
2. 第＿＿層	單　雙　套　其	＿＿＿＿	＿＿＿	＿＿＿	＿＿＿＿＿
3. 第＿＿層	單　雙　套　其	＿＿＿＿	＿＿＿	＿＿＿	＿＿＿＿＿
4. 第＿＿層	單　雙　套　其	＿＿＿＿	＿＿＿	＿＿＿	＿＿＿＿＿
5. 第＿＿層	單　雙　套　其	＿＿＿＿	＿＿＿	＿＿＿	＿＿＿＿＿
6. 第＿＿層	單　雙　套　其	＿＿＿＿	＿＿＿	＿＿＿	＿＿＿＿＿
7. 第＿＿層	單　雙　套　其	＿＿＿＿	＿＿＿	＿＿＿	＿＿＿＿＿
8. 第＿＿層	單　雙　套　其	＿＿＿＿	＿＿＿	＿＿＿	＿＿＿＿＿
9. 第＿＿層	單　雙　套　其	＿＿＿＿	＿＿＿	＿＿＿	＿＿＿＿＿
10. 第＿＿層	單　雙　套　其	＿＿＿＿	＿＿＿	＿＿＿	＿＿＿＿＿
11. 第＿＿層	單　雙　套　其	＿＿＿＿	＿＿＿	＿＿＿	＿＿＿＿＿
12. 第＿＿層	單　雙　套　其	＿＿＿＿	＿＿＿	＿＿＿	＿＿＿＿＿
13. 第＿＿層	單　雙　套　其	＿＿＿＿	＿＿＿	＿＿＿	＿＿＿＿＿
14. 第＿＿層	單　雙　套　其	＿＿＿＿	＿＿＿	＿＿＿	＿＿＿＿＿
15. 第＿＿層	單　雙　套　其	＿＿＿＿	＿＿＿	＿＿＿	＿＿＿＿＿

禮券販售	□套裝行程　　□住宿券　　□餐券　　□泡湯券　　其他：＿＿＿＿＿
履約保證責任	□金融機構履約保證　　□信託專戶專款專用　　其他：＿＿＿＿＿＿ 履約保證銀行：＿＿＿＿＿＿＿＿＿＿＿＿　承保期限至：＿＿＿＿＿
停車場可停車輛	大客車：＿＿＿＿輛　　小客車：＿＿＿＿輛　　機車：＿＿＿輛
代客叫車上車處	□有設置錄影監視器　　□有專人登記車輛資料　　□兩者皆有
備註	

表12-4　民宿登記申請案件審查表

（說明：本表僅供各縣市審查民宿申請案參考使用，請各縣市政府根據個案所需簽會單位，及實際業務需要，增刪相關欄位使用）

民宿登記申請案件審查表　　　　　　（依行政程序法第五十一條規定：需於　　月　　日前辦結）

名稱：　　　　　　　　　　　　　　　　　　　　　　申請日期：　　年　　月　　日

地址：□□□　縣　鄉市　村　　　　路
　　　　　　　市　鎮　里　鄰　街　段　巷　弄　號

審查單位	審查事項（相關條文）	審查意見（請勾選）		不符合規定情形說明
		□符合	□不符合	
觀光	位於風景特定區、觀光地區、原住民地區、偏遠地區、離島地區、經農業主管機關核發經營許可登記證之休閒農場、經農業主管機關劃定之休閒農業區、金門特定區計畫自然村地區或非都市土地（任一地區）（認定上如有疑義時，請逕行增加欄位，加會相關主管機關認定）			
	不得使用與同一直轄市、縣（市）內其他民宿相同名稱（第12條）			
	客房數原則5間以下，或特色地區之特色民宿客房數在15間以下（第6條）			
	責任保險證明文件（第21條）、房價、旅客住宿須知、緊急避難逃生位置圖（第23條）、旅客登記簿（第25條）之備置			
國家公園	位於國家公園區且符合相關土地使用管制法令規定（第5條）（非位於國家公園區者免會）			
地政	位於得設置民宿地區之非都市土地且符合相關土地使用管制法令規定（第5條）			
都計	位於得設置民宿地區之都市土地且符合相關土地使用管制法令規定（第5條）			
建管	需為合法住宅或原住民保留地、經農業主管機關核發經營許可登記證之休閒農場、經農業主管機關劃定之休閒農業區、觀光地區、偏遠地區、離島地區之合法農舍（第10條第1款）（地區之認定上如有疑義時，請逕行增加欄位，加會相關主管機關認定）			
	不得設於集合住宅（第10條第3款）			
	不得設於地下樓層（第10條第4款）			
	客房樓地板總面積原則一五〇平方公尺以下，特色地區之特色民宿樓地板總面積在二〇〇平方公尺以下（第6條）			
	建築物之設施符合規定（第7條）			
消防	消防安全設備符合規定（第8條）			
警察	經營者需有行為能力且無特定犯罪紀錄（第11條）			

審查單位會章	審查單位	局長	副局長	課長	承辦人
	觀光單位				
	國家公園單位				
	地政單位				
	都計單位				
	建管單位				
	消防單位				
	警察單位				

綜合審查結果	□不符合規定：□限期改善　□退回申請 □符合規定：通知繳納證照費，領取民宿登記證及專用標識				
	局長	副局長	課長	承辦人	審查日期

備註：環保、衛生、旅客登記簿、房間價格、旅客須知、緊急避難逃生位置圖設置等歸屬登記後管理事項，縣市政府於審查核准登記後，通知經營者配合民宿管理辦法相關規定辦理，並列為定期不定期檢查項目。

資料來源：交通部觀光局107年10月20日網路資料。

七、民宿暫停營業之報備程序

依該辦法第38條之規定，民宿經營者暫停營業時有如下之義務：

1. 民宿經營者，暫停經營1個月以上者，應於15日內備具申請書，並詳述理由，報請地方主管機關備查。
2. 前項申請暫停經營期間，最長不得超過1年，其有正當理由者，得申請展延1次，期間以1年為限，並應於期間屆滿前15日內提出。
3. 暫停經營期限屆滿後，應於15日內向地方主管機關申報復業。
4. 未依第1項規定報請備查或前項規定申報復業，達6個月以上者，地方主管機關得廢止其登記證。

八、民宿登記證遺失或毀損處理程序

民宿登記證、民宿專用標識牌遺失或毀損，民宿經營者應於事實發生後15日內，備具申請書及相關文件，向地方主管機關申請補發或換發。（該辦法第23條）

綜合《民宿管理辦法》上述規定，以及各相關主管機關之權責，民宿申請登記發照流程可整理如圖12-2。

第四節　民宿的管理事項

一、強制投保責任保險

依據《民宿管理辦法》第24條規定，民宿經營者應投保責任保險，其範圍及最低金額如下：

1. 每一個人身體傷亡：新臺幣200萬元。
2. 每一事故身體傷亡：新臺幣1,000萬元。
3. 每一事故財產：新臺幣200萬元。
4. 保險期間總保險金額：新臺幣2,400萬元。

前項保險範圍及最低金額，地方自治法規如有對消費者保護較有利之規定者，從其規定。

民宿經營者應於保險期間屆滿前，將有效之責任保險證明文件，陳報地方主管機關。

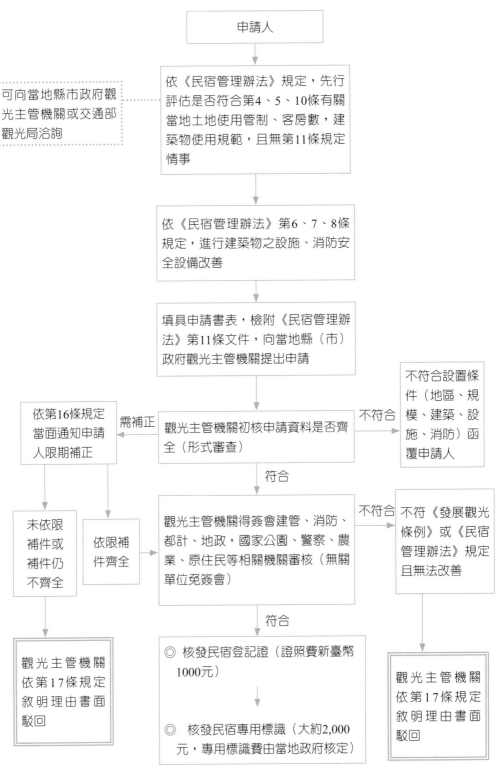

圖12-2　民宿申請登記發照流程圖

資料來源：參考整理自《民宿管理辦法》。

二、客房的定價及標示（該辦法第25～27條）

1. 民宿客房之定價，由民宿經營者自行訂定，並報請當地主管機關備查；變更時亦同。民宿之實際收費不得高於前項之定價。
2. 民宿經營者應將房間價格、旅客住宿須知及緊急避難逃生位置圖，置於客房明顯光亮之處。
3. 民宿經營者應將民宿登記證置於門廳明顯易見處，並將民宿專用標識牌置於建築物外部明顯易見處。

三、旅客登記

　　民宿提供住宿服務，為了社會之安寧，要求旅客登記有其必要。民宿經營者應備置旅客資料登記簿，將每日住宿旅客資料登記；其保存期間為6個月（該辦法第28條）。

　　前項旅客登記資料之蒐集、處理及利用，並應符合個人資料保護法相關規定。

四、禁止行為

　　根據該辦法第30條之規定，民宿經營者不得有下列之行為：

1. 以叫囂、糾纏旅客或以其他不當方式招攬住宿。
2. 強行向旅客推銷物品。
3. 任意哄抬收費或以其他方式巧取利益。
4. 設置妨害旅客隱私之設備或從事影響旅客安寧之任何行為。
5. 擅自擴大經營規模。

五、應遵守事項

　　依據該辦法第31條之規定，民宿經營者應遵守下列事項：

1. 確保飲食衛生安全。
2. 維護民宿場所與四週環境整潔及安寧。
3. 供旅客使用之寢具，應於每位客人使用後換洗，並保持清潔。
4. 辦理鄉土文化認識活動時，應注重自然生態保護、環境清潔、安寧及公共安全。
5. 以廣告物、出版品、廣播、電視、電子訊號、電腦網路或其他媒體業者，刊登之住宿廣告，應載明民宿登記證編號。

六、報警處理事項

民宿經營者發現旅客有下列情形之一者，依據該辦法第32條規定，應即報請該管派出所處理。

1. 有危害國家安全之嫌疑。
2. 攜帶槍械、危險物品或其他違禁物品。
3. 施用煙毒或其他麻醉藥品。
4. 有自殺跡象或死亡。
5. 有喧譁、聚賭或為其他妨害公眾安寧、公共秩序及善良風俗之行為，不聽勸止。
6. 未攜帶身分證明文件或拒絕住宿登記而強行住宿。
7. 有公共危險之虞或其他犯罪嫌疑。

七、督導檢查

1. 民宿經營者應於每年1月及7月底前，將前6個月每月客房住用率、住宿人數、經營收入統計等資料，依式陳報地方主管機關。前項資料，地方主管機關應於次月底前，陳報交通部。（該辦法第33條）
2. 主管機關得派員，攜帶身分證明文件進入民宿場所進行訪查。前項訪查，得於對民宿定期或不定期檢查時實施。民宿之建案管理與消防安全設備、營業衛生、安全防護及其他，由各有關機關逕依相關法令實施檢查；經檢查有不合規定事項時，各有關機關逕依相關法令辦理。
   前二項之檢查業務，得採聯合稽查方式辦理。民宿經營者對於主管機關之訪查應積極配合，並提供必要之協助。（該辦法第36條）
3. 交通部為加強民宿之管理輔導績效，得對地方主管機關實施定期或不定期督導考核。（該辦法第37條）

八、獎勵與懲罰

(一) 獎勵

民宿經營者有下列情事之一者，依該辦法第35條之規定，主管機關或相關目的事業主管機關得予以獎勵或表揚：

1. 維護國家榮譽或社會治安有特殊貢獻。
2. 參加國際推廣活動，增進國際友誼有優異表現。
3. 推動觀光產業有卓越表現。

4.提高服務品質有卓越成效。

5.接待旅客服務周全獲得好評，或有優良事蹟。

6.對區域性文化、生活及觀光產業之推廣有特殊貢獻。

7.其他有足以表揚之事蹟。

(二)處罰

1.民宿經營者違反《民宿管理辦法》規定者，視情節輕重由主管機關依《發展觀光條例》之規定限期改善，或處新臺幣1萬元以上5萬元以下的罰鍰。（該辦法第55條）。

2.未依《發展觀光條例》規定領取登記證即經營民宿者，處新臺幣6萬元以上，30萬元以下罰鍰，並勒令歇業（《發展觀光條例》第55條）。

九、其他事項

1.民宿經營者，發現旅客罹患疾病或意外傷害情況緊急時，應即協助就醫；發現旅客疑似感染傳染疾病時，並應通知衛生醫療機構處理。（該辦法第29條）。

2.民宿經營者，應參加主管機關舉辦或委託有關機關、團體辦理之輔導訓練。（該辦法第34）

3.民宿舍經營者申請設立登記，應依下列規定繳納民宿登記證及民宿專用標識牌之規費；其申請變更登記，或補發、換發民宿登記證或民宿專用標識牌者，亦同：

(1)民宿登記證：新臺幣1,000元。

(2)民宿專用標識牌：新臺幣2,000元。

因行政區域調整或門牌改編之地址變更而申請換發登記證者，免繳證照費。

關鍵詞彙

民宿	風景特定區	觀光地區
國家公園	偏遠地區	離島地區

自我評量題目

1.何謂民宿，其設置之地點包括哪些地區？

2.何謂風景特定區？

3.何謂觀光地區？

4.何謂國家公園？

5.何謂偏遠地區？

6. 何謂離島地區？

7. 請問民宿申請登記需檢附哪些文件，向當地主管機關申請登記？

8. 請問民宿登記證應記載哪些事項？

9. 繪圖說明民宿申請登記發照之流程？

10. 請問民宿登記申請案件審查表中有哪些審查單位及負責審查之事項為何？

11. 請問民宿經營者不得有哪些行為？

12. 請問民宿經營者應遵守哪些事項？

13. 請問民宿經營者有那些事項，依《民宿管理辦法》之規定，主管機關或相關目的事業主管機關得予以獎勵或表場？

14. 請問民宿經營者暫停營業之報備程序為何？

15. 請問民宿登記申請案件審表內容包括有哪些事項？

16. 請問民宿基本資料表包括哪些內容？

17. 請問民宿登記申請書包括哪些內容？

18. 請問民宿申請登記所應檢附之文件有哪些？

19. 請問民宿之申請登記應符合哪些規定？

20. 請問民宿建築物的設施，應符合哪些規定？

21. 請問民宿之消防安全設備，應符合哪些規定？

附錄一　休閒農業輔導管理辦法

修正時間：中華民國107年5月18日

立法沿革：中華民國107年5月18日行政院農業委員會農輔字第1070022573號 令修正
　　　　發布全文45條，自發布日施行

第一章　總則

第一條　本辦法依農業發展條例（以下簡稱本條例）第六十三條第三項規定訂定之。

第二條　本辦法所定事項，涉及目的事業主管機關職掌者，由主管機關會同目的事業
　　　　主管機關辦理。

第二章　休閒農業區之劃定及輔導

第三條　具有下列條件，經直轄市、縣（市）主管機關評估具輔導休閒農業產業聚落
　　　　化發展之地區，得規劃為休閒農業區，向中央主管機關申請劃定：

一、地區農業特色。

二、豐富景觀資源。

三、豐富生態及保存價值之文化資產。

前項申請劃定之休閒農業區，其面積除第三項及第四項規定外，應符合下
列規定之一：

一、土地全部屬非都市土地者，面積應在五十公頃以上，六百公頃以下。

二、土地全部屬都市土地者，面積應在十公頃以上，二百公頃以下。

三、部分屬都市土地，部分屬非都市土地者，面積應在二十五公頃以上，
　　三百公頃以下。

基於自然形勢或地方產業發展需要，前項各款土地面積上限得酌予放寬。

本辦法中華民國九十一年一月十一日修正施行前，經中央主管機關劃定之
休閒農業區，其面積上限不受第二項限制。

第四條　休閒農業區由直轄市、縣（市）主管機關擬具規劃書，向中央主管機關申請
　　　　劃定；跨越直轄市或縣（市）區域者，由休閒農業區所屬直轄市、縣（市）
　　　　面積較大者擬具規劃書。

符合前條第一項至第三項規定之地區，當地居民、休閒農場業者、農民團
體或鄉（鎮、市、區）公所得擬具規劃建議書，報送直轄市、縣（市）主

管機關規劃。

經中央主管機關劃定公告之休閒農業區，其有變更名稱或範圍之必要或廢止者，應由直轄市、縣（市）主管機關依前二項規定報送中央主管機關核定。

第五條　休閒農業區規劃書或規劃建議書，其內容如下：

一、名稱及規劃目的。

二、範圍說明：

　　㈠位置圖：五千分之一最新像片基本圖並繪出休閒農業區範圍。

　　㈡範圍圖：五千分之一以下之地籍藍晒縮圖。

　　㈢地籍清冊。

　　㈣都市土地檢附土地使用分區統計表；非都市土地檢附土地使用分區及用地編定統計表。

三、限制開發利用事項。

四、休閒農業核心資源。

五、區內休閒農業相關產業發展現況。

六、整體發展規劃，應含發展願景及短、中、長程計畫。

七、輔導機關（單位）。

八、營運模式及推動管理組織。

九、財務自主規劃及組織運作回饋機制。

十、既有設施之改善、環境與設施規劃及管理維護情形。

十一、預期效益。

十二、其他有關休閒農業區事項。

前項第八款推動管理組織，應負責區內公共事務之推動。

休閒農業區規劃書與規劃建議書格式，及休閒農業區劃定審查作業規定，由中央主管機關公告之。

第六條　中央主管機關劃定休閒農業區時，應將其名稱及範圍公告，並刊登政府公報；其變更、廢止時，亦同。

第七條　經中央主管機關劃定之休閒農業區內依民宿管理辦法規定核准經營民宿者，得提供農特產品零售及餐飲服務。

第八條　休閒農業區之農業用地得依規劃設置下列供公共使用之休閒農業設施：

一、安全防護設施。

二、平面停車場。

三、涼亭（棚）設施。

四、眺望設施。

五、標示解說設施。

六、衛生設施。

七、休閒步道。

八、水土保持設施。

九、環境保護設施。

十、景觀設施。

十一、農業體驗設施。

十二、生態體驗設施。

十三、農特產品零售設施。

十四、其他經直轄市、縣（市）主管機關核准與休閒農業相關之休閒農業
　　　設施。

設置前項休閒農業設施，應依申請農業用地作農業設施容許使用審查辦法
及本辦法規定辦理容許使用。

設置第一項休閒農業設施，有下列情形之一者，應廢止其容許使用，並通
知區域計畫或都市計畫主管機關依相關規定處理：

一、因休閒農業區範圍變更、廢止，致未能位於休閒農業區範圍內。

二、未持續取得土地使用同意文件。

三、未供公共使用。

第九條　得申請設置前條第一項休閒農業設施之農業用地，以下列範圍為限：

一、依區域計畫法編定為非都市土地之下列用地：

　　㈠工業區、河川區以外之其他使用分區內所編定之農牧用地、養殖用
　　　地。

　　㈡工業區、河川區、森林區以外之其他使用分區內所編定之林業用
　　　地。

二、依都市計畫法劃定為農業區、保護區內之土地。

三、依國家公園法劃定為國家公園區內按各種分區別及使用性質，經國家
　　公園管理機關會同有關機關認定作為農業用地使用之土地，並依國家
　　公園計畫管制之。

前項第一款第二目之林業用地限於申請設置前條第一項第一款至第九款休
閒農業設施。

已申請興建農舍之農業用地，不得設置前條第一項休閒農業設施。

第十條　休閒農業區內休閒農業設施之設置，以供公共使用為限，且應符合休閒農業

經營目的，無礙自然文化景觀為原則，並符合下列規定：

一、平面停車場及休閒步道，應以植被或透水鋪面施設。但配合無障礙設施設置者，不在此限。

二、涼亭（棚）設施、眺望設施及衛生設施，於林業用地之申請設置面積，最大興建面積每處以四十五平方公尺為限。

三、農業體驗設施及生態體驗設施，樓地板最大興建面積每處以三百三十平方公尺為限。

四、農特產品零售設施建築物高度不得高於四點五公尺，最大興建面積為三百三十平方公尺，休閒農業區每一百公頃以設置一處為限。

五、休閒農業設施之高度不得超過十點五公尺。但本辦法或建築法令另有規定依其規定辦理，或下列設施經提出安全無虞之證明，報送中央主管機關核准者，不在此限：

　　㈠眺望設施。

　　㈡符合主管機關規定，配合公共安全或環境保育目的設置之設施。

第八條第一項休閒農業設施、農舍及其他農業設施合計不得超過坐落該筆農業用地土地面積之百分之四十。但符合申請農業用地作農業設施容許使用審查辦法第七條第一項第三款所定設施項目者，不列入計算。

第十一條　休閒農業區設置休閒農業設施所需用地之規劃，由休閒農業區推動管理組織及輔導機關（單位）負責協調，並應取得土地所有權人之土地使用同意文件，提具計畫辦理休閒農業設施之合法使用程序。

前項土地使用同意文件，除公有土地向管理機關取得外，應經法院或民間公證人公證。

第一項休閒農業設施設置後，由休閒農業區推動管理組織負責維護管理。

直轄市、縣（市）主管機關對轄內休閒農業區供公共使用之休閒農業設施，應每年定期檢查並督促休閒農業區推動管理組織妥善維護管理，檢查結果應報中央主管機關備查。

第一項休閒農業設施經容許使用後，未能依原核定之計畫內容使用者，應向直轄市、縣（市）政府申請容許使用之變更；未經報准擅自變更使用者，直轄市、縣（市）政府應廢止其容許使用，並通知區域計畫或都市計畫主管機關依相關規定處理。

第十二條　主管機關對休閒農業區之公共建設得予協助及輔導。

第十二條　直轄市、縣（市）主管機關應依轄內休閒農業區發展情形，至少每五年

進行通盤檢討一次，並依規劃書內容出具檢討報告書，報中央主管機關備查。

第十四條　中央主管機關為輔導休閒農業區發展，每二年得辦理休閒農業區評鑑，作為主管機關輔導依據。

前項休閒農業區評鑑以一百分為滿分，主管機關得依評鑑結果協助推廣行銷，並得予表揚。

休閒農業區評鑑結果未滿六十分者，直轄市或縣（市）主管機關應擬具輔導計畫協助該休閒農業區改善；經再次評鑑結果仍未滿六十分者，由中央主管機關公告廢止該休閒農業區之劃定。

第三章　休閒農場之申請設置及輔導管理

第十五條　申請設置休閒農場之場域，應具有農林漁牧生產事實，且場域整體規劃之農業經營，應符合本條例第三條第五款規定。

取得籌設同意文件之休閒農場，應於籌設期限內依核准之經營計畫書內容及相關規定興建完成，且取得各項設施合法文件後，依第三十條規定，申請核發休閒農場許可登記證。

申請設置休閒農場應依農業主管機關受理申請許可案件及核發證明文件收費標準繳交相關費用。

第十六條　休閒農場經營者應為自然人、農民團體、農業試驗研究機構、農業企業機構、國軍退除役官兵輔導委員會所屬農場或直轄市、縣（市）政府。

前項之農業企業機構應具有最近半年以上之農業經營實績。

休閒農場內有農舍者，其休閒農場經營者，應為農舍及其坐落用地之所有權人。

第十七條　設置休閒農場之農業用地占全場總面積不得低於百分之九十，且應符合下列規定：

一、農業用地面積不得小於一公頃。但全場均坐落於休閒農業區內或離島地區者，不得小於零點五公頃。

二、休閒農場應以整筆土地面積提出申請。

三、全場至少應有一條直接通往鄉級以上道路之聯外道路。

四、土地應毗鄰完整不得分散。但有下列情形之一者，不在此限：

㈠場內有寬度六公尺以下水路、道路或寬度六公尺以下道路毗鄰二公尺以下水路通過，設有安全設施，無礙休閒活動。

㈡於取得休閒農場籌設同意文件後，因政府公共建設致場區隔離，

設有安全設施，無礙休閒活動。

（三） 位於休閒農業區範圍內，其申請土地得分散二處，每處之土地面積逾零點一公頃。

不同地號土地連接長度超過八公尺者，視為毗鄰之土地。

第一項第四款第一目及第二目之水路、道路或公共建設坐落土地，該筆地號不計入第一項申請設置面積之計算。

已核准籌設或取得許可登記證之休閒農場，其土地不得供其他休閒農場併入面積申請。

集村農舍用地及其配合耕地不得申請休閒農場。

第十八條　休閒農場不得使用與其他休閒農場相同之名稱。

第十九條　申請籌設休閒農場，應填具籌設申請書並檢附經營計畫書，向當地直轄市、縣（市）主管機關申請；跨越直轄市或縣（市）區域者，向其所占面積較大之直轄市、縣（市）主管機關申請；申請籌設休閒農場面積在十公頃以上者，或由直轄市、縣（市）政府申請籌設者，向中央主管機關申請。

前項申請屬申請面積未滿十公頃者，由直轄市、縣（市）主管機關審查符合規定後，核發休閒農場籌設同意文件；屬申請面積在十公頃以上者，或由直轄市、縣（市）政府申請籌設者，由直轄市、縣（市）主管機關初審，並檢附審查意見轉送中央主管機關審查符合規定後，核發休閒農場籌設同意文件。

申請籌設休閒農場，應檢附經營計畫書各一式六份。但主管機關得依審查需求，增加經營計畫書份數。

第二十條　前條第一項經營計畫書應包含下列內容及文件，並製作目錄依序裝訂成冊：

一、籌設申請書影本。

二、經營者基本資料：自然人應檢附身分證明文件；法人應檢附負責人身分證明文件及法人設立登記文件。

三、土地基本資料：

（一） 土地使用清冊。

（二） 最近三個月內核發之土地登記謄本及地籍圖謄本。但得以電腦完成查詢者，免予檢附。

（三） 土地使用同意文件，或公有土地申請開發同意證明文件。但土地為申請人單獨所有者，免附。

四、現況分析：

　　㈠ 地理位置及相關計畫示意圖。

　　㈡ 休閒農業發展資源。

　　㈢ 基地現況使用及範圍圖。

　　㈣ 農業、森林、水產、畜牧等事業使用項目及面積，並應檢附相關經營實績。

　　㈤ 場內現有設施現況，併附合法使用證明文件或相關經營證照。但無現有設施者，免附。

五、發展規劃：

　　㈠ 全區土地使用規劃構想及配置圖。

　　㈡ 農業、森林、水產、畜牧等事業使用項目、計畫及面積。

　　㈢ 設施計畫表，及設施設置使用目的及必要性說明。

　　㈣ 發展目標、休閒農場經營內容及營運管理方式。休閒農場經營內容需敘明休閒農業體驗遊程規劃、預期收益及申請設置前後收益分析。

　　㈤ 與在地農業及周邊相關產業之合作規劃。

六、預期效益：

　　㈠ 協助在地農業產業發展。

　　㈡ 創造在地就業機會。

　　㈢ 其他有關效益之事項。

七、其他主管機關指定事項。

前項土地使用同意文件，除公有土地向管理機關取得外，應經法院或民間公證人公證。

第二十一條　休閒農場之農業用地得視經營需要及規模設置下列休閒農業設施：

　　一、住宿設施。

　　二、餐飲設施。

　　三、農產品加工（釀造）廠。

　　四、農產品與農村文物展示（售）及教育解說中心。

　　五、門票收費設施。

　　六、警衛設施。

　　七、涼亭（棚）設施。

　　八、眺望設施。

九、衛生設施。

十、農業體驗設施。

十一、生態體驗設施。

十二、安全防護設施。

十三、平面停車場。

十四、標示解說設施。

十五、露營設施。

十六、休閒步道。

十七、水土保持設施。

十八、環境保護設施。

十九、農路。

二十、景觀設施。

二十一、農特產品調理設施。

二十二、農特產品零售設施。

二十三、其他經直轄市、縣（市）主管機關核准與休閒農業相關之休閒農業設施。

第二十二條　休閒農場得申請設置前條休閒農業設施之農業用地，以下列範圍為限：

一、依區域計畫法編定為非都市土地之下列用地：

　　㈠工業區、河川區以外之其他使用分區內所編定之農牧用地、養殖用地。

　　㈡工業區、河川區、森林區以外之其他使用分區內所編定之林業用地。

二、依都市計畫法劃定為農業區、保護區內之土地。

三、依國家公園法劃定為國家公園區內按各種分區別及使用性質，經國家公園管理機關會同有關機關認定作為農業用地使用之土地，並依國家公園計畫管制之。

前項第一款第二目之林業用地，限於申請設置前條第一款至第四款、第七款至第九款或第十二款至第十八款休閒農業設施。

已申請興建農舍之農業用地，不得設置前條休閒農業設施。

第二十三條　休閒農場設置第二十一條第一款至第四款之設施者，農業用地面積應符合下列規定：

一、全場均坐落於休閒農業區範圍者：

　　㈠位於非山坡地土地面積在一公頃以上。

　　　　　　㈡位於山坡地之都市土地在一公頃以上或非都市土地面積達十公
　　　　　　　頃以上。

　　二、前款以外範圍者：

　　　　　　㈠位於非山坡地土地面積在二公頃以上。

　　　　　　㈡位於山坡地之都市土地在二公頃以上或非都市土地面積達十公
　　　　　　　頃以上。

　　前項土地範圍包括山坡地與非山坡地時，其設置面積依山坡地基準計
　　算；土地範圍包括都市土地與非都市土地時，其設置面積依非都市土地
　　基準計算。土地範圍部分包括國家公園土地者，依國家公園計畫管制
　　之。

第二十四條　休閒農場內各項設施之設置，均應以符合休閒農業經營目的，無礙自然
　　文化景觀為原則，並符合下列規定：

　　一、住宿設施、餐飲設施、農產品加工（釀造）廠、農產品與農村文
　　　　物展示（售）及教育解說中心以集中設置為原則。

　　二、住宿設施係為提供不特定人之住宿相關服務使用，應依規定取得
　　　　相關用途之建築執照，並於取得休閒農場許可登記證後，依發展觀
　　　　光條例及相關規定取得觀光旅館業營業執照或旅館業登記證。

　　三、門票收費設施及警衛設施，最大興建面積每處以五十平方公尺為
　　　　限。

　　四、涼亭（棚）設施、眺望設施及衛生設施，於林業用地最大興建面
　　　　積每處以四十五平方公尺為限。

　　五、農業體驗設施及生態體驗設施，樓地板最大興建面積每場以
　　　　六百六十平方公尺為限。休閒農場總面積超過五公頃者，樓地板最
　　　　大興建面積每場以九百九十平方公尺為限。

　　六、平面停車場及休閒步道，應以植被或透水鋪面施設。但配合無障
　　　　礙設施設置者，不在此限。

　　七、露營設施最大興建面積以休閒農場內農業用地面積百分之五為
　　　　限，且不得超過一千平方公尺。其範圍含適當之露營活動空間區
　　　　域，且應配置休閒農業經營所需其他農業設施，不得單獨提出申
　　　　請。

　　八、農特產品調理設施及農特產品零售設施，每場限設一處，且應為
　　　　一層樓建築物，其建築物高度皆不得高於四點五公尺，最大興建面
　　　　積以一百平方公尺為限。

九、農特產品調理設施、農特產品零售設施及農業體驗設施複合設置者，應依下列規定辦理，不適用第五款及第八款規定：

㈠農特產品調理設施與農特產品零售設施複合設置者，該複合設施應為一層樓建築物，其建築物高度不得高於四點五公尺，最大興建面積以一百六十平方公尺為限。

㈡農特產品調理設施或農特產品零售設施，與農業體驗設施複合設置者，該複合設施樓地板最大興建面積以六百六十平方公尺為限。休閒農場總面積超過五公頃者，樓地板最大興建面積以九百九十平方公尺為限。

㈢複合設施每一休閒農場限設一處，並應註明功能分區，已納入複合設施內之設施項目，不得再申請獨立設置。

㈣農特產品調理設施及農特產品零售設施，在複合設施內規劃之區域面積，各單項配置面積不得超過一百平方公尺。

十、休閒農業設施之高度不得超過十點五公尺。但本辦法或建築法令另有規定依其規定辦理，或下列設施經提出安全無虞之證明，報送中央主管機關核准者，不在此限：

㈠眺望設施。

㈡符合主管機關規定，配合公共安全或環境保育目的設置之設施。

休閒農場內非農業用地面積、農舍及農業用地內各項設施之面積合計不得超過休閒農場總面積百分之四十。但符合申請農業用地作農業設施容許使用審查辦法第七條第一項第三款所定設施項目者，不列入計算。其餘農業用地須供農業、森林、水產、畜牧等事業使用。

第二十五條　農業用地設置第二十一條第一款至第四款休閒農業設施，應依下列規定辦理：

一、位於非都市土地者：應以休閒農場土地範圍擬具興辦事業計畫，註明變更範圍，向直轄市、縣（市）主管機關辦理變更編定。興辦事業計畫內辦理變更編定面積達二公頃以上者，應辦理土地使用分區變更。

二、位於都市土地者：應比照前款規定，以休閒農場土地範圍擬具興辦事業計畫，以設施坐落土地之完整地號作為申請變更範圍，向直轄市、縣（市）主管機關辦理核准使用。

前項應辦理變更使用或核准使用之用地，除供設置休閒農業設施面積

外，並應包含依農業主管機關同意農業用地變更使用審查作業要點規定應留設之隔離綠帶或設施，及依其他相關法令規定應配置之設施面積。且應依農業用地變更回饋金撥繳及分配利用辦法辦理。

前項總面積不得超過休閒農場內農業用地面積百分之十五，並以二公頃為限；休閒農場總面積超過二百公頃者，得以五公頃為限。

第一項農業用地變更編定範圍內有公有土地者，應洽管理機關同意後，一併辦理編定或變更編定。

農業用地設置第二十一條第五款至第二十三款休閒農業設施，應辦理容許使用。

第二十六條　依前條規定申請休閒農業設施容許使用或提具興辦事業計畫，得於同意籌設後提出申請，或於申請休閒農場籌設時併同提出申請。

休閒農業設施容許使用之審查事項，及興辦事業計畫之內容、格式及審查作業要點，由中央主管機關定之。

直轄市、縣（市）主管機關核發容許使用同意書或核准興辦事業計畫時，休閒農場範圍內有公有土地者，應副知公有土地管理機關。

第二十七條　休閒農場之籌設，自核發同意籌設文件之日起，至取得休閒農場許可登記證止之籌設期限，最長為四年，且不得逾土地使用同意文件之效期。但土地皆為公有者，其籌設期間為四年。

前項土地使用同意文件之效期少於四年，且於籌設期間重新取得相關證明文件者，得申請換發籌設同意文件，其原籌設期限及換發籌設期限，合計不得逾前項所定四年。

休閒農場涉及研提興辦事業計畫，其籌設期間屆滿仍未取得休閒農場許可登記證而有正當理由者，得於期限屆滿前三個月內，報經當地直轄市、縣（市）主管機關轉請中央主管機關核准展延；每次展延期限為二年，並以二次為限。但有下列情形之一者，不在此限：

一、因政府公共建設需求，且經目的事業主管機關審核認定屬不可抗力因素，致無法於期限內完成籌設者，得申請第三次展延。

二、已列入中央主管機關專案輔導，且興辦事業計畫經直轄市、縣（市）主管機關核准者，得申請第三次展延；第三次展延期限屆滿前三個月內，全場內有依現行建築法規無法取得合法文件之既存設施，均已拆除或取得拆除執照，且其餘設施皆已取得建築執照者，得申請最後展延。

直轄市、縣（市）主管機關受理前項第二款最後展延之申請，應邀集

建築、消防主管機關（單位）與專家學者等組成專案小組就各項設施估算合理工期及取得使用執照所需時間，並定其查核時點，敘明具體理由後，轉請中央主管機關核准展延，並定其最後展延期限，其期限最長不得超過四年。經同意最後展延者，直轄市、縣（市）主管機關應依中央主管機關核定之查核時點，查核各項設施進度；經查核有設施未依核定進度完成者，應報中央主管機關廢止核准其最後展延期限，並廢止其同意籌設文件。另取得分期許可登記證者，應一併廢止之。

第二十八條　經營計畫書所列之休閒農業設施，得於籌設期限內依需要規劃分期興建，並敘明各期施工內容及時程。

第二十九條　同意籌設之休閒農場有下列情形之一者，應廢止其同意籌設文件：
一、未持續取得土地或設施合法使用權。
二、未依經營計畫書內容辦理籌設，或未依籌設期限完成籌設並取得休閒農場許可登記證。
三、取得許可登記證前擅自以休閒農場名義經營休閒農業，有本條例第七十條情事。
四、違反第二款前段規定，由直轄市、縣（市）主管機關通知限期改正未改正，經第二次通知限期改正，屆期仍未改正。
五、其他不符本辦法所定休閒農場申請設置要件。
經廢止其籌設同意文件之休閒農場，主管機關並應廢止其容許使用及興辦事業計畫書，並副知相關單位。另取得分期許可登記證者，應一併廢止之。

第三十條　休閒農場申請核發許可登記證時，應填具申請書，檢附下列文件，報送直轄市、縣（市）主管機關初審及勘驗，由直轄市、縣（市）主管機關併審查意見及勘驗結果，轉送中央主管機關審查符合規定後，核發休閒農場許可登記證：
一、核發許可登記證申請書影本。
二、土地基本資料：
　㈠土地使用清冊。
　㈡最近三個月內核發之土地登記謄本及地籍圖謄本。但得以電腦完成查詢者，免予檢附。
　㈢土地使用同意文件。但土地為申請人單獨所有者，免附。
　㈣都市土地或國家公園土地應檢附土地使用分區證明。
三、各項設施合法使用證明文件。

四、其他經主管機關指定之文件。

休閒農場範圍內有公有土地者，於核發休閒農場許可登記證後，應申請取得公有土地之合法使用權，未依規定取得者，由公有土地管理機關報送中央主管機關廢止其許可登記證。

休閒農場申請人依第二十八條規定核准分期興建者，得於各期設施完成後，依第一項規定，報送直轄市、縣（市）主管機關初審及勘驗，由直轄市、縣（市）主管機關併審查意見及勘驗結果，轉送中央主管機關審查符合規定後，核發或換發休閒農場分期或全場許可登記證。

前項分期許可登記證效期至籌設期限屆滿為止。

休閒農場申請範圍內有非自有土地者，經營者應於土地使用同意文件效期屆滿前三個月內，重新取得最新之土地使用同意文件，經直轄市、縣（市）主管機關轉送中央主管機關備查。

第三十一條　休閒農場許可登記證應記載下列事項：

一、名稱。

二、經營者。

三、場址。

四、經營項目。

五、全場總面積及場域範圍地段地號。

六、核准休閒農業設施項目及面積。

七、核准文號。

八、許可登記證編號。

九、其他經中央主管機關指定事項。

依第二十八條規定核准分期興建者，其分期許可登記證應註明各期核准開放面積及各期已興建設施之名稱及面積，並限定僅供許可項目使用。

第三十二條　休閒農場取得許可登記證後，應依公司法、商業登記法、加值型及非加值型營業稅法、所得稅法、房屋稅條例、土地稅法、發展觀光條例及食品安全衛生管理法等相關法令，辦理登記、營業及納稅。

休閒農場應就其場域範圍，依其所在地之直轄市、縣（市）主管機關規定，辦理投保公共意外責任保險。

第三十三條　取得許可登記證之休閒農場，應於停業前報經直轄市、縣（市）主管機關轉送中央主管機關核准，繳交許可登記證。

休閒農場停業期間，最長不得超過一年，其有正當理由者，得於期限

屆滿前十五日內提出申請展延一次，並以一年為限。

休閒農場恢復營業應於復業日三十日前向直轄市、縣（市）主管機關提出申請，由直轄市、縣（市）主管機關初審及勘驗，將審查意見及勘驗結果，併同申請文件轉送中央主管機關同意後，核發休閒農場許可登記證。

未依前三項規定報准停業或於停業期限屆滿未申請復業者，直轄市、縣（市）主管機關應報中央主管機關廢止其休閒農場許可登記證。

休閒農場歇業，經營者應於事實發生日起一個月內，報經直轄市、縣（市）主管機關轉送中央主管機關辦理歇業，繳交許可登記證，並由中央主管機關廢止其休閒農場許可登記證。

休閒農場有歇業情形，未依前項規定辦理者，由直轄市、縣（市）主管機關轉報中央主管機關廢止其休閒農場許可登記證。

休閒農場有停業、復業或歇業情形，中央主管機關應依其經營者，副知公司主管機關或商業主管機關。

第三十四條　經主管機關同意籌設或取得許可登記證之休閒農場，有下列資料異動情形之一者，應於事前檢附變更前後對照表及相關佐證文件，提出變更經營計畫書申請：

一、名稱。

二、經營者。

三、場址。

四、經營項目。

五、全場總面積及場域範圍地段地號或土地資料。

六、核准休閒農業設施項目及面積。

休閒農場辦理前項變更申請程序如下：

一、籌設期間且尚未取得許可登記證者：由同意籌設主管機關審查符合規定後，核准申請。但變更後申請籌設休閒農場面積在十公頃以上，或變更經營者改由直轄市、縣（市）政府申請籌設者，由直轄市、縣（市）主管機關初審後，併審查意見轉送中央主管機關，由中央主管機關審查符合規定後核准之。

二、取得許可登記證者：直轄市、縣（市）主管機關初審，併審查意見轉送中央主管機關，由中央主管機關審查符合規定後核准之。

第三十五條　休閒農場依本辦法辦理相關申請，有應補正之事項，依其情形得補正者，主管機關應以書面通知申請人限期補正；屆期未補正者或補正未完

全，不予受理。

休閒農場申請案件有下列情形之一者，主管機關應敘明理由，以書面駁回之：

一、申請籌設休閒農場，經營計畫書內容顯不合理，或設施與休閒農業經營之必要性顯不相當。

二、場域有妨礙農田灌溉、排水功能，或妨礙道路通行。

三、不符本條例或本辦法相關規定。

四、有涉及違反區域計畫法、都市計畫法或其他有關土地使用管制規定。

五、經其他有關機關、單位審查不符相關法令規定。

第三十六條　直轄市、縣（市）主管機關對同意籌設或核發許可登記證之休閒農場，應會同各目的事業主管機關定期或不定期查核。

前項查核結果有違反相關規定者，應責令限期改善。屆期不改善者，依其相關法令處置。有危害公共安全之虞者，得依相關法令停止其一部或全部之使用。

第三十七條　取得許可登記證之休閒農場未經主管機關許可，自行變更用途或變更經營計畫者，直轄市、縣（市）主管機關應依本條例第七十一條規定辦理，並通知限期改正。情節重大者，直轄市、縣（市）主管機關應報送中央主管機關廢止其許可登記證。

前項所定情節重大者，包含下列事項：

一、由直轄市、縣（市）主管機關依前項通知限期改正未改正，經第二次通知限期改正未改正，屆期仍未改正。

二、休閒農場經營範圍與經營計畫書不符。

三、未持續取得土地或設施合法使用權。

四、其他不符本辦法所定休閒農場申請設置要件。

第一項及第二十九條第一項之農業用地，有涉及違反區域計畫法或都市計畫法土地使用管制規定者，應併依其各該規定辦理。

第三十八條　主管機關廢止休閒農場許可登記證時，應一併廢止其籌設同意文件、容許使用、興辦事業計畫書及核准使用文件，並通知建築主管機關、區域計畫或都市計畫主管機關及其他機關依相關規定處理。廢止籌設同意者亦同。

第三十九條　主管機關對經同意籌設及取得許可登記證之休閒農場，得予下列輔導：

一、休閒農業規劃、申請設置等法令諮詢。

二、建置休閒農場相關資訊資料庫。

三、休閒農業產業發展資訊交流。

四、經營有機農業或產銷履歷農產品產銷所需資源協助。

五、其他輔導事項。

第四十條　直轄市、縣（市）主管機關得依當地休閒農業發展現況，訂定補充規定或自治法規，實施休閒農場設置總量管制機制。

第四章　附則

第四十一條　休閒農業區或休閒農場，有位於森林區、水庫集水區、水質水量保護區、地質敏感地區、濕地、自然保留區、特定水土保持區、野生動物保護區、野生動物重要棲息環境、沿海自然保護區、國家公園等區域者，其限制開發利用事項，應依各該相關法令規定辦理。開發利用涉及都市計畫法、區域計畫法、水土保持法、山坡地保育利用條例、建築法、環境影響評估法、發展觀光條例、國家公園法及其他相關法令應辦理之事項，應依各該法令之規定辦理。

第四十二條　本辦法中華民國九十五年四月六日修正施行前已列入專案輔導，尚未完成合法登記且未經廢止其籌設同意之休閒農場，得依下列方式辦理：

一、申請變更經營計畫書，以分期興建方式者，依第三十條規定辦理。

二、籌設期限未屆滿者，應依第二十七條第三項規定辦理。

前項之休閒農場，直轄市、縣（市）主管機關得邀請中央主管機關及相關目的事業主管機關組成專案輔導小組協助之。

第四十三條　休閒農場除有下列情形之一者外，應於本辦法中華民國一零七年五月十八日修正施行後一年內，繳交原許可登記證，並依第三十條規定向中央主管機關申請換發新式許可登記證：

一、許可登記證已逾效期，且未依本辦法中華民國一百零二年七月二十二日修正施行之規定期限提出換發許可登記證者，廢止其許可登記證。

二、應依本辦法中華民國一百零二年七月二十二日修正施行之規定期限提出換發許可登記證，未提出或提出經審查不合格者，廢止其許可登記證。

第四十四條　本辦法中華民國一零七年五月十八日修正施行前，已取得許可登記證之休閒農場，依核定經營計畫書內容經營休閒農場。已取得同意籌設文件

且籌設尚未屆期之休閒農場，應依籌設同意文件及核定經營計畫書辦理休閒農場之籌設及申請核發許可登記證，籌設期間及展延依第二十七條規定辦理，主管機關應依核發之籌設同意文件及核定經營計畫書管理及監督。

第四十五條　本辦法自發布日施行。

　　　　──── https://law.moj.gov.tw/LawClass/LawAll.aspx?PCode=M0090014

附錄二 休閒農場經營計畫審查作業要點

中華民國88年6月4日行政院農業委員會88農輔字第88050256號
中華民國93年10月29日行政院農業委員會農輔字第0930051040號令修正
中華民國95年10月30日行政院農業委員會農輔字第0950051173號令修正

一、本要點依《休閒農業輔導管理辦法》（以下簡稱本辦法）第十三條第三項規定訂定之。

二、休閒農場設置之休閒農業設施，應以本辦法第十九條所列之休閒農業設施為限。

三、農場申請人應填具申請書（如附件一），並檢具休閒農場經營計畫書（如附件二）一式五份，依本辦法第十二條規定，向土地所在地之直轄市或縣（市）政府農業單位提出申請。

申請籌設休閒農場面積在十公頃以上者，依前項規定檢附之休閒農場經營計畫書應為二十份。

四、直轄市或縣（市）政府受理申請後，應檢查申請文件與內容是否符合規定，不符規定者以書面通知申請人補正或退回申請書件；合於規定者應會同有關單位於二個月內審核完畢，並依下列程序辦理：

　㈠休閒農場申請面積未滿十公頃者，由直轄市或縣（市）政府審查並核發籌設同意文件，副本抄送行政院農業委員會（以下簡稱農委會）。

　㈡休閒農場申請面積在十公頃（含）以上者，經直轄市或縣（市）政府審查後，報請農委會核發籌設同意文件。

直轄市或縣（市）政府應依休閒農場申請籌設審查表（如附件三）書面審查，必要時，得邀集相關單位實地會勘，並做成會勘紀錄表（如附件四）。

直轄市或縣（市）政府得依作業需要，自行調整前項審查表，並將調整後之審查表報農委會備查。

五、經營計畫書經直轄市或縣（市）政府審核結果需補正者，應以書面通知申請人於通知送達日起二個月內補正；逾期未補正者，駁回其申請。

前項申請人如有正當理由未於期限內補正者，得敘明理由申請展延。但展延期限不得超過二個月。

六、休閒農場申請人取得籌設同意文件後，應即依休閒農場性質、經營計畫書分期內容，辦理容許使用或土地變更，並於休閒農場籌設同意文件發文之日起四年內，

完成休閒農場許可登記。

　　休閒農場設置休閒農業設施者，應於經營計畫書中敘明，並依規定申請容許使用；休閒農場規劃遊客休憩分區並需辦理土地變更者，應依非都市土地使用管制規則相關作業程序辦理（附件五、六）。位於都市計畫或國家公園區範圍內者，應另分別依《都市計畫法》或《國家公園法》等相關法令與程序辦理。

七、依本辦法第十三條第二項規定以申請以分期方式設置休閒農業設施者，應於經營計畫書中列表注明分期興建設施項目及完成期限。

八、休閒農場已依經營計畫書所列施設項目，完成容許使用項目或取得休閒農業設施使用執照者，應報請直轄市或縣市政府勘驗。

　　直轄市或縣（市）政府得邀集相關單位實地會勘，經勘驗合格後，報請中央主管機關發給許可登記證。

九、未依本辦法第十六條規定期限取得許可登記者，中央或直轄市、縣（市）政府主管機關，應依同條第二項規定，廢止其籌設同意文件。

　　申請人有正當理由者，得於期限屆滿前三個月內，填具展延申請表（附件七）向直轄市或縣（市）主管機關提出申請，核轉中央主管機關核准展延之。

十、經營計畫書內容變更，涉及土地變更或擴大範圍者，申請人應以本要點第三點及第四點規定之文件與程序，依辦法第二十二條第三項規定申請核准。

　　前項變更作業均應檢附申請變更事項之修正對照表。

十一、休閒農場至少應有一條直接通往鄉級以上道路之聯外道路，規劃有遊客休憩分區者之休閒農場，其聯外道路路寬不得小於六公尺。但經申請人提出通行安全無虞證明並經直轄市或縣（市）政府認定足供需求者，不在此限。

十二、休閒農場申請籌設、休閒農業設施容許使用及土地變更，得併同提出申請。

經審查核准後，分別發給籌設同意文件、容許使用及興辦事業計畫許可同意文件。直轄市或縣（市）政府核發容許使用及興辦事業計畫許可同意文件時，應先確認已發給籌設同意文件。

附錄三 民宿管理辦法

1. 中華民國九十年十二月十二日交通部(90)交路發字第 00094 號令訂定發布全文38條，自發布日施行
2. 中華民國一百零六年十一月十四日交通部交路(一)字第10682005701號令修正發布全文40條，自發布日施行

第一章 總則

第一條 本辦法依發展觀光條例（以下簡稱本條例）第二十五條第三項規定訂定之。

第二條 本辦法所稱民宿，指利用自用住宅空閒房間，結合當地人文、自然景觀、生態、環境資源及農林漁牧生產活動，以家庭副業方式經營，提供旅客鄉野生活之住宿處所。

第二章 民宿之申請准駁及設施設備基準

第三條 民宿之設置，以下列地區為限，並須符合各該相關土地使用管制法令之規定：

一、非都市土地。

二、都市計畫範圍內，且位於下列地區者：

　　㈠風景特定區。

　　㈡觀光地區。

　　㈢原住民族地區。

　　㈣偏遠地區。

　　㈤離島地區。

　　㈥經農業主管機關核發許可登記證之休閒農場或經農業主管機關劃定之休閒農業區。

　　㈦依文化資產保存法指定或登錄之古蹟、歷史建築、紀念建築、聚落建築群、史蹟及文化景觀，已擬具相關管理維護或保存計畫之區域。

　　㈧具人文或歷史風貌之相關區域。

三、國家公園區。

第四條 民宿之經營規模，應為客房數八間以下，且客房總樓地板面積二百四十平方

公尺以下。但位於原住民族地區、經農業主管機關核發許可登記證之休閒農場、經農業主管機關劃定之休閒農業區、觀光地區、偏遠地區及離島地區之民宿，得以客房數十五間以下，且客房總樓地板面積四百平方公尺以下之規模經營之。

前項但書規定地區內，以農舍供作民宿使用者，其客房總樓地板面積，以三百平方公尺以下為限。

第一項偏遠地區由地方主管機關認定，報請交通部備查後實施。並得視實際需要予以調整。

第五條　民宿建築物設施，應符合地方主管機關基於地區及建築物特性，會商當地建築主管機關，依地方制度法相關規定制定之自治法規。

地方主管機關未制定前項規定所稱自治法規，且客房數八間以下者，民宿建築物設施應符合下列規定：

一、內部牆面及天花板應以耐燃材料裝修。

二、非防火區劃分間牆依現行規定應具一小時防火時效者，得以不燃材料裝修其牆面替代之。

三、中華民國六十三年二月十六日以前興建完成者，走廊淨寬度不得小於九十公分；走廊一側為外牆者，其寬度不得小於八十公分；走廊內部應以不燃材料裝修。六十三年二月十七日至八十五年四月十八日間興建完成者，同一層內之居室樓地板面積二百平方公尺以上或地下層一百平方公尺以上，雙側居室之走廊，寬度為一百六十公分以上，其他走廊一點一公尺以上；未達上開面積者，走廊均為零點九公尺以上。

四、地面層以上每層之居室樓地板面積超過二百平方公尺或地下層面積超過二百平方公尺者，其直通樓梯及平臺淨寬為一點二公尺以上；未達上開面積者，不得小於七十五公分。樓地板面積在避難層直上層超過四百平方公尺，其他任一層超過二百四十平方公尺者，應自各該層設置二座以上之直通樓梯。未符合上開規定者，應符合下列規定：

㈠各樓層應設置一座以上直通樓梯通達避難層或地面。

㈡步行距離不得超過五十公尺。

㈢直通樓梯應為防火構造，內部並以不燃材料裝修。

㈣增設直通樓梯，應為安全梯，且寬度應為九十公分以上。

地方主管機關未制定第一項規定所稱自治法規，且客房數達九間以上者，其建築物設施應符合下列規定：

一、內部牆面及天花板之裝修材料，居室部分應為耐燃三級以上，通達地面之走廊及樓梯部分應為耐燃二級以上。

二、防火區劃內之分間牆應以不燃材料建造。

三、地面層以上每層之居室樓地板面積超過二百平方公尺或地下層超過一百平方公尺，雙側居室之走廊，寬度為一百六十公分以上，單側居室之走廊，寬度為一百二十公分以上；地面層以上每層之居室樓地板面積未滿二百平方公尺或地下層未滿一百平方公尺，走廊寬度均為一百二十公分以上。

四、地面層以上每層之居室樓地板面積超過二百平方公尺或地下層面積超過一百平方公尺者，其直通樓梯及平臺淨寬為一點二公尺以上；未達上開面積者，不得小於七十五公分。設置於室外並供作安全梯使用，其寬度得減為九十公分以上，其他戶外直通樓梯淨寬度，應為七十五公分以上。

五、該樓層之樓地板面積超過二百四十平方公尺者，應自各該層設置二座以上之直通樓梯。

前條第一項但書規定地區之民宿，其建築物設施基準，不適用前二項規定。

第六條　民宿消防安全設備應符合地方主管機關基於地區及建築物特性，依地方制度法相關規定制定之自治法規。

地方主管機關未制定前項規定所稱自治法規者，民宿消防安全設備應符合下列規定：

一、每間客房及樓梯間、走廊應裝置緊急照明設備。

二、設置火警自動警報設備，或於每間客房內設置住宅用火災警報器。

三、配置滅火器兩具以上，分別固定放置於取用方便之明顯處所；有樓層建築物者，每層應至少配置一具以上。

地方主管機關未依第一項規定制定自治法規，且民宿建築物一樓之樓地板面積達二百平方公尺以上、二樓以上之樓地板面積達一百五十平方公尺以上或地下層達一百平方公尺以上者，除應符合前項規定外，並應符合下列規定：

一、走廊設置手動報警設備。

二、走廊裝置避難方向指示燈。

三、窗簾、地毯、布幕應使用防焰物品。

第七條　民宿之熱水器具設備應放置於室外。但電能熱水器不在此限。

第八條　民宿之申請登記應符合下列規定：

一、建築物使用用途以住宅為限。但第四條第一項但書規定地區，其經營者為農舍及其座落用地之所有權人者，得以農舍供作民宿使用。

二、由建築物實際使用人自行經營。但離島地區經當地政府或中央相關管理機關委託經營，且同一人之經營客房總數十五間以下者，不在此限。

三、不得設於集合住宅。但以集合住宅社區內整棟建築物申請，且申請人取得區分所有權人會議同意者，地方主管機關得為保留民宿登記廢止權之附款，核准其申請。

四、客房不得設於地下樓層。但有下列情形之一，經地方主管機關會同當地建築主管機關認定不違反建築相關法令規定者，不在此限：

㈠當地原住民族主管機關認定具有原住民族傳統建築特色者。

㈡因周邊地形高低差造成之地下樓層且有對外窗者。

五、不得與其他民宿或營業之住宿場所，共同使用直通樓梯、走道及出入口。

第九條　有下列情形之一者，不得經營民宿：

一、無行為能力人或限制行為能力人。

二、曾犯組織犯罪防制條例、毒品危害防制條例或槍砲彈藥刀械管制條例規定之罪，經有罪判決確定。

三、曾犯兒童及少年性交易防制條例第二十二條至第三十一條、兒童及少年性剝削防制條例第三十一條至第四十二條、刑法第十六章妨害性自主罪、第二百三十一條至第二百三十五條、第二百四十條至第二百四十三條或第二百九十八條之罪，經有罪判決確定。

四、曾經判處有期徒刑五年以上之刑確定，經執行完畢或赦免後未滿五年。

五、經地方主管機關依第十八條規定撤銷或依本條例規定廢止其民宿登記證處分確定未滿三年。

第十條　民宿之名稱，不得使用與同一直轄市、縣（市）內其他民宿、觀光旅館業或旅館業相同之名稱。

第十一條　經營民宿者，應先檢附下列文件，向地方主管機關申請登記，並繳交規費，領取民宿登記證及專用標識牌後，始得開始經營：

一、申請書。

二、土地使用分區證明文件影本（申請之土地為都市土地時檢附）。

三、土地同意使用之證明文件（申請人為土地所有權人時免附）。

四、建築物同意使用之證明文件(申請人為建築物所有權人時免附)。

五、建築物使用執照影本或實施建築管理前合法房屋證明文件。

六、責任保險契約影本。

七、民宿外觀、內部、客房、浴室及其他相關經營設施照片。

八、其他經地方主管機關指定之文件。

申請人如非土地唯一所有權人，前項第三款土地同意使用證明文件之取得，應依民法第八百二十條第一項共有物管理之規定辦理。但因土地權屬複雜或共有持分人數眾多，致依民法第八百二十條第一項規定辦理確有困難，且其他應檢附文件皆備具者，地方主管機關得為保留民宿登記證廢止權之附款，核准其申請。

前項但書規定確有困難之情形及附款所載廢止民宿登記之要件，由地方主管機關認定及訂定。

其他法律另有規定不適用建築法全部或一部之情形者，第一項第五款所列文件得以確認符合該其他法律規定之佐證文件替代。

已領取民宿登記證者，得檢附變更登記申請書及相關證明文件，申請辦理變更民宿經營者登記，將民宿移轉其直系親屬或配偶繼續經營，免依第一項規定重新申請登記；其有繼承事實發生者，得由其繼承人自繼承開始後六個月內申請辦理本項登記。

本辦法修正前已領取登記證之民宿經營者，得依領取登記證時之規定及原核准事項，繼續經營；其依前項規定辦理變更登記者，亦同。

第十二條　古蹟、歷史建築、紀念建築、聚落建築群、史蹟及文化景觀範圍內建造物或設施，經依文化資產保存法第二十六條或第六十四條及其授權之法規命令規定辦理完竣後，供作民宿使用者，其建築物設施及消防安全設備，不受第五條及第六條規定之限制。

符合前項規定者，依前條規定申請登記時，得免附同條第一項第五款規定文件。

第十三條　有下列規定情形之一者，經地方主管機關認定確無危險之虞，於取得第十一條第一項第五款所定文件前，得以經開業之建築師、執業之土木工程科技師或結構工程科技師出具之結構安全鑑定證明文件，及經地方主管機關查驗合格之簡易消防安全設備配置平面圖替代之，並應每年報地方主管機關備查，地方主管機關於許可後應持續輔導及管理：

一、具原住民身分者於原住民族地區內之部落範圍申請登記民宿。

二、馬祖地區建築物未能取得第十一條第一項第五款所定文件，經地方
　　主管機關認定係未完成土地測量及登記所致，且於本辦法修正施行前
　　已列冊輔導者。

前項結構安全鑑定項目由地方主管機關會商當地建築主管機關定之。

第十四條　民宿登記證應記載下列事項：

一、民宿名稱。

二、民宿地址。

三、經營者姓名。

四、核准登記日期、文號及登記證編號。

五、其他經主管機關指定事項。

民宿登記證之格式，由交通部規定，地方主管機關自行印製。

民宿專用標識之型式如附件一。

地方主管機關應依民宿專用標識之型式製發民宿專用標識牌，並附記製
發機關及編號，其型式如附件二。

第十五條　地方主管機關審查申請民宿登記案件，得邀集衛生、消防、建管、農業等
相關權責單位實地勘查。

第十六條　申請民宿登記案件，有應補正事項，由地方主管機關以書面通知申請人限
期補正。

第十七條　申請民宿登記案件，有下列情形之一者，由地方主管機關敘明理由，以書
面駁回其申請：

一、經通知限期補正，逾期仍未辦理。

二、不符本條例或本辦法相關規定。

三、經其他權責單位審查不符相關法令規定。

第十八條　已領取民宿登記證之民宿經營者，有下列情事之一者，應由地方主管機關
撤銷其民宿登記證：

一、申請登記之相關文件有虛偽不實登載或提供不實文件。

二、以詐欺、脅迫或其他不正當方法取得民宿登記證。

第十九條　已領取民宿登記證之民宿經營者，有下列情事之一者，應由地方主管機關
廢止其民宿登記證：

一、喪失土地、建築物或設施使用權利。

二、建築物經相關機關認定違反相關法令，而處以停止供水、停止供
　　電、封閉或強制拆除。

三、違反第八條所定民宿申請登記應符合之規定，經令限期改善而屆期

未改善。

四、有第九條第一款至第四款所定不得經營民宿之情形。

五、違反地方主管機關依第八條第三款但書或第十一條第二項但書規定，所為保留民宿登記證廢止權之附款規定。

第二十條　民宿經營者依商業登記法辦理商業登記者，應於核准商業登記後六個月內，報請地方主管機關備查。

前項商業登記之負責人須與民宿經營者一致，變更時亦同。

民宿名稱非經註冊為商標者，應以該民宿名稱為第一項商業登記名稱之特取部分；其經註冊為商標者，該民宿經營者應為該商標權人或經其授權使用之人。

民宿經營者依法辦理商業登記後，有下列情形之一者，地方主管機關應通知商業所在地主管機關：

一、未依本條例領取民宿登記證而經營民宿，經地方主管機關勒令歇業。

二、地方主管機關依法撤銷或廢止其民宿登記證。

第二十一條　民宿登記事項變更者，民宿經營者應於事實發生後十五日內，備具申請書及相關文件，向地方主管機關辦理變更登記。

地方主管機關應將民宿設立及變更登記資料，於次月十日前，向交通部陳報。

第二十二條　民宿經營者申請設立登記，應依下列規定繳納民宿登記證及民宿專用標識牌之規費；其申請變更登記，或補發、換發民宿登記證或民宿專用標識牌者，亦同：

一、民宿登記證：新臺幣一千元。

二、民宿專用標識牌：新臺幣二千元。

因行政區域調整或門牌改編之地址變更而申請換發登記證者，免繳證照費。

第二十三條　民宿登記證、民宿專用標識牌遺失或毀損，民宿經營者應於事實發生後十五日內，備具申請書及相關文件，向地方主管機關申請補發或換發。

第三章　民宿經營之管理及輔導

第二十四條　民宿經營者應投保責任保險之範圍及最低金額如下：

一、每一個人身體傷亡：新臺幣二百萬元。

二、每一事故身體傷亡：新臺幣一千萬元。

三、每一事故財產損失：新臺幣二百萬元。

四、保險期間總保險金額：新臺幣二千四百萬元。

前項保險範圍及最低金額，地方自治法規如有對消費者保護較有利之規定者，從其規定。

民宿經營者應於保險期間屆滿前，將有效之責任保險證明文件，陳報地方主管機關。

第二十五條　民宿客房之定價，由民宿經營者自行訂定，並報請地方主管機關備查；變更時亦同。

民宿之實際收費不得高於前項之定價。

第二十六條　民宿經營者應將房間價格、旅客住宿須知及緊急避難逃生位置圖，置於客房明顯光亮之處。

第二十七條　民宿經營者應將民宿登記證置於門廳明顯易見處，並將民宿專用標識牌置於建築物外部明顯易見之處。

第二十八條　民宿經營者應將每日住宿旅客資料登記；其保存期間為六個月。

前項旅客登記資料之蒐集、處理及利用，並應符合個人資料保護法相關規定。

第二十九條　民宿經營者發現旅客罹患疾病或意外傷害情況緊急時，應即協助就醫；發現旅客疑似感染傳染病時，並應即通知衛生醫療機構處理。

第三十條　民宿經營者不得有下列之行為：

一、以叫嚷、糾纏旅客或以其他不當方式招攬住宿。

二、強行向旅客推銷物品。

三、任意哄抬收費或以其他方式巧取利益。

四、設置妨害旅客隱私之設備或從事影響旅客安寧之任何行為。

五、擅自擴大經營規模。

第三十一條　民宿經營者應遵守下列事項：

一、確保飲食衛生安全。

二、維護民宿場所與四週環境整潔及安寧。

三、供旅客使用之寢具，應於每位客人使用後換洗，並保持清潔。

四、辦理鄉土文化認識活動時，應注重自然生態保護、環境清潔、安寧及公共安全。

五、以廣告物、出版品、廣播、電視、電子訊號、電腦網路或其他媒體業者，刊登之住宿廣告，應載明民宿登記證編號。

第三十二條　民宿經營者發現旅客有下列情形之一者，應即報請該管派出所處理：

一、有危害國家安全之嫌疑。

二、攜帶槍械、危險物品或其他違禁物品。

三、施用煙毒或其他麻醉藥品。

四、有自殺跡象或死亡。

五、有喧嘩、聚賭或為其他妨害公眾安寧、公共秩序及善良風俗之行為，不聽勸止。

六、未攜帶身分證明文件或拒絕住宿登記而強行住宿。

七、有公共危險之虞或其他犯罪嫌疑。

第三十三條　民宿經營者，應於每年一月及七月底前，將前六個月每月客房住用率、住宿人數、經營收入統計等資料，依式陳報地方主管機關。

前項資料，地方主管機關應於次月底前，陳報交通部。

第三十四條　民宿經營者，應參加主管機關舉辦或委託有關機關、團體辦理之輔導訓練。

第三十五條　民宿經營者有下列情事之一者，主管機關或相關目的事業主管機關得予以獎勵或表揚：

一、維護國家榮譽或社會治安有特殊貢獻。

二、參加國際推廣活動，增進國際友誼有優異表現。

三、推動觀光產業有卓越表現。

四、提高服務品質有卓越成效。

五、接待旅客服務週全獲有好評，或有優良事蹟。

六、對區域性文化、生活及觀光產業之推廣有特殊貢獻。

七、其他有足以表揚之事蹟。

第三十六條　主管機關得派員，攜帶身分證明文件，進入民宿場所進行訪查。

前項訪查，得於對民宿定期或不定期檢查時實施。

民宿之建築管理與消防安全設備、營業衛生、安全防護及其他，由各有關機關逐依相關法令實施檢查；經檢查有不合規定事項時，各有關機關逐依相關法令辦理。

前二項之檢查業務，得採聯合稽查方式辦理。

民宿經營者對於主管機關之訪查應積極配合，並提供必要之協助。

第三十七條　交通部為加強民宿之管理輔導績效，得對地方主管機關實施定期或不定期督導考核。

第三十八條　民宿經營者，暫停經營一個月以上者，應於十五日內備具申請書，並詳述理由，報請地方主管機關備查。

前項申請暫停經營期間，最長不得超過一年，其有正當理由者，得申請展延一次，期間以一年為限，並應於期間屆滿前十五日內提出。

暫停經營期限屆滿後，應於十五日內向地方主管機關申報復業。

未依第一項規定報請備查或前項規定申報復業，達六個月以上者，地方主管機關得廢止其登記證。

民宿經營者因事實或法律上原因無法經營者，應於事實發生或行政處分送達之日起十五日內，繳回民宿登記證及專用標識牌；逾期未繳回者，地方主管機關得逕予公告註銷。但依第一項規定暫停營業者，不在此限。

第四章　附則

第三十九條　交通部辦理下列事項，得委任交通部觀光局執行之：

一、依第十四條第二項規定，為民宿登記證格式之規定。

二、依第二十一條第二項及第三十三條第二項規定，受理地方主管機關陳報資料。

三、依第三十四條規定，舉辦或委託有關機關、團體辦理輔導訓練。

四、依第三十五條規定，獎勵或表揚民宿經營者。

五、依第三十六條規定，進入民宿場所進行訪查及對民宿定期或不定期檢查。

六、依第三十七條規定，對地方主管機關實施定期或不定期督導考核。

第四十條　本辦法自發布日施行。

參考書目

一、中文部分

1. 土井優子（羅燮譯）（2001）。《英國庭園之旅》。臺北：麥田出版股份有限公司。

2. 中臺灣民宿渡假全集（2003）。《寶島旅行家》。臺北：戶外生活圖書股份有限公司。

3. 尹萍（譯）（1993）。《山居歲月——普羅旺斯的一年》。臺北：季節風出版有限公司。

4. 方威尊（1997）。〈休閒農業經營關鍵成功因素之研究——核心資源觀點〉。國立臺灣大學農業推廣學研究所碩士論文。

5. 木村結子（羅燮譯）（2002）。《紐西蘭頂級莊園之旅》。臺北：麥田出版股份有限公司。

6. 王小璘、張舒雅（1993）。〈休閒農業資源分類系統之研究〉，《戶外遊憩研究》，5（12），1-30。

7. 王思佳（2003）。〈活力紐西蘭——紐西蘭住宿大剖析〉。《MOOK自遊自在雜誌書》：111，110-113。臺北：墨客工作坊。

8. 王國洲（2004），《休閒農業區生態資源與體驗活動綜合規劃之研究》，屏東科技大學農企業管理所碩士論文。

9. 《北臺灣、中臺灣民宿全集》（2002）。臺北：戶外生活圖書股份有限公司。

10. 《北臺灣民宿渡假全集》（2003）。《寶島旅行家》。臺北：戶外生活圖書股份有限公司。

11. 吉村葉子（方慧美、黃薇嬪譯）（2003）。《法國田舍之旅》。臺北：麥田出版股份有限公司。

12. 江美麗（譯）（1997）。《超競爭——跳脫競爭，創造價值壟斷》。臺北：長河出版社。

13. 江榮吉（1994）。〈臺灣休閒農業經營主體之研究〉，《臺大農經系研究報告》。

14. 老五民宿（2009）。http://pkc-oldfive.blogspot.com/。

15. 《自由時報》（1990）。美東麻州、旅史旅行——樸利茅斯／美國原點。休閒旅遊版，12.5。

16. 行政院農委會（2004）。《休閒農業經營管理手冊》。臺灣休閒農業發展協會。

17. 吳中峻（2003）。《休閒農業策略聯盟》。宜蘭：國立宜蘭技術學院。

18. 吳明哲、李金龍（1989）。〈本省觀光農園輔導現況及未來努力方向〉，《發展休閒農業研討會會議實綠》，臺大農推系。

19. 吳明峰（2004）。《休閒農漁園區體驗類型與體驗行銷策略之研究》，屏東科技大學農

企管理研究所碩士論文。

20.吳松齡（2007）。《休閒活動經營管理》。臺北：揚智文化事業股份有限公司。

21.吳堯峰（1991）。〈休閒農業崟民俗文化〉，《休閒農業經營管理手冊》，農委會省農會編印。

22.吳朝彥（2000）。〈農業旅遊相關法令探討〉。《臺灣農業旅遊學術研討會論文集》。

23.吳碧玉（2003）。《民宿經營成功關鍵因素之研究：以核心資源觀點理論》。

24.宋明順（1980）。〈休閒與工作：大眾休閒時代的衝擊〉，《休閒面面觀研討會》，臺北：戶外遊憩學會主辦。

25.李亞珍（2004）。〈我國民宿發展問題及其管理辦法適切性之研究〉。臺中：《私立靜宜大學觀光事業學研究所碩士論文》。

26.李芸玫（2003）。《普羅旺斯》。臺北：太雅出版有限公司。

27.李崇尚（2003）。《休閒活動規劃概論》。宜蘭：臺灣休閒農業發展協會。

28.李瑞文（2002）。《環境衛生》。臺北：行政院農業委員會。

29.李駱輝、郭建興（2000）。《觀光遊憩資源規劃》，臺北：揚智文化事業公司。

30.沈進成、林玉婷（2002）。〈山美鄉族觀光產業發展與社區總體營造之研究〉。e世紀之經營新典範——臺灣非營利組織的產業化經營。《第三屆非營利組織管理研討會論文集》，1.1~1-14。

31.沈進成、林聖芬、陳美靖、陳福祥（2006）。〈原住民社區總體營造發展生態旅遊之潛力評估模式——以阿里山鄉山美社區為例〉。《2006年健康休閒暨觀光餐旅產官學研討會論文集》。臺南：立德管理學院。

32.沈進成、黃振恭（2004）。〈休閒農業評估模式準則之建立〉。《生物與休閒事業研究》，2（1），1-16。

33.沈進成、楊安琪、曾慈慧（2006）。〈整合方法目的鏈與品質機能展開法——建立休閒場遊客價值拓展模式〉。《戶外遊憩學會第八屆休閒、遊憩、觀光學術研討會論文集》。

34.佳藤秀俊（1989）。《餘暇社會學》，臺北：遠流出版社。

35.周若男（2003）。〈輔導休閒農業相關政策〉。《92年度休閒農漁園區經營管理幹部教育訓練集冊》。

36.宜蘭縣政府（2004）。《宜蘭縣政府——地方永續發展策略推動計畫規劃背景資料書》。

37.東正則、洪若英（譯）（2004）。〈臺灣的新興產業——觀光、休閒農業〉。《農業經營管理會訊》，39。

38.東正則、胡忠一（譯）（2004）。〈日本觀光休閒農業的內涵與發展方向〉。《農業經營管理會訊》，38。

39.東臺灣民宿渡假全集（2003）。《寶島旅行家》。臺北：戶外生活圖書股份有限公司。

40. 林秀芳（1998）。〈本土民宿出賣道地原味〉。《聯合報——休閒文化週報》：11.21。

41. 林秀芳（1998）。〈民宿正名困難看得見〉。《聯合報》：12.30。

42. 林秋雄（2001）。〈民宿——農業旅遊之核心基地〉。《農訓雜誌》，18（8）：65-71。

43. 林連聰（1992）。〈風景區旅遊安全管理問題之研究——以野柳風景特定區為例〉，《中國文化大學觀光事業研究所碩士論文》。

44. 林連聰（2001）。〈兩岸旅遊安全管理制度之比較與問題調適〉，《國立空中大學生活科系學報》，臺北縣：國立空中大學。

45. 林連聰（2004）。《臺灣地區與大陸地區旅遊行政管理體系之研究》，中國文化大學中山學術研究所博士論文。

46. 林連聰、林造君、高崇倫（2007）。〈烏來地區溫泉旅館遊憩體驗滿意度之研究——以璞石麗緻溫泉會館為例〉，《國立空中大學生活科學系學報》，臺北：國立空中大學。

47. 林連聰、紀俊臣、楊正寬（2005）。《觀光行政與法規》，臺北：國立空中大學。

48. 林連聰、曹勝雄、詹繼業、鈕先鉞（2003）。《旅運經營學》，臺北：國立空中大學。

49. 林連聰、陳思倫、宋秉明（2006）。《觀光學概論》，臺北：國立空中大學。

50. 林連聰、陳思偷、歐盛榮（2006）。《休閒遊憩概論》，臺北：國立空中大學。

51. 林連聰、蔡鳳兒（2006）。《休閒農業旅遊動機、遊客體驗、滿意與忠誠度之研究——以東勢林場為例》。

52. 林連聰等（2001）。《生活科學概論》，臺北：國立空中大學。

53. 林連聰、宋秉明、王志君、張樑治（2013）。《休閒活動設計》，臺北：國立空中大學。

54. 林連聰、黃光男、黃美賢、曾亮、徐明珠、陳逸君（2013）。《旅遊與文化》，臺北：國立空中大學。

55. 林連聰、徐瓊佳、林高永、張樑治（2013）。《生態旅遊》，臺北：國立空中大學。

56. 林連聰、黃榮鵬、張德儀、劉嘉年、高國平、楊護源、余曉玲（2017）。《導遊領隊理論與實務》，臺北：國立空中大學。

57. 林詩音（2005）。《臺灣的休閒農業》，臺北：遠足文化圖書公司。

58. 林蔡焜（2003）。《地區休閒農業簡介》。宜蘭：國立宜蘭技術學院。

59. 邱湧忠（2002）。《休閒農業經營學》，臺北：茂昌圖書有限公司，修訂2印。

60. 邱湧忠（2003）。〈休閒農業在鄉村發展的社會意義〉。《92年度休閒農漁園區經營管理幹部教育訓練集冊》。

61. 邱景一（張秋明譯），2002，《托斯卡尼酒莊風情—品味義大利的田園民宿風光與酒香》，臺北：麥田出版。

62. 《南臺灣、東臺灣民宿全集》（2003）。臺北：戶外生活圖書股份有限公司。

63. 《南臺灣民宿渡假全集》（2003）。《寶島旅行家》。臺北：戶外生活圖書股份有限公司。

64. 段兆麟（1996），〈農場經營合作策略類型與營運改進之研究〉，《農業經營管理年刊》。

65. 段兆麟（2001）。〈休閒農場民宿經營〉，《90年度農漁民第二專長訓練——休閒旅遊（農業）班課程輯錄》。屏東：國立屏東科技大學。

66. 段兆麟（2003）。《休閒農業活動設計與遊程規劃》。宜蘭：臺灣休閒農業發展協會。

67. 段兆麟（2004）。〈海岸兩岸觀光休閒農業發展比較〉，《都市農業》，北京：觀光農業與城鄉發展國際研討會。

68. 段兆麟（2003）。〈休閒農漁園區建立企業化經營制度之研究〉，《屏東科技牽定農企業管理系研究報告》。

69. 珍珠社區（2009），網址：http://www.jenju.org.tw/。

70. 夏業良、魯煒（譯）（2003）。《體驗經濟時代》。臺北：經濟新潮社。

71. 孫利秋、徐頌軍（2004）。〈廣東省梅州市農業生態旅遊的探討〉。《海峽兩岸觀光休閒農業與鄉村旅遊發展》。徐州：中國礦業大學。

72. 〈浪漫北海道〉（2003）。《臺灣通》，3。臺北：三采文化出版事業有限公司。

73. 真情民宿（2009）。http://www.sh-e.com.tw/。

74. 翁崇雄（1991）。〈服務品質管理策略之研究（上）〉。《品質管制月刊》，27（1），26-42。

75. 張正義（2000）。〈農業旅遊之安全管理與顧客抱怨處理〉。《臺灣農業旅遊學術研討會論文集》。

76. 張東友、陳昭郎（2004）。〈休閒農業的人力資源管理〉。《農業經營管理會訊》，38。

77. 張秋明（譯）（2002）。《托斯卡尼酒莊風情——品味義大利的田園民宿風光與酒香》。臺北：麥田出版股份有限公司。

78. 張彩芸（2002）。〈海外連線看民宿〉。《東海岸評論》，167，14-17。

79. 郭煥成（2004），〈鄉林旅遊現狀、特徵與發展途徑〉，《2004海岸兩岸休閒農業與觀光旅遊學術研村會》。臺中健康管理學院。

80. 陳建斌（2002）。《以農村資源開創「綠色矽島」生活服務產業》。臺北：行政院農業員委會。

81. 陳昭明（1981）。〈臺灣森林遊樂需求資源經營之調查與分析〉，《臺大森林系研究報告》。

82. 陳昭郎（2003）。《休閒農業產業分析》。宜蘭：臺灣休閒農業發展協會。

83. 陳昭郎（2007）。《休閒農業概論》，臺北：全華圖書股份有限公司。

84. 陳昭郎、段兆麟、李謀監（1996）。《休閒農業工作手冊》。臺北：國立臺灣大學

農業推廣系。

85. 陳凱俐（2003）。《休閒農業經營管理概述》。宜蘭：國立宜蘭技術學院。

86. 陳智夫（2008）。《臺灣民宿季刊（創刊號）》，臺中：亞洲大學休憩系。

87. 陳智夫（2008）。《臺灣民宿產業升級高峰論壇彙編》，臺中：亞洲大學休憩系。

88. 陳墀吉（2005）。《休閒農業經營管理》。臺北：威仕曼文化事業股份有限公司。

89. 陳墀吉（2005）。《休閒農業資源開發》。臺北：威仕曼文化事業股份有限公司。

90. 陳墀吉、陳桓敦（2005）。《休閒農業資源開發》，臺北：威仕曼文化事業股份有限公司。

91. 陳墀吉、陳德星（2005）。《休閒農業概論》。臺北：威仕曼文化事業股份有限公司。

92. 陳墀吉、楊永盛（2005）。《休閒農業民宿》。臺北：威仕曼文化事業股份有限公司。

93. 陳墀吉、謝長潤（2006）。《休閒農業環境規劃》。臺北：威仕曼文化事業股份有限公司。

94. 陳燕銀（2002）。《顧客抱怨與溝通》。臺北：行政院農業委員會。

95. 湯建廣（1989）。《「澳洲的觀光農業」——發展休閒農業研討會》。237-240。

96. 賀小榮（2001）。〈我國鄉村旅遊的起源、現狀及其發展趨勢探討〉。北京：《第二外國語學院學報》：1，90-94。

97. 黃明耀，（2003）。〈臺灣休閒農業發展的方向與課題〉，《中日休閒農業研討會會議實錄》。

98. 黃德修（1999）。《日本民宿泊夜指南》。臺北：旺角出版社。

99. 楊正寬（2005）。《觀光行政與法規》，臺北：楊智文化圖書公司。

100. 葉美秀（2003）。〈休閒農業資源特色與環境設計〉。《92年度休閒農漁園區經營管理幹部教育訓練集冊》。

101. 董更生（譯）（1999）。《經營顧客心》。臺北：天下遠見出版股份有限公司。

102. 詹益政（1991）。〈投資經營民宿的基本認識〉。《行政院農業委員會與臺灣省農會休閒農業經營管理手冊》。102-105。

103. 廖惠萍（2002）。《北海道歐風民宿》。臺北：上旗文化事業股份有限公司。

104. 廖惠萍（2002）。《東京近郊信州歐風民宿》。臺北：上旗文化事業股份有限公司。

105. 廖惠萍（2003）。《普羅旺斯歐風民宿》。臺北：上旗文化事業股份有限公司。

106. 廖惠萍（2003）。《澳洲昆士蘭特色農莊之旅——休閒農園特輯》。臺北：上旗文化事業股份有限公司。92-101。

107. 廖惠萍，2003，《普羅旺斯歐風民宿》，臺北：上旗文化。

108. 劉儒昇（2005）。《我國農業的紓困之道》，中國時報，94.4.6。

109. 歐聖榮（2000）。〈農業旅遊未來之趨勢〉。《臺灣農業旅遊學術研討會論文集》。

110. 鄭殿立、郭蘭生（2005）。《休閒農場經營管理》，臺北：華立圖書股份有限公司。

111. 鄭健雄（1997）。〈休閒農業之產業分析與市場定位〉。《休閒農業未來走向研討會專集》。臺北：國立臺灣大學農業推廣學系。

112. 鄭健雄（1998a）。《臺灣休閒農場企業化經營策略之研究》。臺北：國立臺灣大學農業推廣學研究所未出版博士論文。

113. 鄭健雄（1998b）。〈從服務業觀點論休閒農業之行銷概念〉。《農業經營管理年刊》，4，127-148。臺北：中國農業經營管理學會。

114. 鄭健雄、吳乾正（2004）。《渡假民宿管理》。臺北：全華科技圖書股份有限公司。

115. 鄭健雄（2002）。〈談休閒農業的定位〉。《農業經營管理會訊》，31。

116. 鄭健雄（2004）。〈鄉村渡假民宿行銷策略建構之研究〉。《生物與休閒事業研究》，1（1），31-50。

117. 鄭健雄（2006）。《休閒農業管理——企業經營觀點》，臺北：雙葉書廊有限公司。

118. 鄭健雄（2016）。《休閒與遊憩概論：產業觀點》，三版，臺北：雙葉書廊。

119. 鄭健雄（1998a）。《臺灣休閒農場企業化經營策略之研究》，國立臺灣大學農業推廣學研究所未出版博士論文。

120. 鄭健雄（1998b）。「從服務業觀點論休閒農業之行銷概念」，《農業經營管理年刊》，4：127-148，臺北：中國農業經營管理學會。

121. 鄭健雄（2004）。「渡假民宿行銷策略建構之研究」，生物與休閒事業研究，1(1)：30-50。

122. 鄭健雄，1998，休閒農場企業化經營策略之研究，國立臺灣大學農業推廣學研究所博士論文。

123. 鄭健雄、黃映渝、吳馥辰、劉仙慧、張瓊月（2001）。〈民宿顧客滿意度之研究——從主客認知觀點來看〉。《第一屆中華民國運動與休閒管理學術研討會論文集》。臺北：臺灣師範大學運動與休閒管理研究所。

124. 蕭仕榮（2005）。《觀光行政與法規》，臺北：華立圖書股份有限公司。

125. 錢小鳳（2000）。〈農業旅遊經營管理之實務與案例〉。《臺灣農業旅遊學術研討會論文集》。

126. 譚家瑜（譯）（1997）。《贏得顧客心》。臺北：天下遠見出版股份有限公司。

127. 嚴如鈺（2003）。《民宿使用者消費型態》。臺北：輔仁大學生活應用科研究所碩士論文。

二、外文部分

1. Buell, Victor P. (1984), *Marketing Management: A Strategic Planning Approach*. NY: McGraw-Hall.

2. Cheng, Jen-Son, Shih-Yen Lin, Chen-Dau Wu, Ren-Feng Shiue, (2006),Typology of the Entrepreneurial Model for Vacation B&B in Taiwan, Asian Journal of Management and Humanity Sciences. 1(2),208-219.

3. De Bono, E. (1992), *Sur/petition*, Harper Collins Publishers, Inc.

4. De Bono, E. (1992), Sur/petition, Harper Collins Publishers, Inc. （見江美麗譯 1997 《超競爭－跳脫競爭，創造價值壟斷》，臺北：長河）

5. Dernoi, L. A. (1983), "*Farm Tourism in Europe*," *Tourism Management*, Sep., 155-166.

6. Frater, J. M. (1983), "*Farm Tourism in England: Planning, Funding, Promotion and Some Lessnis from Europe*," Tourism Management, Sep. Butterworth & Co (Publishers) Ltd, 167-179.

7. Hill, C. W. and G. R. Jones (1998), *Strategic Management Theory: An Integrated Approach*. 4th ed. Boston: Houghton Mifflin Company.

8. Jen-Son Cheng, Shih-Yen Lin, Chen-Dau Wu, Ren-Feng Shiue (2006.07). Typology of the Entrepreneurial Model for Vacation B&B in Taiwan, *Asian Journal of Management and Humanity Sciences.1(2)*, 208-219.

9. John Deardon, (1978) "*Cost Accounting Comes to Service Industries*," *Harvard Business Review*, Sep.-Oct., 132-140.

10. Kotler, P. (2000), *Marketing management*, 10th ed., The Millennium Edition, NJ: Prentice-Hall International, Inc.

11. Kotler, P. and Armstrong, G. (1998), *Principles of Marketing*, 8th ed., NJ: Prentice-Hall International, Inc.

12. Kotler,P., Ang, S. H., Leong, S. M. and Tan, C. T. (1999), *Marketing Management: An Asian Perspective*, Singapore: Prentice-Hall International, Inc.

13. Kotler, Philip (1991), *The Principle of Marketing*. Englewood Cliffs, NJ: Prentice-Hall.

14. Morrison, A. M. (1996), *Hospitality and Travel Marketing*, 2nd ed., NY: Delmar Publishers.

15. Pearce. P. L. (1990) "*Farm Tourism in New Zealand: A Social Situation Analysis*," *Annals of Tourism Research*, Vo1.17, pp. 337-352.

16. Pine II, B. Joseph & Gilmore, James H. (1999). The Experience Economy: Work is Theatre and Every Business a Stage. NY: Harvard Business School Press.

17. Pine II, B. Joseph & Gilmore, James H. 1999. The Experience Economy: Work is Theatre and Every Business a Stage. NY: Harvard Business School Press. （夏業良、魯煒譯《體驗經濟時代》，臺北：經濟新潮社，2003）

18. Powers, T. F. (1992), *Introduction to the Hospitality Industry*, 2nd edition, NY: John Wiley & Sons, Inc.

19. Price, Courtney & Kathleen Allen (1998), Tips & Traps for Entrepreneurs, McGraw-Hill, Inc.

20. Price, Courtney & Kathleen allen (1998), Tips & Traps for Entrepreneurs, McGraw-Hill, Inc.(陳琇玲譯《優質創業DIY－當老闆也可以這麼簡單》，臺北：麥格羅・希爾臺灣分公司)

休閒農業與民宿管理

21.Whitely, C. R. (1991), *The Customer Driven Company*, Commonwealth Publishing Co., Ltd.

22.Whiteley, C. R. (1991), The Customer Driven Company, Commonwealth Publishing Co., Ltd. （見董更生譯 1999 《經營顧客心》，臺北：天下）

23.Whitely, C. R. and Hessan, D. (1997), *Customer-Centered Growth-Five Proven Strategies for Building Competitive Advantage*, Addison-Wesley Longman.

24.Whiteley, C. R. and Hessan, D. (1997), Customer-Centered Growth-Five Proven Strategies for Building Competitive Advantage, Addison-Wesley Longman. （見譚家瑜譯 1997 《贏得顧客心》，臺北：天下）

Note

國家圖書館出版品預行編目資料

休閒農業與民宿管理 / 林連聰等著. -- 初
版. -- 臺北市：五南，2019.04
　面；　公分
ISBN 978-957-11-9636-7(平裝)

1.休閒農業 2.民宿 3.旅館業管理

431.23　　　　　　　107003287

1LAM　休閒系列

休閒農業與民宿管理

作　　　者 — 林連聰、陳墀吉、鄭健雄、沈進成

發 行 人 — 楊榮川

總 經 理 — 楊士清

副總編輯 — 黃惠娟

責任編輯 — 蔡佳伶

校對編輯 — 周雪伶

封面設計 — 姚孝慈

出 版 者 — 五南圖書出版股份有限公司

地　　　址：106台北市大安區和平東路二段339號4樓

電　　　話：(02)2705-5066　　傳　　　真：(02)2706-6100

網　　　址：http://www.wunan.com.tw

電子郵件：wunan@wunan.com.tw

劃撥帳號：01068953

戶　　　名：五南圖書出版股份有限公司

法律顧問　林勝安律師事務所　林勝安律師

出版日期　2019年4月初版一刷

定　　　價　新臺幣400元

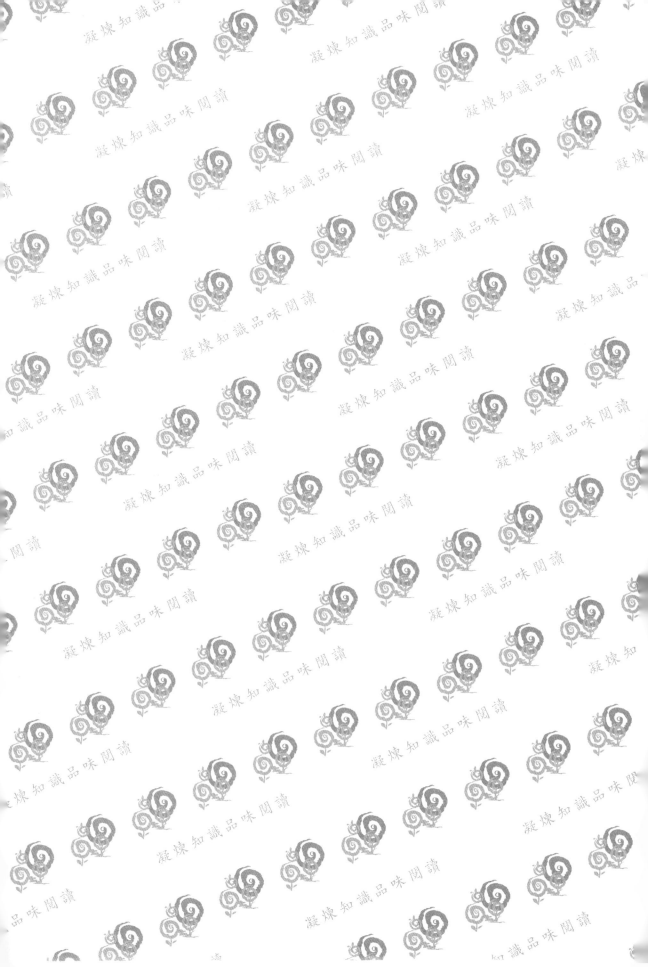